KB073831

투구꽃 피는
산길

땀과 눈물로 쓴 능선길 30년

투구꽃 피는 산길

이학근 李學根 지음

좋은땅

산을 다닌 지가 어언 40여 년이나 되었다. 서른 초반부터 다녔으니.
그러다 산행기를 쓰는 일이 또 30년쯤 되었다.

그렇게 쓴 산행기가 이렇게 책이 되었다. 쓸 때는 그냥 복기하듯 산행의 기억을 기록하고자 쓴 일이었는데, 다시 읽으니 감회가 새록새록 그 기억들이 되살아난다.

산을 다닌 지 오래도 되었지만 많이도 다녔고 열심히도 다녔다. 대개 혼자나 둘이서 다닌 것도 같다. 무슨 산행이 생업도 아니고 타고난 체력의 소유자도 아닌 내가, 어쩌다 산행을 하여 내 젊음을, 내 삶을 몽땅 투자했었는지 지금도 아리송할 뿐이다. 말처럼 어쩌다 산행이 내 인생길이 되어 버렸다.

삶이 나를 산으로 인도하였다고 할까? 산으로 쫓아내었다고 할까?
나는 산으로 가는 일이 사회에서 생활하는 편보다 편안하고 행복하였다. 직장을 다니고 가정을 꾸리기도 했지만 휴일이면 산으로 가야 생활에 신이 났다. 주말이면 산행을 다녔고 주중이면 메모한 기록을 산행기로 옮겨 적었다. 열 시간 산행이었다면 한 다섯 시간쯤 산행기를 적었지 않았나 싶다. 내 글쓰기 공부도 이 산행 기록을 부지런히 쓰다 생긴 취미이기도 하다. 지금은 시도 쓰고 수필도 쓰는 문학인이 되었으니 산행은 내 인생을 풍요롭게 해 준 구원자인 셈이다.

벌써 일흔 나이이니 남은 시간은 마음처럼 산을 다닐 자신도, 다닐 시간도 없지 싶다만 이렇게 책을 엮자며 모아 둔 글들을 꺼내 읽어 보는 일도 실로 눈물겹다. 전국의 산들을 다녔지만 글로 옮겨 둔 산행이 지리산과 남도의 몇몇 산들이니 그들을 모아서 책 한 권으로 묶었다.

지리산 모든 능선들을 어찌 다 섭렵할 수 있을까마는 나름 태극종주, 화대종주, 그리고 종주를 중심으로 사이사이 가로지르는 산줄기를 횡주라고 칭하며 다닌 초암능선, 황금능선, 남부능선 횡주 그리고 칠선계곡 답사기는 이 책의 백미라고 칭하고 싶다. 한정된 페이지로 인해 함께 엮지 못한 낙남정맥 종주기와 지리산 둘레길 순례기는 다음에 엮기로 했다.

산이 좋아 지리산 아래로 이주를 한 나.

그리고 이십 년이 흘렀다. 그 이십 년이 그전 이십 년만큼 산을 열심히 다닌 것은 아닌 것 같다. 그래도 여기는 눈 뜨면 지리산을 바라볼 수 있고, 마음먹으면 아침이라도 떠나 천왕봉을 오를 수 있는 나는,

지금 행복하다고 감히 말할 수 있다.

2023년 연꽃이 피는 7월에

산청 선유동 달아랑 초막에서

목 차

I. 산행기

1. 소백산 산행기 ··· 10

   희방사에서 천문대, 비로봉, 국망봉, 죽계구곡까지

   1994. 1. 22.-1. 23. 1박 2일

2. 산해원山海原 일주기 ·· 15

   창원공단을 한 바퀴 도는 산줄기

   1999. 10. 24. (월) 7:30-18:00

3. 원동에서 물금까지 ·· 35

   토곡산土谷山에서 오봉산五峰山까지

   1999. 12. 12. (일)

4. 봄의 땅 광양 백운산 산행기 ···························· 51

   논실마을에서 한재, 백운산 정상, 억불봉, 노랭이봉, 옥룡면소까지

   2000. 3. 18. (토)

5. 전남 장흥의 천관산(723M)을 다녀와서 ············ 66

   천관사에서 얻은 스님의 법문

   2000. 4. 9. (일)

6. 영남 알프스 달빛 산행 ················· 76

　죽전마을에서 사자평, 재악산, 천황산, 목장길, 간월산, 신불산,

　영취산, 죽전마을

　2001. 7. 7. (토)-2001. 7. 8. (일)/음력 5. 17.

Ⅱ. 지리산 종, 횡주기

1. 지리산 종주기縱走記 ················· 94

　성삼재에서 산청 독바위 조개골로

　1999. 9. 25.-1999. 9. 27. 2박 3일

2. 지리산 횡주기橫走記 ················· 129

　초암능선에서 황금능선까지

　1999. 10. 16.-1999. 10. 17. 1박 2일

3. 열두 시간 산행기 ················· 147

　지리산 백무, 칠선계곡을 가다

　1999. 11. 6. (토)/음력 9. 29.

4. 설국雪國 산행기 ······························· 163

세석고원에서 섬진강까지

2000. 2. 6. (일)-2000. 2. 7. (월)

5. 지리산 종주기(소리개 산악회) ··············· 185

성삼재에서 대원사까지

2001. 6. 16. (토)-2001. 6. 17. (일) 1박 2일

6. 사는 동안 이틀 ······························· 195

지리산 여행

2002. 6. 29. (토)-2002. 6. 30. (일)

7. 23시간 무박 지리산 종주기 ··················· 246

성삼재에서 새재까지

(쉰 살 쉰 몸에서 쉰 냄새 풍기며 23시간 비 맞고 걷다)

2002. 9. 14. (토)-2002. 9. 15. (일)

I.
산행기

1. 소백산 산행기

희방사에서 천문대, 비로봉, 국망봉, 죽계구곡까지
1994. 1. 22.-1. 23. 1박 2일

전세 관광버스는 저녁 9시 30분 창원을 출발하여 마산을 경유 대구, 영주를 지나 경북 풍기군 소백산 기슭인 희방사 입구에 도착하니 23일 새벽 3시였다. 야간 버스에서 한 두세 시간 눈을 붙이고 일어나니 진행 팀에서 준비한 도시락을 주었다. 흐트러진 배낭을 꾸려 밖으로 나오니 밤이라 몰랐는데 사방은 온통 은빛 흰 눈의 설국으로 뒤덮여 있었다.

희방사로 오르는 비탈길을 오르면서 문득 바라본 하늘은 눈가루 같은 희미한 별들의 무리가 안개꽃처럼 펼쳐져 있었다. 희방폭포의 얼어붙은 빙폭을 바라보며 미끄러운 비탈길을 무척이나 조심스럽게 오르니 거저 가슴엔 숨만 찼다.

소백산 종주능선의 첫 코스인 천문 관측소 가는 길은 수많은 나무 계단을 밟고 오르는데 길이며 숲은 온통 쌓인 눈으로 발목이 쑥쑥 빠지는데, 하늘에선 눈을 까만 밤에 뿌리고 있었다. 이렇게 온 세상이 눈인데 무슨 눈이 또 하늘까지 덮는담.

두어 시간을 걸으니 바람이 거세졌다. 아마 산마루가 가까워졌나 보다. 털모자를 잔뜩 움켜쥐고 앞만 보고 걸었다. 길을 비추는 손전등의 불빛이 어느덧 희미해지고 하늘은 조금씩 그 짙은 검은색을 연하게 만들고 있었다. 천지는 오늘도 어김없이 하루를 셈하러 밝아지는가? 등성이를 넘으니 기상관측소와 갈림길이다. 기상관측소를 좌측으로 두고 제일연화봉으로 향하였다. 먼저 나온 산봉우리 하나를 넘어 아랫길을 접어드니 하얀 눈꽃을 입은 나무들이 길 아래로 진열장 마네킹처럼 서 있었다. 나뭇가지마다 솜바지저고리를 입고 서서 백설 교향곡이라도 연주하는 듯하였다. 눈꽃 터널을 지나니 또다시 바람이 거세지고 추위가 엄습했다. 바람이 드센 산꼭대기 여기는 제일연화봉이란 돌 비석이 서 있었다. 불어오는 바람 때문에 서 있을 수가 없었다. 발길을 재촉하여 다음 목적지인 비로봉을 향하였다. 가느다란 종주능선을 타니 길은 빤하다. 추위 때문에 쉴 수도 먹을 수도 없었다. 바람이 쉴 새도 없이 불어 대는 능선 길은 나무도 눈도 다 날리어 가 버리고 자갈길과 돌부리에 파진 흙무덤뿐이었다. 그러나 바람이 자는 산 아래로 접어들면 또 다른 백설의 세계가 펼쳐 있었다. 난 이 아름다운 백설을 보며 춥고 고된 심신에 위안을 얻었다.

소백산 철쭉은 키가 낮다. 남녘 산등성이 한 자락에 군락을 이룬 나지막한 철쭉 가지에 달린 눈송이는 마치 목화밭에 핀 다래 송이 모양이다. 탐스런 하얀 눈 목화송이를 보노라면 어릴 때 본 가을 목화밭을 연상한다. 산은 철따라 갖은 조화를 다 부린다. 봄엔 철쭉으로 붉게 피우더니 겨울엔 하얀 목화밭을 이루니 말이다. 산마루와 산마루를 이어 주는 재는 바람의 길목이라 이곳을 통과할 땐 거센 바람을 이겨 내야만 한다. 몸의 중심을 약간이라도 흩트리면 바람에 그만 내팽개치고 만다. 비로봉을 오르는 산등성이 길은 민둥산이라 바람을 막을 수 있는 나무나 바위가 없어 여간 힘들지 않다. 층계를 쌓은 돌계단을 오를 때마다 힘은 부치고 숨은 차지만 숨을 돌려 볼 겨를이 없다. 오르기 위해 부지런히 발길을 옮기는 게 추위와 바람을 이겨 내는 방법이다.

비로봉 돌무덤 남쪽 방향에 수십 명의 등산객이 바람을 피해 모였다. 흐리던 하늘은 어느새 걷히고 있었다. 햇살이 구름 사이로 눈 아래 보이는 산들의 하얀 눈 위에 꽂힌다.

햇살을 받은 눈들로부터 반사되는 빛으로 눈이 부셨다. 마치 천지개벽을 하는 하늘의 조화를 하늘에서 내려다보는 듯하다. 하늘보다 땅이 더 밝은 빛을 발하는 광경을 보는데 어찌 천지 창조의 모습이 아니랴!

구름 사이로 밝은 창조주의 빛줄기가 산머리를 비추고 난 하늘에서 헤아릴 수도 없이 많은 산마루들의 바다를 마냥 바라다보고만 있었다.

발아래로 보이는 소백산 준봉들이 하얀 백의를 입고 있으며, 산들은 마치 중학생의 까까머리 모양으로 머리 속살이 보였다. 벌거벗고 서 있는 나무들은 짧은 머리카락 모양을 하고 산속에 박혀 있었다.

비로봉에서 북쪽으로 등성이를 타면 국망봉이다. 비로봉을 출발하여 북쪽으로 몇 걸음 옮기자 무슨 바람이 갑자기 이렇게 달라질 수가 있는가? 북풍을 받으며 걸어가는 30여 분의 길, 거리로는 1㎞ 남짓한 거리인데.

세상에…….

이런 강풍이 불 줄이야!

혼자서는 사람이 날려 가서 걸을 수가 없다. 남녀 구별 없이 2인 1조가 되어서 부둥켜안고 건너야 한다. 바람을 노출된 피부에 맞으면 순식간에 피부는 쾌속 냉동으로 얼어붙고 만다. 언 볼이며 콧잔등이는 하얗게 불판에 굽힌 삼겹살이 되고 만다. 돌무덤에 바람을 피해 몸을 잠깐 숨기니 이곳이 바로 시베리아의 북풍 맛인가 했다. 걸어온 길을 되돌아가고도 싶으나 그 또한 쉽지 않으니 미상불 죽으나 사나 길은 한 길이고 가야만 했다. 수건으로 얼굴을 감싸고 모자를 깊이 눌러쓰고 이제는 사선을 통과하는 심정으로 돌파를 하는데 시린 손을 주머니에 끼고 뛰니 몸의 중심이 잡히질 않는다. 한바탕 바람에 꼬꾸라져서 비틀거리니 정신이 아득하고 눈앞이 아물아물하여 도대체 옛날의 내가 아닌 듯도 하였다. 이젠 마비가 되었는지 추위도 느껴지질 않고 악다문 이빨 사이로 바람이 불어와도 시리질 않았다.

산마루를 지나 약간 남쪽으로 돌아 산 아래로 들어서니 바람이 잠잠해졌다. 신발 속의 발가락이 딱딱해진 느낌이었다. 꼼지락거려 보아도 감각이 없으니 언 모양이다. 신발을 나무줄기에다 몇 번을 쳐 보았다. 여기는 바람도 조용한데 정신이 들지 않고 잠이 왔다. 추위에 지쳐 잠이 들면 죽을 수도 있다고 하던데 배낭 속의 위스키를 한 모금 마셨다. 술맛이 별로다. 허기가 져 배 속이 꼬르륵거렸다. 내려오는 길은 온통 눈꽃밭이었다. 주목이며 잡목이며 넝쿨 나무에 쌓여 있는 눈꽃 터널을 눈썰매를 타면서 내려왔다.

초암사 뜰에 닿으니 오후 2시를 조금 넘겼는데 해는 뒷산 등성이에 한 뼘밖에 남질 않아 저녁녘의 한산함을 느꼈다. 시장기를 면할 심사로 빵조각을 입에 물었다. 초암사부터 배점리까지는 안축 선생의 〈죽계별곡〉

으로 유명한 죽계구곡이 나왔다. 계곡을 따라 산모퉁이를 돌 때마다 절경이 있어 일찍이 퇴계 이황 선생이 아홉 곡에 이름을 지었었다. 굽이굽이 계곡을 따라 내려오니 시골의 초가집은 슬레이트 지붕으로 바뀌었지만 배점리 마을은 여전히 시골스럽다. 새벽 3시 반부터 걸어 버스 주차장까지 오니 얼마나 걸었던가? 거리는 모르지만 한 11시간은 걸린 것 같았다. 쉬지도 먹지도 않고……

인생이 고난의 길이라고 했던가! 고난을 극복하는 인내를 기쁨으로 감내하면서, 소백산 눈바람이 오늘처럼 항상 유별날까?

인생길도 이처럼 힘든 때도 있겠지……

1993. 11. 25.

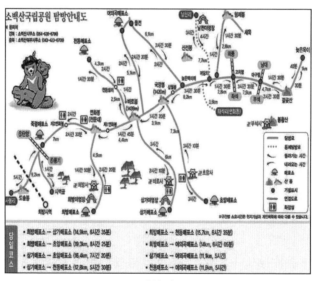

소백산 지도

투구꽃 피는 산길

2. 산해원山海原 일주기

창원공단을 한 바퀴 도는 산줄기

1999. 10. 24. (월) 7:30~18:00

이번 연휴에는 지리산 동부능선으로 해서 산청 웅석봉으로 내려오면 지난번 못다 한 지리산 대종주를 마무리할 수 있는데…….

어제 하루를 주야로 잠만 자면서 보내고 저녁에 침대 머리에 앉아 궁리를 하여도 내일 하루에 지리산 갈만한 곳을 못 찾고 결국 가까운 산해원 일주를 하자고 어젯밤 생각을 정했다. 창원 산 지 이십여 년이 되었건만 마산, 진해, 창원시를 경계로 이어진 산줄기를 한 번에 타 본 적은 아직 없었으니 이도 한번쯤은 해 볼 만한 일이다. 회사의 토요 산악회는 매년 산해원山海原(마산, 진해, 창원의 뒤 글을 딴 말) 일주를 행사로 하고 있다고 듣긴 했어도 마음만 있었지 쉽게 행동으로 옮기긴 어려웠다.

아침 7시에 아파트를 나섰다. 호주머니에 천 원 지폐 몇 장과 동전 몇 닢을 넣고 괜스레 가득 넣어 다니던 자질구레한 허드레 짐은 다 내어놓고 당일 필요한 짐만으로 배낭을 줄였다. 물통 하나, 도시락, 과일 5개, 소주 한 병, 빵 한 개, 오버트라우즈, 면장갑, 다용도 칼, 컵, 수저, 휴지, 그리고 등산 복장 이것이 전부였다. 혹자는 그럼 그게 다지 또 무엇이 있기에 할지도 모른다. 여담 같지만 일상의 내 배낭에 든 것을 셈하자면 대략 다음과 같다. 상기 물건들 이외에 작은 코펠 하나, 가스버너, 가스, 비닐, 비옷, 스웨터 한 벌, 손전등, 양념통, 물병 추가 하나, 라면 두 개 정도는 항시 넣어 다니는 물품이다.

한마디로 이번 산행은 장거리 산행이 아니라 동네 뒷산으로 가는 산행이나 거리와 시간에 제약이 있기에 호주머니와 배낭을 가볍게 했다. 집 앞에서 54번 창원 사격장 가는 시내버스를 타고 창원대학 입구를 지나 다음 정류소에서 내려 한 10여 분 걸어 오르니 창원 사격장이 나왔다. 아침 시간이라 간간이 내려오는 등산객이 있어 눈인사를 건네며 사격장 마당에 도착하니 7시 반이다. 여기가 출발지出發地고 지금이 출발 시간이 된다. 산행 거리는 알 수가 없고 소요 시간은 대략 10시간쯤 걸리리다.

작은 연못의 우로 돌아 소나무 숲으로 잘 정리된 길로 들어서니 가을꽃 쑥부쟁이의 보랏빛 꽃송이들이 밀려 내려오는 아침 안개에 싸여 새벽이슬을 송이송이 맺고 있었다. 소목고개에 도착하자 안개가 길을 타고 내려오고 있었다. 소목고개는 봉림사지鳳林寺地에서 봉림산으로 이어지는 야트막한 순한 고개이다. 내가 이를 몰라 이곳을 지나는 아주머니에게 여쭈었더니 소목고개라고 하여 소 골 먹이던 곳이라 그렇게 부르느냐고 되묻자 아니라고 하신다. 소의 목처럼 생겨서 그렇게 부른다고 했다.

아, 그렇구나. 한 호흡에 소목고개를 지나 봉림산 정상으로 오른다. 이곳은 급경사라 나무 계단으로 길을 다듬었으나 계단을 시종 오르니 한껏 숨이 찼다. 중턱쯤 올랐을까 지나온 곳을 뒤돌아보니 아침 안개는 내가 지나온 사격장도 삼키고 마을도 삼키고 연못도 삼켰으나 다만 산만은 삼키질 못하고 푸른 산봉우리들이 보이고 저기 소목고개로 안개의 강이 흐르고 있었다. 하얀 구름 강물이 고개 마루를 타고 부드럽게 흐르고 있었다. 운하雲河가 운하運河를 만들어 산 고개를 타고 흐르고 있었다. 봉림산 병풍 같은 절벽 길을 오르니 지리산 천왕봉 직전의 경사와 버금가는구나. 그러나 이제 막 산행을 시작했으니 쉼 없이 봉림산 정상에 서니 정병산精兵山 566.7M 표지석이 있었다. 정병산이란 이름은 일제가 만든 병정을 훈련시키는 산이란 뜻이다. 우리 옛적 이름은 봉림산이기에 나는 이를 봉림산이라 부른다.

창원 시가지는 안개에 싸여 구름 연못같이 아무것도 보이질 않고 건너 창원시를 병풍처럼 둘러선 산의 봉우리만이 보일 따름이다. 운하運河를 타고 구름안개(雲海)가 흘러와 창원 연못에 고여 놓았다. 연못의 수면처럼 구름안개는 운면雲面을 만들어 맑은 하늘과 산봉우리를 빛나는 하얀 운면에 되비추어 주고 있었다. 마산과 창원역 쪽으로 바라보니 천주산天主山, 무학산舞鶴山은 손에 잡힐 듯 가까이 보이고 산 아래로 구름 양탄자 아니 구름 이불인 운해雲海가 산봉우리와 같이 빛나고 있었다. 이제 고개를 뒤로 돌려 동북쪽 하늘을 바라보았다. 지금까지 본 것은 연못이었고 그쪽으로 호수가 있었다. 아니 대해大海가 있었다.

그쪽 분지盆地가 얼마나 큰지 기회가 되면 분지라고 생각을 하면서 다시 가서 보길 바란다. 분지가 크면 분지처럼 보이지 않으니 말이다. 짐작으로 멀리 산만 보이고 평야는 안 보이고 다만 운해만 덮여 있으니 그 아래는 덕산, 진영, 가술, 대산, 수산, 멀리는 밀양까지 그러니 낙동강 한 줄기도 들어 있고 주남저수지 진례, 장유, 김해, 대저까지 다 들어 있으리라. 부산 쪽 낙동강 하구로 강줄기 물결이 동쪽 햇살에 반짝이고 있을 뿐, 대해엔 구름이 내려앉은 소담스런 운해만이 내 눈 아래로 보일 따름이었다.

이 찬란한 푸르고 맑은 가을 하늘 아래에서…….

나는 내가 오늘 무얼 하러 여길 왔는지 또 어디로 가야 하는지도 잊고 산정 바위 터기에 걸터앉아 하염없이 바라보고 있었다. 지리산 노고단의 운해가 아니라 창원의 운해를, 여기에 운해가 있다고 누가 말해 준 사람이 있었던가. 운해는 그 넓은 구름 표면을 떠오르는 아침 햇살에 눈부시게 반짝이고 있었다. 오늘 가야 할 건너 산을 바라보니 또 다른 강이 하나 흐르고 있었다. 창원서 진해로 넘어가는 안민고개에 구름 강물이 하얀 구름 띠를 두른 강물이 진해로 흐르고 있었다. 아! 그렇구나 이 운해는 낙동강 쪽 강이나 늪에서 만들어져 봉림산 옆 소목고개를 넘어와 창원공단 분지를 채우고 다시 안민고개를 넘어가 진해만으로 빠지는구나. 참으로 자연 현상이란 기이하구나. 누가 알려 준 것도 아니고 누가 시킨 것도 아니건만 자연은 다 이치대로 움직이고 있지 아니한가. 안민 안개 강 오른쪽으로 장복산이 앉아 있었다. 오늘 바로 저곳까지 가야 하지 않는가.

갈참나무에 매달린 마른 잎새들이 바람에 사각이고 억새풀은 그 빛나는 얼굴을 내밀어 흔들어 대고 있었다. 사격장 2.4㎞ 용추 계곡 4.5㎞ 이정표에 되돌아 나와 동쪽 불모산佛母山을 향해 해를 바라보며 길을 삼키고 있었다. 나 홀로 나그네같이 억새밭길을 걷고 있었다. 억새들이 바람에 몸 부딪혀 으악새 노래를 부르고 있었다. 어느새 창원의 운해는 서서히 걷혀 공장이며 아파트 빌딩이 조금씩 보이고 산길은 계속해서 바위

투구꽃 피는 산길

능선 길이라 두 손으로 바위를 짚으며 오르내린다. 진례 성터나 불모산은 흙 능선 길인데 이곳은 남성적인 바위산의 능선 길이었다. 불모산으로 산맥이 톱니같이 키를 맞추어 도열해 있었다. 저 봉우리를 다 타야 하지 않는가. 아무래도 대여섯 개는 됨직한데…….

독수리바위의 등산로는 폐쇄되었다고 아래로 우회하라는 표지판이 나왔다. 이 길이 지름길인데 가 보자. 독수리바위를 오르니 내려가는 길에 길이 끊겼다. 갈만한 곳 두 곳을 내려가다가 되돌아왔다. 지난번에 줄 타고 내려갔었는데 오늘은 외줄도 없었다. 아마도 제거한 것 같다. 배낭도 있고 갈 길이 백 리인데 차라리 돌아가자, 10분이면 왔던 길 되돌아갈 수 있는데 하면서 우회 길 아래를 지나오니 추모비가 독수리바위 아래 세워져 있었다. '하봉환 대원 추모비' 구름처럼 바람처럼 헤매는 산악인의 영혼을 잠재우려 여기에서 사고로 간 벗을 기리어 세운 추모비이리라.

작은 봉우리 몇을 넘으니 큰 내림길이다. 용추계곡에서 올라오는 고갯길이다. 이름이 무언지 몰라 용추고개라 하자. 창원시에서 가장 등산객이 많이 오는 길이고 산불 예방 기간에도 이 코스는 개방되어 아래 용추 저수지까지의 산길이 허물어지고 길이 넓어져 보호를 받아야 할 곳이다. 고개 위 소나무 그늘 아래 잠시 앉아 쉬었다. 등산객들이 오고 가고 있었다. 아주머니 등산객이다. 오늘이 월요일이니 아저씨 등산객은 특별한 사람일 것이라고 저 아주머니들은 생각할지도 모른다. 혹 실직한 아저씨로 말이다. 여기서 오늘 내가 회사를 쉰 연유를 간단히 설명하면 학교 졸업하고 입사한 대우중공업이 항공 사업을 산업 합리화라는 명분 아래 국내 항공 3사가 통합을 하여 이달에 한국항공우주산업주식

회사로 창립되어 오늘 그 창립을 기념한다고 하루를 쉬게 하여 운수 좋게 월요일부터 쉬어 이 산행을 하게 된 것이니 너무 상상하지 말아 주길 바란다. 이십 년 다닌 회사가 바뀌었으니 섭섭하긴 하나 세월이, 시절이 그러하니 다만 아쉬움을 나 홀로 새김은 어쩔 수도 없는 일이로다.

고갯길이 넓고 평평하여 부드러운 솔밭 길로 이어져 들어갔다. 조선 소나무 잔솔들이 빼곡히 들어앉은 소나무 숲길을 지난다. 이곳만큼 조선 잔솔이 있는 곳도 드물다. 내가 어릴 때 동네 뒷산에 겨울 땔나무하러 산에 가서 본 그 빼곡히 들어 찬 키 낮고 잔가지 많이 뻗은 우리 소나무들이다. 여기서는 용추계곡이 저 아래로 흐르니 물소리도 들리고 돌아앉은 산들 때문에 깊은 산중 같은 곳이다. 앞도 뒤도 옆도 산만 보인다. 그러니 산중에 소나무 능선 길이니 가히 산중진미를 볼 수 있는 곳도 이곳이다.

등산객들은 주로 이곳은 피하고 내가 걸어왔던 봉림산 쪽으로 많이 간다. 이곳은 들어오면 나가는 곳이 들어온 길과는 다른 곳으로 통하니 피할 도리밖엔. 이제 진례 산성 터로 가는 길이다. 우곡사로 내려가는 갈림길을 지나 오름을 오르니 작은 봉우리에 무덤 한 기가 있고 언제나처럼 여길 앉고 말았다. 습관처럼 쉬었다. 이곳은 십여 차례 왔던 곳이니 올 때마다 쉬었으니, 사과 하나 깎아서 반을 먹고 반은 버리기 아까워 넣었다. 풋사과라 맛이 없었다. 어제 상남장에 가서 내가 골라 산 사과라 아무 불평도 못 하고 내 짧은 눈을 탓하며 길섶에 핀 들국화(구절초) 한 송이를 꺾어 등산 조끼 위 호주머니에 꽂았다. 오늘의 산행 무사함을 기원하면서…….

김해 진례 운해는 여전히 짙게 깔려 있고 솔밭 길을 내려가다 다시 올라서니 오른편으로 용추계곡 내려가는 길이 나 있고 나는 약간 왼쪽으로 치우친 길을 따라 갔다. 무심코 가면 빠지기 쉬운 곳인데 이정표 하나 없었다. 송림은 깊어만 가니 이제 태양도 가렸구나. 내 친한 사인방四人幇 놀이패 친구들 생각, 가을이라 가을 전어회 생각, 이런 부질없는 생각에 잠겨 있는데 철모르고 핀 철쭉꽃은 이게 무슨 방정인가 조화인가. 지금이 춘삼월 호시절인줄 아는가.

철쭉아, 아무리 철부지 철모른다고 벌써 피면 어떡하니?

이 가을 지나고 올 겨울 지내고 춘삼월 훈풍 불면 너의 시절이 올 것이고, 철 이른 나비 나오고 쌍쌍이 저 처녀 총각 꽃구경 오면 그때 피어야지.

산성 길 돌밭 바위를 타며 걸었다. 뙤약볕 아래라 등산 손수건으로 아라비아 상인처럼 머리에 두르고 무너진 성터의 부서진 돌을 밟고 오른다. 이곳 산은 바위가 많지 않은 곳이다. 바위가 많기는 저기 봉림산에 많았지. 이 바위 하나, 돌 하나 우리 선조들이 어깨 품을 팔아 옮겨 온 것들이다. 무너진 성 돌길 따라 핏빛보다 붉게 물든 화살나무가 키 낮추어 앉아 있었다. 가지를 화살 꼬리 모양으로 펴고 타오르는 붉은 단풍 차림으로 이 가을을 저희들끼리 즐기고 있었다. 산성 마을이 저 아래 분지 안으로 머릿속으로 보이고 그날의 함성과 웃음과 울음이 여울져 들려왔다. 잠자리 한 마리가 길 앞으로 마중을 나와 앞장 서 간다. 나풀나풀 걸어간다. 창원 진례산성의 안내판이 나오고 시간은 길 떠난 지 세 시간이 지났다.

신라 때 축성하고, 포곡식 산성이라 둘레가 4km이고 성문 터가 남아 있다고 하는데 성문은 본적도 들은 적도 없지만 이곳을 바라보면 김해

진례 들에서 이곳으로 피난 와서 몸을 피했을 그때가 상상이 되었다. 성터를 뒤로하고 불모산으로 방향을 잡아 너럭바위를 지나니 중년의 남자 세 분이 소주를 마시며 자리를 권한다. 앉을 새가 없으나 태양이 하도 좋고 3인三人의 분위기가 하도 좋아 앉아 소주 한잔을 마셨다. 늘그막 하여 좋은 지기가 있어 산보 삼아 산에 올라 소주 한잔 마시고 세상사 시름 잊고 붕우지교하니 정말 멋진 인생인데…….

　진례재를 11시에 지났다. 창원의 옛 이름은 상남上南이다. 그래서 창원시 상남에는 지금도 상남장이 5일 간격으로 장으로 선다. 4일과 9일 장이다. 5일과 10일이 마산장이나 마산장은 없어지고 상남장만 남았다. 지금의 상남장은 신도시 창원에 상설 재래시장이 없으니 자생적으로 생기어 옛 장보다도 더 큰 재래시장이 되었다. 이 진례재를 내려가면 상남 장터에 바로 갈 수 있도록 길이 나 있다. 신작로가 우마차 도로 크기로 나 있었다. 이 길을 따라 내려가면 그 옛날 상남장에서 갯가에서 나는 비릿한 해산물을 사서 등짐 지고 넘을 오는 고갯길이 이곳 진례재이다. 상남에서 마산 쪽 바닷길이 열려 있어 해산물이 올라올 수 있는 곳이다. 진례는 들이 넓고 내륙 평야지라 장꾼들이 물물교환을 하려면 이 재를 넘어 장을 보아 왔을 것이다.
　언제 한번 시간 내어 장꾼 따라 이 길을 걸어 오르내려 보아라. 저기 상남장에서 시작하여 이 재를 넘어 진례로 내려가 보아라. 그러면 이 길이 주는 정취를 알 수 있으리라. 장날 돼지 선지 국밥에 막걸리 한잔 마시고 걸어 보아라. 가다 숨차면 큰 소나무 아래 모퉁이 길 나오면 자리 펴고 낮잠 한숨 자고도 갈 수 있는 여유 갖고 걸어 보아라. 세상이 우릴 바쁘다고 옥죄어도 여유와 정취는 구하는 자에게나 돌아가려니 봄날 오

　　　　　　　　　　　　　　　　　　　　　투구꽃 피는 산길

면 만사 제쳐 두고 나 먼저 해 보리라.

　골이 깊으니 산도 높구나. 한바탕 숨을 몰아쉬고 종주능선 길을 잡았다. 창원 시가지가 한눈에 들어왔다. 잘 정비된 도로며 공장들, 아파트 그리고 낮은 야산과 녹지 공원들, 그 누가 창원을 우리나라에서 일등 도시라 아니할 수가 있단 말인가. 계획 도시 창원시, 인공 도시 창원시, 일등 도시 창원시, 창원 사는 모든 이들이 자부심 없는 사람 없으리다. 공해 없는 공장들이라고 전봇대 없는 도심이라고 공원 많은 공단이라고 다들 말하지 않는가. 그러나 내가 본 오늘의 창원은 그것이 아니었다. 매연의 도시, 매연 연못에 싸여 죽어 가는 도시가 창원이었다. 나는 적어도 이렇게 말하고 싶다. 어서 창원을 떠나라고, 공해에 매연에 죽어 가지 않으려면 어서 창원을 떠나라고 말하고 싶다. 내가 오늘 산 위에 올라와 본 창원은 하얀 운해 아래 자동차 매연이 쌓였고 구름안개가 걷히자 매연만 남아 매연 호수가 되어 분지에서 빠지질 못하고 오전 내내 잿빛 매연 항아리에 잠겨 있었다. 우리 모두가 창원 시민 모두가 숨 쉬며 살고 있을 저 매연 속을, 오늘 내가 산 위로 도망 온 것이 얼마나 다행인가를 이 산에 올라서서 보고 알 수 있었다. 가능한 빨리 창원을 떠나야지 저 매연 안개를, 스모그를 치울 방도가 없는 한 내가 떠나야지……

　매연이 흩어지는지 창원서 올라오는 공기가 매캐하여 코가 아린다. 저 매연이 갈 곳이 없어 이 높은 산을 넘어오는구나. 분지의 장점은 어디 가고 단점만이 남았구나. 아파트가 높으면 괜찮고, 산 아랫마을이면 자동차가 없으니 괜찮겠지. 천만의 말씀이었다. 매연의 연못 속인데 어디 물속에 물 없는 곳이 있던가? 이십오 층 고층 아파트보다도 공장 굴뚝보다도 산 아래 마을보다도 훨씬 높은 곳까지 매연이 차 있었다. 그래 이런 생각도 부질없는 일인지도 모른다. 모르면 약이요, 알면 병이라 했던가. 가자 앞으로, 저기 불모산으로 장복산으로……

대암산 포진지에 올랐다. 669M 11시 30분이다. 대암산 아래 능선의 갈밭은 광활하여 그 황금빛 벌판에는 하얀 갈꽃 피우며 몸 흔들어 한낮의 태양빛이 몸 말리고 있었다. 마른 몸 바삭바삭 소리가 나도록 말리고 태우고 있었다. 마른 갈대 풀 냄새가 길가로 번져 왔다. 포진지 옆 바위 틈새에 늙은 노송 한 그루가 가부좌를 틀고 앉아 있다. 그 작은 그늘에 이 작은 한 몸 숨겨 앉았다. 옥수수빵 한 조각과 배추김치 한 통으로 간식을 했다. 인간이 먹어야 한다는 명제에 대하여 정말 깊이 생각해 본 적은 없다. 배가 고파 먹고 습관적으로 시간 되면 먹고 먹어야 걸을 수 있고 살 수가 있으니 먹을 뿐이다. 지금 이 순간 왜 먹는가? 배가 고프다. 시장해서 먹는다. 소주 한 모금과 사과 한 알로 입 닦고 일어서니 11시 45분이라 그 사이 15분이 후딱 지나갔다.

갈밭 사이로 길이 나 있다. 황금 평야 사잇길로 가을 냄새가 지펴 오르고 으악새(억새)의 그 연한 꽃술은 하얗게 반짝이며 그 부드러움이 손끝에 묻어났다. 땅 위에 바스락거리면 스쳐 지나가는 작은 도마뱀 한 마리가 갈색 몸을 들킬 새라 순식간에 사라졌다. 저도 저 여름의 그 푸른 등을 갈색으로 바꾸고 가을을 맞이했구나. 불모산과 용지봉 산허리는 단풍 치마를 입었구나. 갈참나무 잎들이 그 색조가 퇴색되어 노란 옷으로 갈아입고, 굵은 허리통 같은 불모산의 숲들은 만산 홍엽紅葉은 아니라도 만산 황엽黃葉이구나. 떡갈나무, 갈참나무, 상수리나무, 밤나무, 옻나무, 단풍나무, 오리나무, 느릅나무, 노각나무, 소사나무, 싸리나무, 활엽수가 형형색색 조화롭구나. 햇살은 따가우나 바람은 시원하구나.

아, 가을은 삼라만상에 아니 오는 곳이 없구나. 돌 조각 모음으로 탑을 쌓고 지나는 길손을 맞이하는 이름 없는 탑들뿐 아무도 이 능선에는 없었다. 여기서 창원터널 위 장유재까지는 골이 깊고 산이 깊어 등산객이 뜸하고 오늘이 월요일이라 사람 보기가 어려우나 저기 탑만은 인정이 묻고 사람의 정성이 묻어 있으니 사람 만남과 무엇이 다르랴! 신정산(707M)이라는 표지석이 서 있는 정상에 서서 저기 불모산 계곡을 내려다본다. 꼬물꼬물 거리며 기어들어 가는 차량들이 쉴새없이 굴로 들어가고 굴에서 나온다. 창원터널(불모산터널)이다. 1992년도 개통하여 창원과 장유 신도시를 연결하는 터널로서 국내 최장 터널이다. 길이는 약 2300M나 된다. 저 터널이 남해고속도로로 갈 부산 사람들을 이 창원시로 경유케 하였으니 저 차량의 매연이 인공의 창원시를 매연의 호수로 만들었구나. 과학이 자연을 망가뜨려 사람조차 망가지게 하는구나.

날씨가 포근하여 온몸에 땀이 배인다. 지치고 힘이 든다. 쉬어 가자. 이름 모를 골짜기에 주저앉았다. 여기도 단풍이다. 저기 저 지리산 같은 붉고 고운 단풍이다. 으악새 우는 소리뿐 인간의 소리는 없다. 아무도 오가지 않는 길이다. 저기 저 아래가 어딘가? 김핸가? 진핸가? 아득하고 아득하구나. 가을바람 한 줄기가 이마를 스쳐 지나간다. 그저 가을은 하늘 높고 마음은 풍요로운가 보다. 오늘은 참 빠른 걸음으로 왔다. 앞으로 이런 걸음으로 걸을 수가 있을까? 용지봉을 지나 장유재 안부에서 점심을 먹어야지. 아직 용지봉도 안 지났구나. 부지런히 올라 용지봉 정상에 섰다. 동쪽 사면으로 갈밭이 하염없이 펼쳐져 있었다. 이곳은 산이 깊어 인적이 드문 갈밭이니 그 순결도가 더욱 빛나리다. 어쩜 처녀지일지도 모르지. 근교산에 숨은 처녀지의 비경일지도……

그 누런 빛깔이 한결 은빛으로 곱다. 남해의 푸른 바다가 보였다. 가덕도 주위에 작은 섬들이 그림같이 펼쳐져 푸른 바다에 누워 있었다. 산이 많아도 바다만큼 크지도 많지도 못하다. 이제부터는 진해만을 바라보며 걸어야 한다. 오후 한 시에 무명봉을 지나 바위 너덜 지대를 건넜다. 이 바위 무덤 속에 수년 전에 모 처사가 혼자 바위 돌로 굴집을 짓고 살고 있었는데, 돌탑들이 하나둘 보였다. 창원 장유간 구 도로 안부에 오래된 무당나무 두 그루가 살고 있다. 무당나무는 울긋불긋한 천으로 옷을 입고 있을 적도 있었다. 아마도 신들린 사람이 나무 신에게 굿을 먹이는 곳일지도 모른다. 나무의 생김이 하도 기이하고 앉은 자리가 예사롭지 않아 그 나무 곁을 지날 때 신령이 든 사람처럼 조심스레 지나곤 했다. 아무래도 이 나무는 보호수로 지정해야지 철모르는 이들이 타고 오르고 그 밑에 앉아 노니 얼마 못 살 것 같다.

점심을 먹으려고 아늑하고 그늘진 시원한 송림 밑에 크게 자리를 잡았다. 모자를 벗고 조끼를 벗고 등산용 난방 셔츠를 벗고 시계도 풀고 신발도 벗고 등산 양말, 속양말도 둘 다 벗었다. 이제 바지도 벗었다. 런닝과 팬티 차림에 좌정하고 앉았다. 이렇게 홀가분할 줄이야. 셔츠를 펴 밥상을 만들어 소주 한 모금 길게 마시고 도시락과 반찬을 깨끗하게 비웠다. 이제 살 것 같구나. 사과 한 알 깨어 먹고 배낭을 져 보니 이렇게 가벼울 줄이야. 이제 날듯이 걸을 것 같다. 이제부터는 불모산 통신기지까지 도로로 걸어야 하지 않는가. 한낮의 뙤약볕에 아무래도 삼십 분은 가야 하는데 내려오는 차들이 흙먼지를 풀풀 날리며 지나갔다.

신작로 마른 흙길 위에 사마귀 한 마리가 지친 다리를 움직여 길을 벗어나려고 하는데 몸이 하도 비대하여 비틀거리는 폼이 길을 건너기 전에 차에 치여 죽을 것 같았다. 살려 주자. 손으로 잡으려니 목을 움츠리

투구꽃 피는 산길

고 앞발을 치세워 달려들지만 날지도 못했다. 살며시 붙들어 길 옆의 숲으로 옮겨 주었다. 사마귀가 얼마나 익충益蟲인데, 생김이 그러하고 암놈이 수놈을 교미 후 먹는다지? 자세히는 알지 못하나 먹고 먹혀야 할 숙명이 있으리라. 머리 수건을 덮은 채 햇빛을 가리고 신작로인 군사 도로로 부지런히 걸었다.

한 이십여 분 왔는데 차 소리가 나기에 돌아보니 승합차가 올라와 손을 드니 타란다. MBC 방송국 차다. 남자 둘이 타고 있었다. 걸어왔으면 한 시간이나 걸릴 거리구나. 통신기지 앞 사거리에서 내려 시루봉 쪽으로 가야지 하고 갈밭 사이로 잘 나 있는 등산로를 따라 한 오 분도 채 못 왔는데 갈림길이 나왔다. 당연히 오름 길로 해서 기지 철조망을 돌아 다시 내려가야 할 길이다. 가야 할 능선 길을 짚어 보니 혹 이 갈림길이 저 능선 길을 피하고 안부로 바로 가는 지름길일지도 모른다는 생각이 불현듯 스쳤다.

가 보자. 망설임 없이 내려갔다. 계곡으로 내려가는 길 같았다. 계류가 발원하는 곳이구나. 작고 초라한 막사가 나오고 길은 물을 만나고 저 아래 또 다른 막사가 보였다. 가 보자 여기까지 왔는데 물이 모여 물소리를 내며 흐른다. 바위 절벽을 타고 내릴 때는 작은 폭포가 되었으나 수량이 워낙 적어 바위 수로를 타고 흘러내린다. 배낭을 벗고 얼굴을 씻고 물을 마셔 보았다. 차고 깨끗하였다. 이곳이 저 기지 사람들이 물을 모아 올리는 물집(저수조)이구나. 식수 한 통을 받아 넣고 길을 찾아야지. 작은 텃밭머리로 희미하게 길이 보여 살피니 아래로 내려가지 않고 옆으로 산 중턱을 가로질러 간다. 나침반으로 방향을 확인하고 의심 없이 묻힌 산길을 찾아 나아갔다.

역시 내 예감은 적중했다. 불모산 철조망 길을 바이패스(Bypass)하고
이 말보다 적절한 표현이 없어 영어를 빌려 썼다. 불모산서 내려오는 길
과 만났다. 아무래도 한 20분은 절약했으리라. 갑자기 힘이 솟아올랐다.
이것을 상승 효과라고 하는가? 시계는 하오 두 시 반을 지나고 있었다.
천자봉 가는 삼거리를 십 분 만에 올랐다. 하기야 언젠가 이 길을 내려온
적이 있었다. 난 그때 뛰어 내려갔을 것인데 그 속도로 이곳을 지나는 걸
지금 보았다면 난 내가 날아 내려갔다고 표현했으리라. 그만큼 그때는
힘이 펄펄 나고 원기 왕성했지 않았나 싶다.

이제 돌아볼 겨를도 생각할 틈도 길 헤맬 이유도 없는 시루봉 가는 삼
거리이다. 안민고개 가는 내림 길 능선이다. 배낭끈을 단단히 부여잡고
하오의 태양을 정면으로 받으며 빠른 걸음으로 아무 생각 없이 내려가
고 있었다. 이따금씩 진해 해군부대의 사격 연습하는 총소리만 들려왔
다. 뒤로 불모산을 두고 우로 성주사 계곡을 끼고 장복산을 바라보며 마
라톤 주자처럼 뛰고 있었다. 내가 걸어온 건너편 봉림산과 용추계곡을
곁으로 하고 걸었다. 지금까지 걸어왔던 산들이 시간이 지나면 멀어져
야 하는데 점점 가까워지고 있었다. 저만치에서 희미하게 보였던 봉림
산과 사격장이 뚜렷하고 가까워짐은 어인 연유인고, 참 세상의 이치는
참이란 없나 보다. 내려오다 보니 내림만이 있는 줄 알았더니 오름도 있
었다. 무심하고 내려오는 사이에 힘이 비축되었나 보다. 사방 조망이 좋
은 바위 봉우리에 섰다. 마음껏, 한껏, 있는 힘껏, 소리쳐 야-호를 외쳤
다. 야호는 건너 산으로 건너갔다 되돌아왔다. 내가 걸어왔던 길까지 갔
다 왔나 보다.

장복산이 앞으로 갈 길을 확 펼쳐서 길을 내고 기다리고 있는 듯하다. 한 시간이 채 안 걸려 안민고개에 내려왔다. 고갯마루에는 포장집도 있고 팔각정 쉼터도 있고 맥주도 막걸리도 라면도 있다. 이 목마름을 해소하는 최고의 비법을 알건만 참기로 했다. 그냥 지고 온 냉수로 달랬다. 세시 반이니 5시 반까지는 양곡으로 가야지 않는가. 남은 시간이 두 시간인데 장담할 수가 없지 않은가. 맥주 한 병이면 이 갈증을 해소하고 갈 수 있으련만 참고 그냥 가기로 했다. 첫째는 알코올이 갈 길을 혹 방해할지도 모르고, 둘째는 여기서 사 마시면 돈이 비싸고, 셋째는 양곡 가서 마실 때 그 시원함과 정복감을 최고조로 올리기 위해서 참고 가기로 했다.

　안민고개 도로를 걷지 않고 뛰어 건넜다. 장복산 능선 따라 방화로防火路를 만들고 벚나무로 줄지어 조림을 해어 마치 산악 포장도로를 달리는 기분이었다. 선 채로 불 타 죽은 편백나무의 시커먼 나무줄기들을 보다 다시 보기 싫어 고개를 전방으로 고정시켰다. 십수 년을 키웠던 편백 조림지가 산불 한 방에 상전벽해桑田碧海가 되었구나. 너무나 허무하고 애달프구나. 그 푸르고 건사하고 멋들어진 편벽 숲이었건만. 장복산 오름 길은 산그늘이 져 시원하여 오르기 좋았다. 첫 봉까지 삼십 분이 걸려 단숨에 올라 창원 쪽 조망이 좋은 바위에 앉았다. 창원 시가지가 한눈에 들어왔다. 산그늘을 이불 삼아 비스듬히 누웠다. 저 아래로 공장들을, 저 건너로 용추계곡과 진례산성을 바라보며 땀을 식히며 더운 몸을 식히며 휴식을 취했다. 마지막 남은 과일 두 알을 한자리에서 먹었다. 게 눈 감추듯이 말이다. 그 달콤한 단감 맛이여…….

　지금이 네 시이니 참 갈등 생기는 시간대이구나. 남은 거리도 해가 지는 시간도 짐작이 없으니 어디로 빠질 것인가? 마진고개의 터널 입구로 간다면 시간도 길도 아니 별로 어려울 것이 없다. 그런데 이 종주능선의 종착지가 양곡아파트 앞이 아니던가? 그리고 오늘 아침에 나설 때의 목표가 양곡까지 아니었던가? 그래 가 보자. 양곡으로. 손전등이 없는데, 해가 빠지면 길이 있을까? 자 그까짓 것 그때 가서 생각하고, 여기가 저 지리산도 아니고 헤매 본들 창원시 앞산이고 진해 뒷산이지 어디이겠는가. 지는 해를 받아 진해만의 바다는 금빛 물결이 넘실대고 있었다. 이 산에 봉우리가 왜 이리도 많지? 넘고 넘어도 봉우리다. 상봉은 없고 준봉들만 연이어 줄을 섰다. 봉우리만 타고 삼십 분, 평원 길 타고 삼십 분, 마지막 봉우리 지나 마진터널과 양곡 방향 갈리는 삼거리 오니 하오 다섯 시였다.

한번의 망설임도 없이 종주 길 종점인 양곡 길로 내려섰다. 리본이 갈림길 표시를 잘 해 두었다. 해는 이제 석양 되어 산 위에 한 뼘도 채 못 남았다. 이제 갈 길을 살펴 두자. 여기부터는 와 보지도 들어보지도 못한 초행길이다. 먼저 능선 길부터 살폈다. 따라 내려가다 좌측 능선으로 갈아타야 하는구나. 철탑들이 보였다. 저 철탑이 가는 길의 이정표이구나. 길을 따라 쉼 없이 뛰었다. 산적처럼, 간첩처럼, 도깨비처럼 뛰었다. 능선만 보고 길만 보고 앞만 보고 뛰었다. 마음속으론 해가 지면 길을 잃을진대 무서움은 처음부터 없었다. 혼자라고도 생각이 전혀 들지 않았다. 난 언제나 혼자였으니. 이제는 숲속이라 능선도 보이질 않고 눈앞에 길만 보일 뿐 뛰고 또 뛰었다. 길이 점점 희미해지더니 길이 없어졌다. 아직 어둡지는 않은데 15분도 채 못 뛰어왔는데 좌측 소나무 가지 사이로 까만 산등성이가 있는 것도 같았다.

투구꽃 피는 산길

다시 돌아 올라가자. 오기 전에 무덤 자리에서 길이 없어진 것도 같았다. 무덤까지 되돌아 올라갔다. 무덤 아래로 또 다른 길이 있어 길을 찾을 수 있었다. 그래 이 능선이야 확신이 있었다. 또다시 뛰기 시작했다. 앞이 갑자기 훤해지니 철탑이 공터를 만들어 빛이 들어올 수 있었다. 시계를 보니 첫 철탑까지 삼십 분 내려왔다. 건너서니 희미하게 길이 있어 또 뛰고 봉우리 오르고 내려가 또 철탑 만나고 또 길을 찾고, 어쩌다 제법 잘 다져진 길을 만났다. 이제는 다시 이 길을 놓치지 않으리다. 마음속으로 다짐하고 그 길을 붙잡고 끝 간 데를 매달려 돌고 굽이쳐 강물처럼 흘러 내려가고 있었다. 그러나 그 길도 잠시 어디서 헤어졌는지 모르게 길은 어디로 가 버리고 작고 외진 흐린 길을 붙들고 있었다. 만약 이길조차도 놓친다면 어찌할꼬? 어디로 가든지 길만 보이면 가 보자. 제발 길이라도 있어다오, 작은 길이라도…….

길 위에 넘어져 죽은 나뭇가지들이 길을 막고 있었고 길이 덮여 사라졌는데도 나는 용케도 길을 붙들고 뛰어가고 있었다. 봉우리가 네댓 개는 되었지 싶구나. 한 번도 힘듦이 없이, 한 번도 쉼 없이 오르내리고 뛰어넘고 헤치고 짓밟고 피해서 희미한 길 그림자를 옷자락 잡듯이 부여잡고 갔었다. 그 수많은 무덤을 피하고 넘어서 한 번도 넘어지지 않고 손이며 얼굴에 생채기 하나 생기지 않고 갔었다. 어둠은 벌써부터 숲속으로 들어와 길이 보였다는 게 심히 의심이 될 지경이었으나 내 눈엔 길이 잘도 보였다. 아마도 그 철탑을 네댓 개는 지났지 싶고 산소만 나오면 길을 찾아야 했었다.

어느 큰 무덤에서 아래로 떨어지는 길을 찾았다. 어쩌면 누가 그 길을 점지해 주었는지도 모른다. 그렇지 않으면 그 길이 내려가는 길이라고 어찌 확신할 수가 있었겠는가. '산중의 밤길인데 어디로 가든지 내려가 보자 길이 있질 않는가' 아마도 이 주장이 뇌리에서 지배하고 있었을 것이다. 내려오니 마산 진해 가는 도로였다. 길 건너 양곡아파트가 조금 아래에 있었다. 어쩜 그렇게 경사진 곳을 뛰어 내려왔는데도 미끄러지지도 않고 걸려 넘어지지도 않고 말이다. 이제 시간의 기록도 나에게 무의미했다. 다만 무사히 종주를 마쳤다는 안도만 폐부에서 밀려왔다. 도로가 잔디밭에 앉아 물을 한 모금했다. 시계를 보니 여섯 시였다.

꿈길을 달려온 것 같은 착각 속에서 도로를 따라 내려왔다. 수많은 차량들이 쏜살같이 내 옆으로 비껴 지나간다. 아무도 나를 의식해 주지 않은 채 어제처럼 오늘이 가고 있었다.

피곤과 잠이 어깨 위로 스르르 밀려와 긴 꿈속으로 하염없이 빠져들었다.

그 아릿한 맥주 맛도 잊은 채…….

1999. 10. 27.

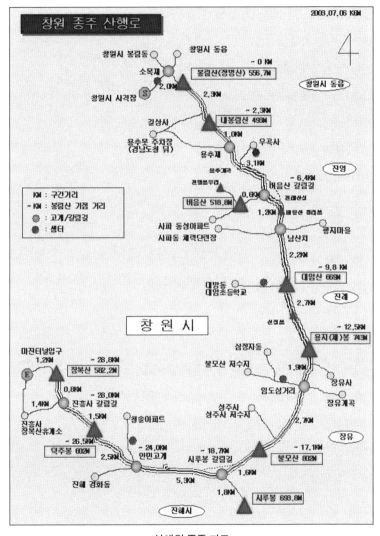

창원 종주 산행로

2008.07.06 KBM

창원시 봉림동　　창원시 동읍
소목재　　　　　　　 ~ 0 KM
창원시 사격장 S　2.0KM　봉림산(정병산) 556.7M　창원시 동읍
　　　　　　　　　 2.3KM
길상사　　　　　~ 2.3KM
용추못 주차장　내봉림산 496M
(경남도청 뒤)　1.0KM　우곡사
　　　　　　용추재　 3.1KM
　　　　　　은수곡곡　　　　　 ~ 6.4KM
　　　　전맹쓰우리　비음산 갈림길　진영
KM : 구간거리　비음산 518.8M　0.6KM　진례산실
~ KM : 봉림산 기점 거리　　　1.2KM　비음산 정라쓰
● : 고개/갈림길　사파 동성아파트　　　광지마을
● : 샘터　　　사파동 체력단련장　남산치
　　　　　　　　　　　　2.2KM
　　　　　　　　　　 ~ 9.8 KM
대방동　　● 대암산 669M
대암초등학교　　　 진례
창 원 시　2.7KM
　　　　선점쓰　 ~ 12.5KM
마진터널입구　삼정자동　용지(제)봉 743M
1.2KM　~ 28.8KM　봉모산 저수지
E 장복산 582.2M　1.9KM　장유사
0.8KM　~ 28.0KM　임도삼거리
1.4KM　진흥사 갈림길　장유계곡
진흥사　　1.5KM　성주사
장복산휴게소　청송아파트　성주사 저수지
~ 26.5KM　　　　　2.7KM　장유
덕주봉 602M　~ 24.0KM　 ~ 18.7KM　~ 17.1KM
2.5KM　안민고개　시루봉 갈림길　불모산 802M
진해 경화동　　5.3KM　1.6KM
　　　　1.8KM　시루봉 693.8M
진해시

산해원 종주 지도

일시 1999. 10. 24. (월) 7:30-18:00 맑음. 단독

코스 및 시간 기록 :

07:00 성원아파트 출발(54번 버스로 이동)

07:30 사격장 출발

07:45 소목고개

08:15 봉림산(567M 정병산) 정상

09:00 독수리바위

09:30 용추고개

10:30 진례산성 표시판

10:50 진례재

11:30 대암산 정상(669M 간식 먹고, 11:45 출발)

12:10 신정산(707M) 정상

12:45 용지봉

13:15 장유재/불모재(무당나무 중식 후 13:40 출발)

14:10 불모산 기지 철조망(억새 길에서 아래 소로로 지름길, 샘 발견 식수 채움)

14:40 삼거리(시루봉 & 안민고개 & 불모산)

15:30 안민고개

16:00 장복산 첫봉

17:00 삼거리(양곡 & 마진터널 & 장복산)

17:30 첫 철탑(날 어두워 산길 구보)

18:00 양곡아파트앞 도로

3. 원동에서 물금까지

토곡산土谷山에서 오봉산五峰山까지

1999. 12. 12. (일)

부산행 통일호 완행열차는 아주 천천히 창원역을 빠져나와 삼량진 쪽으로 나아갔다. 일요일 아침 시간이라 승객은 별로 없어 자리를 널따랗게 편히 앉았다. 부산 구포역 못 가서 우리가 내려야 할 원동역까지는 한 시간은 걸릴 것이니 부족한 잠이라도 보충해 둘까 했는데 차창 밖의 아침 정경이 하도 좋아 습관처럼 이런저런 상념에 잠기었다. 동쪽 하늘엔 파란 하늘이 청아하게 청잣빛으로 열리고 하얀 솜털 구름이 오리털 한 올처럼 날리는 듯 어우러져 있었다.

한림정역을 지나니 낯에 익은 늪 마을이 보이고 희미한 기억은 초등학교 입학 전에 잠시 아버지 근무지 따라 이곳에서 살았던 기억이 났다. 마을 앞 저 늪 물새 집에서 물새 둥지를 털며, 갈댓잎 마른 가지로 둥지를 튼 핏빛의 갓 태어난 들쥐 새끼를 보았던 기억, 갈대 속 줄기에 붙은 부드러운 부들 꽃들을 한 아름 꺾던 내 유년의 기억, 여름 장마가 계속되어 낙동강 물이 이 늪으로 밀려오면 마당 대문에 앉아서 낚싯대를 드리우고 낚이지도 않는 물고기를 기다리던 추억이 말이다.

아! 누가 말했던가 세월은 유수와 같이 흘러서 벌써 쉰을 바라보는 나이가 되었구나. 열차는 세월처럼 강물처럼 흘러가 낙동강 철교를 건너고 있었다. 덜커덩덜커덩 철교를 건너는 열차의 바퀴 소리 아래로 파란 강물이 얼음장같이 펼쳐지고 강은 맑고 깨끗한 겨울 아침 햇살에 강심을 데우고 있었다. 태백산서 발원한 낙동강은 칠백 리 물길을 쉼 없이 남으로 흘러 낙남정맥에 무척산, 신어산과 부딪쳐 동으로 꺾이어 부산 을숙도가 있는 구포 하구언으로 나아가 부산항 다대포로 흘러 내려간다.

오늘 산행의 기원은 대강 이러하다. 한 달쯤 전에 양산 원효산, 천성산, 정족산, 종주를 하다 건너다본 산줄기가 있어 지난주에 양산 통도사에서 출발하여 시살등으로 올라 양산 오봉산 다섯 봉우리를 타고 남으로 내려오다 해가 저물어 토곡산으로 바라보고는 서쪽으로 하산했는데 내려가니 배내고개 아래 배내천 다리였다. 12월 초순이라 5시 반을 넘으니 날은 저물고 길은 낙엽에 묻혀 없어지고 낙엽이 산더미처럼 쌓인 굴참나무 비탈길을 낙엽 썰매를 타고 내려왔다. 낙엽 썰매는 눈썰매랑 같았다. 미끄럽기와 그 깊이와 그 안전도가 물리적 성질이 눈과 같았다. 눈처럼 깊은 골과 장애물을 메우고 없애어 숲속 등성이를 평지로 만든다. 그날도 우리 둘은 어디로 내려가는지도 얼마나 가야 하는지도 모르고 그저 아래로 낙엽에 묻혀 굴러 내려갔다. 지난주에…….

그런데 한 주일 만에 그 고생을 즐기기나 하는 듯이 지난주에 못다 한 영남 알프스 남하산등성이를 찾으러 이곳 원동 토곡산을 찾아왔다. 물론 초행이고 안내는 인터넷에 올라온 산행기를 참고로 가는 길이었다. 원동역에서 원동초등학교 뒷길로 오르다 오른쪽 산길로 접어드니 독가옥

한 채가 나와 식수를 받았다. 오늘 산행 길 종주능선에는 샘이 없다. 집 뒤로 돌아가자 노천에 생수가 철철 넘치고 우물 주위로 새벽 추위에 바닥이 얼어 있었다. 계곡길이라 쌀쌀한 아침 기운에 심한 된비알을 찬바람에 식히며 부지런히 올랐다. 동행한 정 군도 지난주 하산의 늦음과 오늘의 산행 거리를 감안하여 앞서서 부지런히 걸어 주었다. 정 군의 빠른 걸음에는 내가 앞서 걷는 것보다 뒤따라 걷는 것이 걸음이 쫓기지 않아 편안하여 대체로 뒤에서 따라 걸었다. 그도 내 걷는 속도를 아는지라 언제나 편안하게 맞추어 주었다.

한 시간쯤 오르니 봉우리가 나오고 남쪽으로 돌아앉으니 눈 아래 건너 산 밑으로 낙동강은 동서로 누운 큰 용 한 마리 모양으로 굽이굽이 감기어 돌아 그 긴 꼬리를 남해 바다에 담그고 있었다. 강의 동쪽은 아침햇살에 거울 면을 되비추어 황금빛 물여울이 남실남실 아른거렸다. 겨울 강의 스산함과 투명함으로 평면거울의 강물은 아늑함과 온화함과는 거리가 멀었다. 그러나 이런 강물을 눈 아래로 바라본 적은 없어 그 산뜻한 맛과 아름다운 강의 분위기에 일순 마음을 빼앗겼다. 건너편 김해 신어산과 무척산이 손바닥 위로 놓이고 멀리 낙남정맥이 늘어서 보이니 내가 사는 창원 불모산과 용지봉, 대방산, 봉림산 그리고 천주산, 무학산 줄기가 성곽처럼 이어져 있었다.

토곡산 정상까지는 한 20여 분을 더 올라야 했다. 토곡산은 좌우로 날개를 길게 펴고 있었다. 주로 암릉 구간인 동은 용굴능선이라고 부르고 서는 서북릉이라고 부른다. 동서 암릉 구간으로도 하루 코스는 충분하다. 우린 동서 구간은 버리고 정상에 서니 지난주에 타고 내려온 시살등과 양산 오봉산 그리고 하산 기점인 염수봉이 보이고 영남 알프스의 준봉들이 아스라이 펼쳐져 왔다. 천황산, 재악산, 신불산, 영취산 그 아래로 향로봉까지 보이고 동으로 원효산, 천성산, 정족산, 양산시를 건너 동남으로 금정산 줄기가 저만치 앉아 있었다. 눈에 보이는 산들치고 아니가 본 산이라고는 남쪽으로 강 건너 앉아 있는 김해의 산들이구나.

　북풍이 불어 토곡산 산정 비석 남녘으로 몸을 숨겨 앉았다. 부산서 왔다는 4인 한 조가 어디로 하산할지 의논 중이었다. 막소주 한잔을 권하니 아무도 술을 못 한다고 거절을 했다. 산행에 초보라고 하면서 걷기를 무서워했다. 11시가 채 못 되었는데 하산하잖다. 이 길로 내려가면 12시인데 귀가하여 점심 먹겠네? 뒤로 가더니 다시 올라왔다. 이왕 오셨으니 저기 보이는 서북릉으로 하산해 보라고 권하자 우리 코스를 물었다. 우리도 어딜 갈 것인지 아직 미정이었다. 정 군은 자꾸 물금 오봉산으로 가자고 했다. 토곡산 종주 코스는 토곡산 정상 명선재, 신선봉, 매바위, 어곡산 지나 어곡리 대리마을로 하산하면 하루 종주 길이 빠듯하다. 그리고 물금 오봉산만 걸어도 6시간 길이다.
　그런데 건너 바라다보이는 U 자 형태로 산줄기가 화제마을을 감고 시작은 토곡이요 끝은 오봉이니 오봉산까지 가 보잔다. 지난주에 버리고 온 염수봉서 여기까지는 어찌하고 했더니 버리고 낙동강으로 빠져 버린 오봉산으로 가지고 했다. 정 군은 아무래도 열차에서 보여 준 오봉산 안내에 반했지 싶어 좀 멀긴 해도 그러자고 승낙을 했다. 그리고는 가야 할 산줄기를 바라다보았다. 부산 사람들이 우리 이야기를 듣다가 껄껄껄 웃는다. 산줄기 건너가는 걸 이웃집 놀러 가듯이 저 산 넘어갈까? 이 산 넘어갈까? 어쩜 그렇게 손쉽게 이야기를 하느냐고 우스워했다. 그럴지도 모르지. 겨울 해가 짧기에 망정이지 여름이면 이보다 더 걸어갈 것을

　　　　　　　　　　　　　　　　　　　투구꽃 피는 산길

계획할 것이니.

정 군과 나는 올 초에 당일로 진북면 영동 서북산에서 봉화산, 광여산, 대산 지나 무학산 만날고개로 종주를 했으며, 여름에는 부산 금정산을 양산 다방리에서 출발하여 금정산 정상 지나 동래산정 지나 사상까지 가다 날이 저물어 연지동 성지곡 수원지로 내려왔고, 가을에는 양산 대석에서 출발하여 홍롱폭포 원효산, 천성산, 종족산까지 종주를 당일로 해 버렸으니 남도에 사시는 분들 중 산 다녀 보신 분들은 이 기록들을 꼭 기억하셨다가 혹 가실 기회가 생기시면 마음속으로 눈으로도 다녀와 보시길 바랍니다. 그리고 혹 가 보셨다면 그 감회와 느낌을 글 한 자 적어 보내 주시면 길이길이 기억하리다. 여기서 말하는 정 군은 나와 안 지는 십여 년 정도밖에 되지 않았으나 호형호제하며 산길에 마음에 죽이 맞아 뚝하면 호박 떨어지는 소리인 줄 알고 전화하면 떠나자는 소리인 줄 아니, 크게 서로가 마음 부담되지 않고 편안하여 자주 동행하곤 했다.

그도 나도 한번 일어서서 걸었다 하면 산 고개 두어 개는 넘어야 쉬고 쉬었다 하면 날이 저물어도 배가 고파도 아무리 갈 길이 멀어도 서두는 법이 없으니 이 또한 천생연분이라 아니 할 수가 없구나. 지난번 열두 시간 산행을 다녀올 때 그러니 백무동으로 새벽 산행 떠날 때도 창원서 퇴근하고 배낭 꾸리어 한밤에 사천 와서 두어 시간 자고 지리산 동행 시 길잡이 노릇한 장본인이다. 산행기 쓴다더니 산길은 없고 무슨 힘자랑하고 사람 자랑하냐고 하시겠지만 본시 산행이란 뜻과 마음이 맞지 않는 이와 동행한다는 것은 실로 고역이니 차라리 혼자가 편안함을 이야기함을 이해 바랍니다.

소주 한 모금 입에 붓고 귤 한 조각 입에 물고 토곡산 비석 앞에 앉아

해바라기를 하며 몸을 데웠다. 신선봉에서 북으로 난 줄기를 타면 영남 알프스고 남으로 난 줄기를 타면 매바위가 보이고 넘어서 새미기고개가 산판 도로로 나 있었다. 그리고 그 줄기를 타고 남하하면 오봉산 봉우리가 다섯인지 일곱인지 알 수도 없지만 저 산길을 다 갈 참이라 그냥 가 보는 것이다. 저물면 할 수 없이 내려가는 것이지. 그럼, 우리 인생길도 마찬가지 아니던가? 살고 있는 동안 그냥 해 보는 것이지 하다 하다 지치면 할 수 없고 그러다 죽으면 그만이고 살 때까지 부지런히 희망을 갖고 해 보는 것이지, 해 보지도 않고 시작도 안 하는 이는 죽기만 기다리는 어리석음이니, 이는 또한 삶이 아니리다!

오던 길을 5분 정도 되돌아 나와 동쪽으로 쏟아져 내려갔다. 어찌 올라온 토곡산을 도로 내려가는 기분이다. 할아버지 할머니 산악회가 왔다. 턱수염이 허연 할아버지께서 자꾸 올라오시기에 여쭈었더니 관광버스 한 차로 마흔 분쯤 오셨단다. 고개까지 내려서니 산길은 다시 오른다. 화제고개이다. 작은 산봉우리 하나 더 올라 내려서니 명선재다. 우로 내려서면 화제마을 좌로 내려서면 내포마을이다. 신선봉 길은 직진이다. 능선 길 북쪽 면으로 진달래 군락이 크게 앉아 있었다. 그야말로 산자락 진달래 밭이다. 봄에 오면 정말 단단한 군락을 볼 수 있을 텐데. 신선봉에 오르니 12시였다. 우린 땀깨나 흘리고 있었다. 바람이 불고 차기에 다행이지 겨울이 아니라면 날씨가 따뜻했다면 힘들었지 싶다.

영취산 줄기는 가까워져 있었고 낙동강은 저만치 산자락에 숨기어 용꼬리 한 토막 허리 한 토막 동강동강 나 보였다. 바람은 차나 날씨는 쾌청하여 하늘은 푸르고 햇살은 더운 기운을 북돋우고 있었다. 매바위는 통바위로 날개를 아래로 내리고 하늘로 솟구치며 비상하는 매의 형체로 바라다보였다. 지나온 토곡산 정상이 까마득히 보이고 산 아래 화제 골짜기에는 올망졸망 마을들이 옛 모습으로 살아 있었다. 내려다본 양산은 도시화되고 산업화되어 산들이 온통 훼손되어 차마 눈 뜨고 못 볼 지경이었다. 공단이라면 농지나 정리하온 산골짜기마다 파헤쳐 상처투성이 양산이구나. 개발의 책임자는 산에도 안 다니나? 이 국토가 이렇게 망가지면 우리 후손은 어디에서 살 것인가? 평야에서 산다고? 우린 대대로 산 아래 골짜기에서 풍수지리 익히며 배산임수하여 살아온 문화와 풍습을 지니고 있는데 우리 후손들은 다음에 중국으로 이민 가서 살 것인가?

물 한 모금 마시고 길을 떠났다. 점심은 어곡산까지 가서 먹기로 했다. 12시 반이 지나고 있었다. 매바위 오르기 전 또 산 고개를 내려간다. 이 능선에는 좌우에서 올라오는 길이 수없이 많으니 하산 시에는 고개나 산 이름을 기억해 두어야 할 것이고 이정표나 안내판 하나 없었다. 당일로 산행 오는 사람이 많아 산길은 뚜렷했고 사방으로 하산하는 길이 있으니 지리산처럼 고립되고 길 잃고 헤매는 일은 없을 것이다. 매바위로 오르는 바위 길은 바위 좌로 돌면 바위 길이 잘 나 있다. 보기보다 쉽게 오를 수가 있으나 줄을 잡고 오르는 곳이 한두 군데 있어 어린이나 노인은 피하는 게 좋을 듯싶다.

나는 매바위 정상에 두 팔 벌리고 섰다. 우렁차게 고함 한 번 치고 비상하는 바람에 날리어 뒤로 내려서고 말았다. 내가 매라면 이 바람을 타고 어디론지 오를 수가 있으련만 나는 사람이라 그 바람을 피해 달아나고 말았다. 오곡산까지는 암릉 구간으로 우회하는 길이 없다. 외줄 타듯이 칼바위 능선을 한 십여 분 지나면 어곡산이 있었다. 여기서 점심을 먹기로 했는데 바람이 자는 남녘에 앉아야 식은 밥 먹기가 나을 텐데……. 좀 더 내려가 따뜻한 곳에 앉자. 배가 고프니 어서 앉아야지 그래도 좀 따뜻한 양지에 앉아야지 하면서 막 뛰어 내려갔다. 내리막 경사가 급하고 낙엽에 미끄러지니 나뭇가지를 붙들고 몸을 요령 있게 흔들어 대며 뛰어 내려갔다.

뒤에 정 군도 소리 없이 쫓아왔다. 한 이십여 분 동안 그 큰 고개 하나를 다 내려와 버렸다. 실로 날아내려 온 느낌이다. 굴참나무 잎새들이 황금빛으로 뒹구는 햇살 좋은 낙엽 위에 앉았다. 한낮의 햇살이 따사로운 양지에 우린 크게 팔 벌리고 누웠다. 허기에 지쳐 미끄럼에 힘들어 가쁜 숨을 모아 쉬며 점심 도시락 먹길 포기하고 잠깐 잠이 들었다. 하오의 햇살은 이다지도 따스하게 내비치고 얼마 동안을 숨도 안 쉬고 잠이 들었다. 너무나 온화하고 아늑하였다. 그러다 부스스 일어나 배낭에서 도시락을 꺼내 놓았다.

두 집 반찬이 나오니 종류만도 열이요, 찬밥이라도 더운 기가 풀풀 나는 화로 속에 앉았으니 그대로 더운 밥이 되니 이 인분은 됨직한 도시락 하나씩을 천천히 비우고 소주 한잔 마시고 보온병에 담아온 커피 한잔 마시고 담배 한 대 피우니 대통령도 안 부럽고 재벌 2세도 안 부럽다. 과일 주머니 여니 감, 사과, 귤 한 주머니라 실큰 먹고 일어섰다. 먹고 자는 것이 아니라 자고 먹는 것이 이치이니 그대로 이루어졌다.

임도가 우리 앞에 길을 내어 나란히 섰다. 우린 임도를 버리고 산길로 올라섰다. 이제부터 본격적인 새로운 산행 길 오봉산 산행이 오후에 다시 시작되고 있었다. 아주 천천히 걷기 시작했다. 지금이 중요한 체력 안배의 시간이다. 잡담을 하며 서서히 낮은 산을 오르기 시작했다. 한

투구꽃 피는 산길

30분쯤 지나 작은 봉우리 하나를 넘으니 앞으로 더 높은 산들이 봉우리 지어 나타났다. 저 봉우리들을 다 넘어야 하는 모양이구나. 가기로 마음을 먹었으니 해가 떨어질 때까지 가 보는 수밖에 없잖은가? 산 하나를 내려서니 횡단도로가 나오고 포장하느라 시멘트 거푸집과 철근으로 엮어져 있었다. 산이 절단이 나는구나.

본래의 속도로 어느새 돌아와서 쉼 없이 소리 없이 부지런히 걸었다. 무척이나 힘든 봉우리를 둘이나 올랐는데도 오봉의 상봉과 중봉은 아직도 저만치 떨어져서 우리를 부르고 있었다. 앞서 가던 내가 낮은 봉우리에 주저앉았다. 나는 쉴 때는 그냥 발 길게 뻗고 주저앉는 버릇이 있다. 산에서는 어디서나 그렇게 앉아 버린다. 조심스레 앉질 못한다. 그래야 편하니 편한 대로 하고 산다. 간식들을 꺼내 먹는다. 초콜렛과 양갱을 잘 먹고 과일도 잘 먹는다. 술도 잘 먹고 밥도 잘 먹는다. 그러나 물은 많이 먹질 않는다. 겨울에는 잘 먹질 않는다.

해는 어느덧 서쪽 하늘로 떨어져 가고 산그늘에 담긴 낙동강은 진종일 오른쪽 겨드랑에서 떨어지지 않고 붙어 다녔다. 저녁 으스름이 산모롱이에서 묻어 나오고 건너 토곡산이 손에 잡힐 듯 가까워져 있었다. 산의 북쪽 면으로 오를 때는 산그늘이 져 제법 어둑어둑하였다. 자꾸만 뒤로 바라다보고 싶어 가다 말고 돌아서서 지나온 능선을 바라보았다. 골짜기를 이루어 앉은 화제마을은 남쪽으로 낙동강을 끼고 북과 동서로 산이 빙 둘러져 한눈으로도 명당임을 알 수가 있었다. 문자 그대로 배산임수라. 고운은 화제리의 경치에 놀라 화제8경花濟八景을 시로 남겨 놓았다.

洛江歸帆
臨鏡曉鍾

五峰歸雲

鷹岩落照

中山暮烟

狗谷瀑布

中峰朝陽

花亭明月

낙동강상에 돌아가는 돛대며

임경대상에 들려오는 새벽 종소리로다

오봉에 돌아가는 구름이며

매바위에 비치는 저녁노을 붉은빛이로다

중산에 엉켜 있는 황혼의 엷은 연기요

계곡에 천둥 치는 폭포의 우렁찬 소리로다

중봉에 비치는 황홀한 아침 햇살이요

화정花亭에 솟아오르는 교교한 명월이로다

　화제마을이 석양의 햇살에 누렇게 익어 가고 뒷산 매바위와 신선봉 그리고 어곡산이 낡은 저녁볕에 부연 잿빛으로 비쳐 왔다. 걸어온 길들이 하도 멀고 길어 나도 몰래 저 산들을 다 타고 왔단 말인가? 강물은 점점 손에 잡힐 듯 가까워지고 4시 반에 중봉에 올랐다. 잠시 중봉 언저리를 선 채로 한 바퀴 돈 채 직진 코스로 내려섰다. 건너 상봉 가는 길목에 바위 절벽이 길 위에 누워 있다. 여기 오봉산은 무덤 같은 흙산 봉우리가 오뚝오뚝 서 있는데 바위를 만난 것이다. 요령 있게 바위 사이 돌을 붙들고 올라 우회하니 작은 바위 봉우리가 나왔다. 그 바위 위에 앉으니 바라

투구꽃 피는 산길

다보는 눈 맛이 일품이었다. 동으로 양산 들판이 누런 평야로 누워 있고 서로는 화제 골짜기의 넓은 들이 앉으니 이 봉우리들이 평야 가운데로 뻗어 나와 사람의 몸으로 치면 단전丹田을 이루고 있었다. 그리고 그 뻗은 끝자락이 낙동강 강심으로 몸을 풀어 내렸으니 그 형상이 그 조망이 가히 명산대첩이라 아니할 수 없구나. 바위 벼랑에 기대어 천 길 낭떠러지 아래 구포 강변을 굽어보며 하염없이 앉아 있었다.

저 강물에서 다시 솟구쳐 올라서면 낙남정맥의 종점인 동신어산이다. 지리산 세석고원 영신봉에서 산자락 하나가 남하한 능선이 삼신봉에서 떨어져 횡천 지나 진주, 사천 지나 함안 여항산 지나 마산 서북산, 대산 무학산, 창원 천주산, 봉림산, 대암산 그리고 김해로 나가 저기 신어산에서 낙동강으로 산자락을 숨겼으나 여기 오봉산으로 다시 올라오는 형상이다. 그러하니 다음 산행지는 저절로 저 아래 물금 다리 건너 다시 올라 창원 불모산으로 달릴 것이다.

해는 저기 앞 오봉산 상봉 뒤로 사라져 보이질 않았다. 그러다 문득 일몰을 본다면? 저 상봉 뒤로 얼마 전에 들어가지 않았느냐? 정 군을 앞세우고 상봉으로 달려갔다. 5분이나 걸렸을까? 산의 뒷부분에 올라서니 눈 아래로 발아래로 낙동강이 좌우에서 앞으로 그 큰 강이 호수처럼 넓고 평평하게 내려다보였다. 잔잔한 수면에 그 큰 가슴을 열어 두고 앞뒤 산들을 넉넉한 품으로 품어 주는 느낌으로 조용히 거기에 자리하고 있었다. 발아래 낭떠러지 아래로 저 중국의 동정호처럼, 장강의 삼협처럼 낙동강 물금호반은 고인 듯 흐르고 있었다. 여기서는 시인 묵객이 아니어도 환호성과 탄성을 아니 지를 수가 없구나.

올려다 본 서쪽 하늘에, 건너편 저 지평선 같은 산줄기 눈 아래로 가없는 하늘이 시네마스코프 총천연색 화면이 펼쳐져 있었다. 서쪽 하늘 정면으로 산보다 크고 강보다 넓은 붉은 해가 하늘에 가득 차 있었다. 석양되어 떨어지는 해는 눈높이로 붉디붉은 불덩이가 되어 핏덩이가 되어 박 덩이보다 크고 보름달 덩이보다도 크고 내가 한 번도 본 적이 없는 물체가 되어, 저 산 위 하늘에서 딸아이의 색깔 좋은 색동 옷감으로 채색되어 눈부심도 없고 고개 듦도 없고 호화찬란한 노을도 없이 내 눈 아래로 조금씩 내려서고 있었다. 기대섰던 몸이 산정 돌탑에 스르르 주저앉았다. 저게 해란 말인가? 어찌 해가 저렇게도 핏빛인가? 이다지도 크단 말인가?

눈 아래로 길게 늘어선 낙남정맥의 희미한 산줄기가 파노라마로 펼쳐져 있고 그 뒤로 저 해가 사라질 것인데 해는 수평선 같은 지평선, 산보다도 훨씬 가까이 다가와 바로 내 눈앞에서 황홀한 모습으로 나타나 있었다. 바라보기에 눈살 한번 찌푸림 없이 천지를 붉음으로 덮칠 양 낙조는 꿈길같이 전개되고 있었다. 아마도 이승에 있는 물건이 아니고 천상에 있는 물건일진대 어쩌다 오늘 저 산에 지고 나면 다시는 아니 올 물건이고 다시는 보지 못할 물건 같아 그 붉은 감 홍시 덩이가 침식되어 가는 모양을 넋을 잃고 바라다보았다.

김해공항에서 이륙한 비행기 한 대가 천천히 올라와 빨간 해 머리 위로 맑고 환한 하늘로 그림같이 지나가 북으로 사라졌다. 저 비행기 속 승객들도 찬란하게 지는 일몰을 보고 감탄을 자아내고 있겠지. 오늘 길고 먼 산행의 하이라이트는 이 일몰이구나. 그러니 저 해는 우리가 오봉산 상봉에 오르기를 기다렸다가 이 모습을 보여 주고 떠나는구나. 마침내 그 붉은 핏덩이는 내가 사는 창원 뒷산 진례재로 내려가 우리 집 내 빈방에 가서 날 기다리고 있겠지. 일출은 여러 번 보았어도 이런 일몰은 생전 처

음이었다. 누가 감히 일출이 아름다우냐? 일몰이 아름다우냐고 묻는다면
적어도 내가 본 일몰이 더욱 아름다웠노라고 자신 있게 말해 주리다.

왕성하고 힘찬 영남 알프스의 고산준봉들이 여기 오봉산으로 달려와
마지막 힘을 다하여 강물로 뛰어내리기 전에 바위 벼랑을 만든 곳이 임
경대臨景臺다. 산 그림자가 담긴 낙동강 물을 내려다보며 고운 최치원
선생은 임경대라 이름짓고 한시漢詩를 남겼다.

煙巒簇簇水溶溶
鏡裡人家對碧峰
何處孤帆飽風去
瞥然飛鳥杳無踪

묏부리 웅긋중긋 강물은 늠실늠실
집과 산 거울인 듯 서로 마주 비치는데
돛단배 바람 태워 어디로 가 버렸나
나는 새 어느 결에 자취 없이 사라진다
(孤雲 崔致遠 시, 노산 이은상 역)

『고운 최치원 선생은 이곳에서 거울처럼 맑고 깨끗한 강물에 마
주 비쳐진 인가와 산봉우리를 내려다보면서 가식과 잡념 허욕
이 없이 거울 앞에 선 심경으로 임경대라 칭했으리라. 일찍이 시
인 묵객들이 이 강을 관망하면서 시를 짓고 강의 풍류를 즐겨왔지
만 그중에서 최치원 선생의 임경대에 남긴 한시漢詩가 낙동강 문
학의 원조가 될 것이다. 높은 학문과 포부를 가지고 기울어져 가

는 나라의 운명과 온갖 모략중상을 일삼는 인간들의 짓거리를 지켜보면서 어지러운 나라의 기강을 바로잡으려 했으나 그 뜻을 이루지 못하고 기어이 벼슬도, 명예도 다 던져 버리고 외로운 구름처럼 전국을 돌다가 낙동강의 맑고 투명한 강물을 내려다보면서 인간의 오욕칠정五慾七情이 다 사라지듯 선경에 취했으리라. 임경대가 있는 곳은 어디인가? 삼국사기 신라본기에 황산강이 나오고 (이 황산강은) 황산 앞으로 흐르는 강이라고 했다. 그리고 황산은 김해와 경주를 잇는 교통로 상에 있다고 하였다. 이곳 임경대가 있는 오봉산이 바로 그 옛날의 황산이 아닌가. 황산의 안산案山이 물금의 증산甑山이라고 했으니 이 산과 남쪽으로 마주 보이는 증산을 내려다보면 그것이 실증되는 것이다. 그리고 황산진黃山津이 옛 물금나루터요 강북쪽으로 가야진伽倻津의 용당나루터가 있다.』
《낙동강 임경대에서》백이성)

해가 지고 나니 노을도 여운도 없었다. 구름이 있어야 노을이 있지. 바로 어둠이 천지에 내려왔다. 산을 내려오는 경사 길을 게걸음으로 천천히 어둠을 헤쳐 내려왔다. 칠흑같이 깜깜한 밤길이었다. 안부에 도착하니 체육 시설들이 나오고 벤치도 있었다. 능선 길을 더 나아가면 임경대 바위 절벽이 나올 것이나 큰길 따라 산책로 따라 넓게 내려가니 샘물이 있었다. 마른 땅에서 솟아나는 차고 맑고 시원한 샘물을 마시니 온몸에 기氣가 차오르는 듯했다. 마을로 나와 도로 따라 한참을 걸어 내려갔다. 물금역에 도착하니 6시 30분이었다. 여기 물금이란 한자어가 하도 기이하여 역무원에게 물었더니 '옛적에 여기 땅은 침범하지 아니하는 땅으로 하자'고 해서 물금勿禁이라 했다고 한다. 물금역사勿禁驛舍의 국화 분에는

　　　　　　　　　　　　투구꽃 피는 산길

하얀 실국화가 텅 빈 역사驛舍 불빛에 졸고 있었다. 역사 내에도 온통 국화분과 분재들로 가득 조경을 해 두었다. 구내에는 몇 분盆의 춘란도 있고, 물고기 키우는 어항도 있고, 귀목도 화단도 정성 들여 가꾸어 놓았다.

내 아버지께서 역사에서 역무驛務를 보셨던 그 옛날이 생각나 애써 고개를 돌렸다. 매표하는 출찰이 주로 하시던 일이셨는데 오늘 같은 겨울날 저녁을 차려 가져가면 저녁을 드신 후 동전 몇 닢을 주셨고 내가 역에 들리면 귀여워해 주시던 역무원 아저씨들 이제는 모두 고인이 되셨으니, 내 아버지가 하시던 일을 여기 계시는 이름 모르는 저분들이 대신하고 계시는구나. 나는 여기가 원동 역사와 흡사하여 원동역으로 되돌아온 환상에 잡혔다. 여기는 물금역이 아닌가? 원동역에서 물금역까지 걸어왔는 데 몇 시간이 걸렸단 말인가? 아침 9시에 원동 역사에서 출발하여 저녁 6시 반이라. 9시간 반 걸려 물금서 원동까지 왔구나. 창원 가는 통일호 완행열차는 6시 50분에 왔다. 열차는 단 오 분 만에 원동역으로 돌아왔다. 열차비 100원 거리이다.

이렇게 쉬운 길도 있고 저렇게 힘든 길도 있는데 우리는 왜 저렇게 힘든 인생길을 걸어가는 것일까? 그렇지 그래야 저 산 위에서 그 아름다운 일몰도 보고 그래야 땀도 흘리고 숨도 차야 쉬고 사는 맛이 생기지, 쉬운 길 쉬운 인생은 보람도 의미도 없는 것이야! 열차는 아주 천천히 강물 따라 거슬러 올라갔다. 내가 산행 걷는 걸음의 속도같이 여유 있게 까만 강물을 끼고 갔다. 일요일 저녁 열차나 손님은 별로 없었다. 신발도 벗고 넓게 앉아 과일 보자기를 열었다. 아직도 남은 감이며 귤이 있었다. 시장기를 때우니 훈훈한 스팀 기운에 스르르 잠이 들었다.

"다음은 창원, 창원, 창원역에서 내리실 손님 여장을 챙기시어 내릴 준비를 하십시오."

"여기는 창원, 창원, 창원역에서 내리시는 손님 안녕히 가십시오."

돌아가신 아버지 생각이 사무치게 나는 창원 역사를 저녁나절에 걸어
나오고 있었다.

아버지 보고 싶습니다.

1999. 12. 12.

토곡산 오봉산 일주 지도

4. 봄의 땅 광양 백운산 산행기

논실마을에서 한재, 백운산 정상, 억불봉, 노랭이봉, 옥룡면소까지

2000. 3. 18. (토)

　지난번 지리산 남부능선을 타고 내려와 하동 악양면 토지마을 뒷산인 형제봉에서 바라본 산.

　섬진강물이 산길을 잘라 놓아 갈 수가 없었던 산, 백운산을 가리라고 마음먹은 지 불과 한 달 만에 백운산으로 갔다. 때마침 3월 경칩 지나면 백운산의 고로쇠물이 전성기이고 섬진강 강마을 매화마을인 다합에서는 매화꽃잔치가 열리는 계절이니 한 해의 적기가 지금이라 꽃구경 산구경 고로쇠물 산행으로 길을 나섰다.

　인터넷으로 백운산을 찾으니 우리나라에 백운산이란 명산만도 다섯이 넘는 백운이란 이름이 예사 이름은 아닌 모양이다. 초행이고 안내자가 없으니 자료나 지도를 뽑아 들고 가야 되니 여기저기 지도도 모으고 산행기도 모아서 읽었다. 그러나 정작 떠나는 날 아침에 지도며 자료 한 장 없이 떠나는 신세가 되고 말았다. 전날 어디에 두었는지 찾아도 없어 빈손으로 가게 되었다.

차는 광주 가는 남해고속도로를 타고 광양제철소 인터체인지를 지나 동광양으로 잘못 빠졌다가 되돌아 나와 광양 인터체인지에서 광양 땅으로 들어섰다. 까만 밤은 어느새 걷히고 조용한 새벽이 열리며 우리를 맞아 주고 있었다. 그날도 우리는 정 군이랑 둘이었다. 정 군은 운전을 하고 나는 길을 안내하는 역할을 언제나처럼 맡아 하는데 오늘은 내가 지도를 아니 가졌기에 기억으로 이쪽저쪽 하면서 가다 세워 물으며 갔었다.

오늘 계획은 광양시 봉강면 하조까지는 시내버스를 타고, 하조마을에서 내려 성불계곡의 성불사를 경유하여 형제봉, 도솔봉, 또아리봉, 한재 백운산 정상 매봉으로 해서 섬진강 다합마을로 하산할 작정이었다. 그러나 지도 한 장 없이 그 길을 찾는다는 게 쉽지도 않고 하조 가는 버스는 6시에 떠났으니 다음 차는 7시 40분이라니 기다릴 수도 없어 우린 승용차로 옥룡면 소재지에다 차를 두고 버스를 기다렸다.

6시 30분에 논실까지 가는 버스에는 운전사 혼자였다. 우리 둘만 태우고 긴 계곡길을 하천을 타고 올랐다. 동곡리 동동마을을 지나고, 병암마을도 지나서 산 아래 첫 마을 논실까지 차는 가 주었다.

이제는 계획이 바뀐 것이다. 논실로 오면 형제봉, 도솔봉은 지나온 셈이 되니 그냥 참샘이재로 오르자 논실마을에는 산골마을답게 아침 짓는 연기가 고요히 피어오르고 아침 공기가 차기는 하나 이제 그 매운맛은 없었다.

마을에 들러 샘물을 얻고 7시에 아주 천천히 산행을 시작했다. 길은 임도를 따라 마을 우측으로 크게 나 있었다. 산길은 포장되지 않은 도로였다. 엷은 산안개가 가냘프게 지피는 임도를 따라 둘은 겨우 정신을 차리고 걸어 올랐다. 새벽에 초행길을 지도 없이 오느라 빠졌던 얼을 이제야 겨우 찾았던 것이다.

투구꽃 피는 산길

산길은 아침햇살에 산 주름을 펴고 길은 평탄했다. 서울농대 남부 연습림이라고 잘 가꾼 잣나무 숲이며 온통 고로쇠나무가 산을 덮어 자라고 있었으나 물통이며 호스는 보이지 않았다. 고로쇠물이라도 마시려면 물통이 달려야 마시지 나무만 있으면 그림의 떡이라 이를 두고 노래 가사처럼 인천 앞 바닷가 사이다가 되어도 고푸 없이는 못 마신다고 하듯이 나무만 쳐다보고 침만 삼켜야 할 지경이었다. 그러나 채 20분도 못 가서 저쪽 숲속에 물통들이 줄을 서서 앉아 있었다. 얼마나 반가운지 그 중 한 통의 뚜껑을 열고 들여다보니 한 통에 다섯 말은 나올 만큼 들어 있었다. 선 채로 그 자리에서 한 병을 마시고 큰 병 하나에 물을 비우고 고로쇠물로 채웠다. 신선한 물맛이 약간 달짝지근한 맛에 술보다 물보다 더 잘 넘어갔었다. 둘은 마주 보고 실큰 웃고 다시 통 뚜껑 잘 덮어 주고 발밑에 잣 솔방울이 수도 없이 차이는 잣나무 산길로 올라섰다. 한 시간이나 걸려 고개에 오르니 한재라는 이정표가 나왔다. 그러니 참샘이재로 간다는 것이 그만 한재로 올라왔던 것이다.

더운 김을 푹푹 내쉬고 고개 위에 앉아 고로쇠물을 꺼내 한 모금 통째로 삼키니 이게 고로쇠 물맛이 갑자기 왜 이렇지? 목구멍에 넘어가던 고로쇠물을 순간적으로 내뱉으며 이건 약물이 아니고 독물로 바뀐 것이다. 어찌된 영문인가? 그 사이에 약이 독으로 변했단 말인가? 반 모금은 마셨고 반 모금은 뱉었고 옆에 정 군은 나의 반사 동작에 웬일인가 했다.

병을 자세히 보니 소주를 PET병에 부어 왔는데 깜짝 잊고 술병을 물병이라고 거침없이 마셨던 것이었다.

아이구, 아까운 술을 버리다니. 그러나 술맛이 이렇게 쓴 줄은 정말 몰랐었다. 소주란 언제나 마셔도 그 맛이 당기는 신비의 맛이었는데 소주 맛이 이렇게 쓰고 독할 줄이야 예전엔 정말 몰랐었다. 정녕 이 맛이 소주의 참맛이라면 다시는 소주를 아니 마시리라. 그래서 그날 나는 준비해 간 소주를 남겨 오는 전대미문의 산행이 되고 말았다.

한재를 지나 오른쪽 비탈길을 접어들었다. 심한 된비알이 계속되었다. 쓰러져 넘어진 잣나무의 부러진 가지에서 향긋한 솔 내음이 흩날리는 잣나무 밭 비탈길이 계속되었다. 잣나무는 나무줄기의 아랫 부분을 산을 바라보고 다리를 벌려 갈려져 서 있었다. 모든 잣나무들이 다 같은 자세로 산 위쪽을 향한 곳은 아래가 갈라지고 반대쪽은 기둥 모양으로 둥글게 그대로였다. 산에서 물이 흘러내리면 벌어진 사이로 물이 고이도록 벌리고 있는 듯, 이도 자연 생태의 한 모습이리라. 우리는 장난스레 나무 사이를 꼬챙이로 찔러 보면서 낄낄거리며 웃었다. 그나 나나 이런 곳에서는 어린아이가 되곤 하니 미상불 허물이 될 일이야 없지. 고목이 되어 넘어진 나뭇등걸에 걸터앉았다. 산새가 나무속을 구멍을 내어 집을 짓고 있었다.

아름드리나무가 이렇게 무성히 자라 주고 있는 이곳은 아마도 학교 연습림이니 조림을 하고 또 가꾸고 실험하고 있는 곳일 것이나 이렇게 멀리 이곳을 연습림으로 택한 이유는 이곳이 나름대로 나무의 생육에 알맞은 환경을 갖고 있는 모양이다. 이곳까지 오르면서 주로 보아 온 수종은 자생하는 고로쇠나무와 조림한 잣나무가 대부분이었다. 40여 분을 오르니 산마루에 헬기장이 두 개나 나왔다. 우리가 올라온 동곡계곡 건너편으로 산줄기가 시원하게 열렸다. 제대로 갔었다면 지금쯤 올랐을 도솔봉과 또아리봉 그리고 호남정맥의 산맥이 전라도 땅을 뒤흔들며 흘러오고 있었다.

전라도 진안 부귀산(806.4M)에서 출발한 호남정맥은 남해안으로 치달아 내려오다 급작스레 동쪽으로 그 방향을 바꿔 여기 광양 땅 백운산으로 와서는 저 섬진강을 건너 형제봉, 삼신봉, 세석고원의 백두대간 줄기와 다시 만나야 하나, 물은 산을 넘으나 산은 물을 건너지 못하니 그 산자락을 악양 땅과 다압 땅에서 끝나 섬진강줄기로 젖어들었고 그 산의 여러 자락들은 광양만으로 흘러들었다.

부연 연무 속으로 광양의 갯마을이 하나씩 보이고 광양제철소에는 허연 연기를 내뿜고 있었다. 바다는 희미하여 보일 듯 말 듯 하고 섬들만 그 형체를 알 수 있었다. 어느새 해가 떠올라 능선 길에 햇빛이 쏟아져 내렸다. 능선 왼쪽 북동쪽으로 기나긴 산 능선이 긴 획을 그어 놓고 있었다. 아, 저곳이 지리산 종주능선이구나. 그리고 보니 저 아래가 악양 땅 형제봉(성제봉)이고, 산자락 앞이 악양 들판이고, 그 위의 긴 능선이 내가 지난달 걸어온 남부능선이구나. 그렇다면 그 아래 섬진강이 보여야 하나 강물은 보이질 않았다. 신선암 바위를 우측으로 돌아서 조금 더 오르니 바로 백운산 정상이 큰 바위를 이고 앉아 있었다.

바위 봉우리엔 바람이 일어나서 스산한 아침이었다. 바람을 피해 동쪽으로 앉아 건너 하동을 바라보니 푸른 강물이 바다로 꼬리를 담그고 있었다. 눈으로 그 꼬리를 짚고 올라오니 강물은 산봉우리 사이에 희끗희끗 한 조각씩 나타났다. 그리고 강 마을들이 여기저기 산 아래에 앉아 있었다. 우리가 가야 할 다합 매화마을은 섬진강 西岸(서안)이니 여기서는 볼 수가 없었다. 그러나 저기 매봉이 보이니 그 아래 섬진강변에 있을 것이다.

지나온 신선대는 신선의 대머리 같기도 하고 달마상의 머리 같기도 했다. 그리고 보니 건너 악양의 신선대도 바라다보였다. 성제봉의 신선대는 그 바위 절벽이 바로 이곳 백운산을 바라보고 그 큰 모습을 내보이며 서 있었다.

정상에 올라서 벌써 소변을 두 번이나 봤다. 아침 식전에 네 번이나 자연에 거름을 했었다. 아, 이 산에서 얻어먹은 만큼 내어놓고 가라는 자연의 요청인가 보다. 고로쇠물이 그 순환이 이렇게 빨라 벌써 한 회전을 다 하고 배설하고 있으니 비뇨기 순환에는 좋은 약이 되겠구나. 그러나 나에겐 이 비뇨기가 별로 용도가 없고 탈도 없으니 그 효험을 논하기가 적합치가 않겠구나.

정 군이 준비해 온 도시락과 라면 국물에 늦은 아침을 먹었다. 사이에 중년의 남자 사오 명이 도착했다. 그들은 구두 신고 빈손으로 와서 목이 마르니 물을 좀 달라고 했다. PET병 한 통으로 라면 끓이고 나머지 반 통은 점심까지 써야 하나 목마른 사람이 물 달라는데 나중 생각하여 아니 준다면 이는 내 산행 철학에 오점이 되니 두 말 없이 주었다. 그들도 우리 형편을 아는지 목만 축이겠다고 조금씩 마시고 돌려주었다. 아무리 물 인심이 심한 산마루이지만 이렇게 야박할 수야 없지. 한 모금씩 더 마시라고 다시 권했더니 시원하게 마시고 돌려주었다. 그들은 저 아래 논실마을에서 민박하고 밤새워 고로쇠물 마시고 고스톱 치며 밤새움고 준비 없이 여길 왔다나?

참 대책 없고 사려 없는 사람들이구나. 그 고로쇠물을 방에서 끙끙이며 마실 일이 어디 있나? 여기 올라오면서 한 통씩 지고 오면서 목마르면 마시고, 또 마시면 얼마나 시원하고 잘 마셔지겠느냐? 어찌 밤새워 마셨으면 목이 좀 마르더라도 참든지, 좀 지고 오든지, 하나같이 빈손으로 불알 두 쪽만 차고 꺼떡꺼떡 왔단 말인가?

9시 정상에 도착하여 10시 20분에 정상을 출발하니 긴 아침을 먹었다.

여기서 다시 산행 계획을 수정했었다. 저 아래 섬진강으로 내려간다면 2시간이면 다합마을로 갈 것이니 이래서는 오늘 산행은 반쪽이 되고 말 일이다. 그래서 남으로 그냥 이어진 산줄기를 타고 내려가기로 했었다. 그러면 우리가 온 동곡계곡의 우측 산줄기를 타고 내려가는 것이 된다.

저만치 억불봉이 보이고 그 뒤로 산줄기가 광양으로 긴 꼬리를 내리고 있었다. 이제는 산길이 녹아 질퍽거리고 미끄러지니 걷기가 여간 불편 하지 않았다. 그러나 시장기도 때우고 오후 산행할 몫도 마련했으니 한 껏 힘이 나서 나는 펄펄 날듯이 앞장서서 내려갔다.

온 산에는 춘색春色이 완연했다. 바위 곁에 잠깐 앉아 꽃망울 지어 오 르는 진달래 한 줄기를 바라보며 자연의 경이로움을 다시금 느꼈다. 가 냘프고 기다란 작은 진달래 가지에 달린 갈색의 꽃봉오리는 이제 그 갈 색을 벗고 푸른 옷을 내비치며 춘풍春風에 몸 맡겨 흔들리고 있었다.

바람은 아무리 불어도 봄바람이었다.

아! 봄은 바람을 타고 오는구나! 이 가지 끝에 매달린 봉오리는 이 부 드러운 봄바람에 간들간들 속삭이듯 애무하는 봄의 손길에 감각이 살고 정염이 되살아 오르니 꽃은 바람의 손길에 피어나는구나!

부드러운 봄의 숨결에 나무는 물을 부르고 그 신경이 발아래 뿌리로 연결되어 수분을 공급받으니 뿌리는 부지런히 물을 빨아 올려 주는구 나. 그리하여 물이 오르면 꽃이 피고 열매를 맺는 자연의 이치이니 봄은 바로 바람이 가져다주는 것이다.

억불봉까지 이어진 능선 작은 산봉우리에는 온통 진달래 밭이 지천으 로 널려 있었다. 이제 진달래가 필 것이다. 붉디붉은 진달래가 피를 토하듯이 대한민국 온 산에 만발할 것이다. 진달래는 군락을 이루어 사는 산꽃이다. 그 잔가지는 쉽게 부러진다. 누가 발길이 스치기만 해도 가지는 뚝뚝 부서지고 꺾인다. 그래서 진달래는 무리 지어 사는 법을 배웠다. 가지와 가지가 서로 엉기어 짐승이 들어오지 못하도록 빽빽이 들어서 살고 있다.

진달래는 꽃이 먼저 피는 산꽃이다. 그리고 온 산에 붉디붉은 꽃을 봄마다 피우는 우리의 꽃이다. 어느 산 어느 골짜기 우리 산하에 진달래 피지 않는 산은 없으리라. 우리 산에는 봄꽃인 진달래가 참 많다. 그러나 그 진달래가 유난히 크고 많은 산이 있다. 바로 마산 근교의 낙남정맥의 줄기인 서북산과 여항산이다.

이 봄에 진달래가 피면 그 산으로 가서 진달래나무 기둥이 벌리고 선 넓은 가지 줄기와 흐드러지게 핀 진달래를 보고 그 이유를 되새기고 싶다. 아마도 그 산이 6.25 한국 내란에 산화한 인민군, 국군, 그리고 유엔군과 억울하게 죽은 우리 외삼촌과 아저씨, 아주머니의 죽은 혼의 빛깔이어서 그 산하에 진달래가 유난한지 물어보리라.

12시에 억불봉 아래 헬기장 삼거리에 도착했었다. 억불봉까지는 바위 봉우리를 두 개나 넘어야 했다. 철 사다리를 타고 올라 밧줄을 타고 내려서서 다시 바위 절벽을 겨우 겨우 올라섰다. 이 오름이 끝이겠지 하고 올라섰다. 그리고 우린 아연실색이 되어 그만 실소를 하고 말았었다. 올라다 본 하늘 아래 저만치에 억불봉이 어젠 옮겨가 앉아 있었다. 억지처럼 억부 부리는 산이라고 억불봉인가? 하는 수 없이 그 봉우리에 앉아 좀 쉬었다.

봄바람은 쉬지 않고 살랑살랑 불었다. 바람도 지금이 무척이나 바쁘구나. 이 수많은 나무들 꽃 송이송이마다 일깨워 주어야 하고 건드려 주어야 하기에 그리고 쓰다듬어 주어야 하니 얼마나 바쁘랴!

산은 이제 보랏빛으로 물들어 가고 있었다. 저기 강마을 아래로 백사장이 하얗게 반짝이고 푸른 강물은 봄 심心을 담고 흐른다. 섬진강물은 지리산의 고을고을 골골이 물을 담아 흘러내리고, 강물은 산을 감고 돌아 굽이굽이 흐른다. 한바탕 철 사다리를 잡고 내려가 다시 억불봉으로 올라 들어서니 봉우리 위에 넓은 평지와 사방으로 좋은 바위 망루들이 가장자리에 앉아 있었다. 망루에는 등산객이 한두 명씩 자리를 했었다. 남녘의 바위에 앉았다. 바위는 천애의 절벽을 이루어 섰고 나는 그 위에 앉아 보았다.

눈앞에 하동의 강마을과 섬진강이 펼쳐 보였다. 그 위로 지리산 종주 능선이 하늘과 맞닿아 이어져 있고 푸른 벌판이 강과 산 사이로 넓게 앉아 있었다. 악양 들판이구나. 남녘으로 보기 좋게 자리한 곳 악양 땅에는 보리가 파릇파릇 살아 올라 푸른 기운이 감돌고 있었다. 나는 종이를 꺼내 내 생애 첫 작품인 그림을 그려 보았다. 산과 하늘과 들과 강 그리고 마을을 그려 보았다. 내 재능에 오직 하나 恥(치) 자를 붙인다면 난 色恥(색치)가 분명한데 어찌 오늘은 그 색을 구별하고 그 구도를 잡아 연필로 메모지에 그려 보고 있으니 미술이 아니라 이 아름다운 배치와 풍경을 남길 방법이 없어 혹 머릿속 기억으로는 새겨 가지 못할까봐 色치가 어설프게 정경을 옮겨 놓고 있었던 것이다.

참 바라보는 눈 맛이 천하일품이구나. 봄이 오는 산하의 풍광.

여기가 과연 남도의 절경인 억불봉이구나.

앞에는 바다요

뒤로는 산이라

좌로는 강이요

우로는 들이라

시절은 봄이요

바람은 부는데

첩경단루에

홀로 바라보니

강촌 물빛에

춘색春色이 흐른다

　아무리 쓴 술이라도 여기서 아니 마시면 어찌 풍류를 안다 하리오. 깊숙이 두었던 술병을 찾아 병째 한 모금 깊게 들이키고 한 번 더 바라보니 그 사이에 멧부리는 더더욱 오뚝하고 강 빛은 한층 푸르렀다. 저 아래 산골 마을에는 한마당 매화가 희끗희끗 피었다.
　정 군은 어느새 햇살 좋은 무덤가에서 단잠이 들었다. 나는 그저 그 눈맛 좋은 경치에 넋을 잃고 혼자서 술을 마시며 연신 '참 좋다. 그 경치 한번 기가 찬다'는 소리를 혼자 지껄이며, 언제나 이때쯤이면 발동하는 버릇이 나왔다.
　아무 생각이 없이 그냥 앉아서 혼자서 즐거워하는 나의 산 버릇 말이다. 과거도 미래도 다 잊고 어디서 와서 어디로 갈 것인지도 다 잊고 무념무상으로 바보처럼 앉아 있었다. 이럴 때 나는 정말로 여기서 이대로 지내고 싶다. 저 아래 세상으로 돌아가기가 싫은 시간이다. 항상 이런 자리에 앉으면 그런 아이 같은 버릇이 생기는 것을 버릴 수가 없다.

억불봉 옆의 부처처럼 선바위로 절벽길이 있었으나 우린 그 봉우리는 버리고 다시 되돌아서 헬기장 삼거리로 돌아왔다. 노랭이봉으로 치달아 올랐다. 몇몇 등산객이 있었다. 그들은 순천서 왔다고 하면서 부산서 왔느냐고 물었다. 오늘 내려가야 할 저 까마득히 아래로 산의 줄기들을 바라보며 성불계곡과 동곡계곡이 나누어지는 옥룡면 면 소재지를 눈으로 짚어 보았다. 이따금씩 길섶에 춘란이 보였다. 한두 포기 뽑다 그만두고 적당히 넓고 햇살이 온화한 재에서 자리를 잡았다. 바람도 불지 않는 따스한 곳이다. 긴 점심을 먹고 그 자리에 길게 누웠다.

하늘을 바라보았다. 푸른 하늘 푸른 소나무는 바람에 하늘거리고 누런 억새가 흔들리는 마른 풀밭에 누워 하늘을 바라보았다. 파아란 하늘과 푸른 바람과 푸른 소나무가 보였다. 마른 억새풀에서 훈기가 등으로 전해 오고, 따사로운 햇살이 마냥 편안하고 아늑하였다.

아! 편안하고 평화롭구나. 천하에 부러울 것이 없구나.

시간이 한참 지나갔다. 산의 오후는 별로 쓸 시간이 없다. 내려가면 저물고 저물어 내려가면 또 한바탕 차를 몰고 돌아와야 하니 산에 살면 이 걱정을 버릴 수가 있겠지만 속세에 사는 우린 어쩔 수 없는 숙명이다.

그래 떠나자! 오늘의 산길도 저 아래에 가야 끝이 날 것이니 부지런히 걸었다. 오름도 내림도 쉬지 않고 걸었다. 그러나 길은 어느새 묻혀 방향만 있지 길은 없어졌다. 그래도 능선은 버리지 않고 희미하게 붙잡고 걸었다. 지나가서 돌아보니 내려서야 할 능선을 놓쳐서 되돌아 올라와 어느 능선을 하나 다시 붙들고 걸었다. 이제 길이 끊어졌으니 이 능선 길이 틀려도 어쩔 수가 없다. 길이라고는 이것밖에 없잖는가?

버리고 오는 길에 온통 능선 밭이 춘란 밭이었다. 포기 포기 보이는 것이 아니라 바로 진달래 군락처럼 난의 군락지였다. 긴 잎사귀며, 넓은 포기 자락이며, 그 푸른 풀잎의 빛깔이며 그 사이에 낀 꽃대의 꽃망울을 살피느라 우리는 이제 산길 잃은 것도 잊고 기쁨에 어쩔 줄을 몰랐다. 정군의 작은 배낭에 난 포기를 집어넣을 장소가 없었다. 그래서 우리는 약속을 했다 이제는 아무리 훌륭한 난을 발견하더라도 뽑지 않겠다고 손가락 걸어 약속을 했다. 그렇지 않으며 더욱 싱싱한 놈에 매료되어 또 뽑아갈 것이니 약속을 하고 걸었다. 그러나 그 이름 모를 산 하나는 그 산을 다 내려올 때까지 난의 천국이었다.

산 아래 농장이 있었다. 언덕배기에 밭도 있었다. 무덤도 나왔다. 길섶이고, 무덤가고, 과수원 안의 바윗돌 아래도, 어디 하나 춘란이 살지 않는 곳이 없었다.

그 마을에는 난을 무어라고 부를까? 여기의 소들과 염소는 겨울 한철은 난을 먹고 살지 싶었다. 그 동네 사람들이 우릴 보면 그 풀을 어디에다 쓰느냐고 물었을 것이다. 무슨 풀이기에 애지중지 모셔 가느냐고 궁금해할 것이다. 내 생애 온 산을 다녔건만 지금까지 살아온 동안에 본 난 수보다도 그날 오후 한나절에 본 난의 수가 많았고 앞으로도 이렇게 많은 난의 군락을 볼 수가 만약 있다면 나는 춘란에 관한 한 아주 특별한 복을 받고 태어났다고 말해도 좋을 것이다.

우리는 산을 다 내려올 때까지 그 많은 난들 때문에 바보처럼 입을 헤헤 벌리고 거저 내 것도 아니면서 마냥 기뻐하는 얼간이가 되었었다. 그 산에는 그 난 밭에는 송림이 거물처럼 지붕을 이었고 지붕 아래로는 잔가지가 전혀 없어 바람이 술술 지나갈 수가 있으며 땅은 솔잎이 쌓여 양탄자처럼 발이 푹푹 빠지도록 곱고 가지런한 곳이었다. 그 마른 솔잎 위로 푸른 잎사귀 길고 넓게 펴고 그들은 싱싱하게 봄을 맞아 꽃을 피울 준비를 하고 있었다.

아! 이곳에 난꽃이 핀다면 이 산에는 난 향기가 진동을 하겠구나. 그때를 맞추어 왔다면 얼마나 황홀할까? 이 난 향에 취해 본다면……

그러나 여기가 어딘지 내려가 보면 알 수도 있겠지만 오늘 온 이곳은 꿈속이라 생각하고 잊어버리기로 했다. 다만 몇 포기 채취한 것으로 만족하고 잊기로 했다. 이런 곳이 알려진다면 저 경상도 보리 문둥이들이 알아낸다면 트럭을 몰고 올 일이니 그냥 무릉도원武陵桃源이 아니라 백운란원白雲蘭園에서 자다 깨어난 이야기라고 해 두고 싶구나.

산을 내려오니 가기로 했던 다합마을은 아니라도 비탈진 밭머리에 매화가 만개하여 우릴 반기고 있었다.

매화야 너 참 반갑구나. 매화마을 매화만 매화더냐? 가까이 다가가서 꽃송이에 코를 대고 냄새를 맡으니 그윽한 난蘭 향기가 피어올랐다.

매화梅花 향기랑 난蘭 향기랑 냄새가 같은 줄 이제야 알았었다. 그대들은 아시는가?

매화의 향기를, 그대들은 아시는가? 난의 향기를.

수로水路에 봇물이 꽐꽐꽐 흘렀다. 발을 씻었다. 차가움이 더운 발목에 집히었다. 손발을 대강 씻고 어찌어찌 찾아서 차를 두었던 옥룡으로 되돌아왔었다.

돌아오는 차 속엔 매화의 향기가 그윽하게 지피고 나를 기다리던 창원의 놀이패 친구들은 벌써 모여 야단들이었다. 빨리 오라고 그러나 여기서 창원까지는 한 시간은 더 걸릴 것이니 조금만 기다려라 내 사랑하는 친구들아.

한 시간이나 나를 기다려 준 나의 친구들에게 나는 매화꽃 향기와 멀리서 구해 온 난의 봉지를 꺼내 그들에게 주었다. 내가 오늘 자네들에게 줄 아름다운 선물이니 마음에 드는 보기 좋은 놈으로 골라서 가져가라고 주었다. 귀한 선물을 주고 나니 내 몫은 없더라도 중한 것을 주고 나니 기뻤다. 나누는 기쁨이란 이런 것이구나.

아무쪼록 나의 성의로 주었으나 죽이지 말고 잘 키워 주었으면 좋으련만…….

백운산에 가서 도솔봉은 못 가도 고로쇠물도 먹고, 잣나무 솔향기도 맡고, 춘란의 군락도 보고, 매화꽃도 보고 왔다.

그리고 그 귀한 곳에서 가져온 봄의 꽃 춘란春蘭을 나누어 주어 기뻤다.

섬진강 백운산의 봄은 그렇게 춘란과 고로쇠와 매화가 가져다준 상춘常春의 산행이었다.

2000. 3. 21.

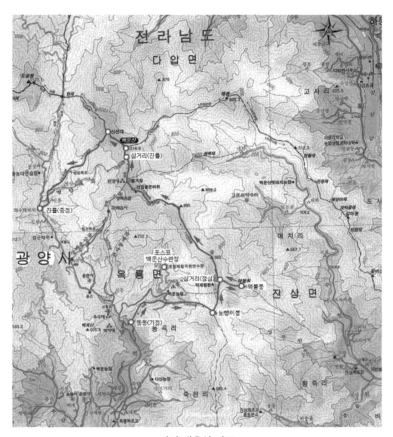

광양 백운산 지도

5. 전남 장흥의 천관산(723M)을 다녀와서

천관사에서 얻은 스님의 법문

2000. 4. 9. (일)

일요 산행을 한 시간 일찍 떠나면 두 시간 일찍 돌아올 수가 있는데도 이게 잘 안된다. 일찍 돌아올 수 있는 이유는 돌아올 때 귀가하는 고속도로가 덜 막히니 그러하고, 잘 안되는 이유는 일요일이라 늦게 일어나는 버릇을 고치기가 어려우니 그러하다.

이번 일요일은 봉림사라는 절 신도들 따라 주말 산행으로 전남 장흥군 관산읍에 소재한 천관산을 찾았다. 창원에서 2000년 4월 9일 7시 30분에 출발하여 천관사 아래 도착하니 3시간 반이 걸려 11시였다. 탑산사로 올라 관산읍 단동마을로 내려오려던 계획을 산불 비상령 때문에 수정하여 천관사에 들러 주지승의 안내를 받아 가기로 했었다.

여기서 천관사와 주지승의 법문에 대한 이야기를 잠깐 소개하기로 하겠다.

굳이 이 이야기를 소개하는 이유는 내가 그날 그 자리에 있었기에 배우고 느낀 점이 있어 그러하다. 가는 차 속에서 어느 아주머니의 자기소개 중에 이런 이야기를 했었다.

"사랑하면 알게 되고
알면 보이나니…….
그때 보이는 것은 전과 같지 아니함이라."

천관사는 조계종단의 절로 1840여 년 전 백제의 절이었다. 의자왕 때에는 89채의 암자를 거느린 대 사찰이었고 그후 조선 광해군 시절에는 48채의 암자가 있었으나 임란 등 소실되고 6.25 내란과 빨치산 토벌로 20여 채 남았던 암자와 절들이 모두 소실되고 빈터만 남았던 것을 수년 전에 거우 극락보전極樂寶殿 한 채만 지어 그 자리만 보전코 있었다. 보물로 3층 석탑과 지방 문화재로 5층 석탑과 석등이 있었다.

그리고 스님의 법문은 다음과 같은 이야기를 해 주었다.

왕은 비복차림으로 현자賢者를 찾아가 묻기를 톨스토이의 왕 이야기 중에 어느 왕과 현자의 이야기이다.

첫째로 현자시여 이 세상 많은 일들은 언제 하는 게 가장 좋습니까?

둘째로 현자시여 이 세상에 그 많은 일들은 누구랑 하는 게 가장 좋습니까?

셋째로 현자시여 이 세상에서 가장 중요한 일은 또한 무엇입니까?

이렇게 물었었다.

왕은 현자가 시키는 대로 땅을 파는 일을 하다 어떤 이가 죽어 가는 걸 목격하여 구해 주고 나니 현자는 왕에게 이제 그 답을 얻었으니 가라고 했다.

바로 그 사람을 구한 일에 당신의 세 가지 대답이 다 들어 있었다고 했다.

각설하고 첫째의 해답은 바로 지금이 가장 좋다는 것이다.

어제도 아니었고 내일도 아니다. 우리가 어찌 내일을 알고 기약한단 말인가?

다만 이 순간 지금이 가장 중요하고 즐겁고 행복하라고 했다.

내일은 잡을 수도 없고 알 수도 없는 날이거늘.

둘째의 해답은 그 사람은 바로 자기 곁에 가장 가까이 있는 사람과 하는 게 가장 좋다. 내 가족, 내 이웃도 보살피지 못하고 사랑하지 못하는 자가 어찌 아프리카의 기아를 운운하고 저 북한의 동포를 구한다고 외치는 것인가? 바로 자기 주위 사람들과 더불어 같이 살도록 힘써라.

셋째로 가장 중요한 것이란 바로 자기 자신이란 것을 알아야 한다. 자기를 사랑하지 않는 자는 절대로 남을 사랑할 수가 없다. 자기의 존재와 자기의 모습과 자기를 사랑함으로써 가족도, 이웃도, 친지도, 친구도 사랑하게 되는 것이니 부디 자기를 사랑하는 것부터 출발하라는 설교이셨다.

다음으로 우리는 내 몸의 외장은 치장도 하고 화장도 하지만 정작 중요한 마음의 화장은 도무지 하지를 않는다. 양서를 읽어 마음의 화장을 하는 데 힘써라.

돼지와 양이 죽어서 금부도사에게 갔다.

돼지 왈 "나는 죽으면서 내 살과 가슴과 오장육부와 족발까지 다 인간에게 주고 왔습니다." 하고 설명을 하자 금부도사는 저놈은 지옥으로 보내라 했다.

그리고 양은 살면서 겨우 인간에게 준 것이 양털과 양젖이라고 하자 금부도사는 양에게는 극락으로 보내 주었다. 그러자 돼지는 그 뜻을 이

해할 수가 없어 항의를 하자.

이놈아 너는 살아생전에는 아무 희생도 하지 않다가 죽어지자 죽어 썩을 몸이 되자 주고 왔지 살아생전에 한 일이 무엇이더냐?

저 양은 그래도 살아 있는 동안 아까운 양젖을 생산하여 주었고 추위도 떨면서도 제 털을 깎아 사람에게 주었으니 어찌 너랑 비교조차 한단 말인가?

김밥 할머니의 수십억의 기탁은 지옥의 출입문이다.

그 수십억 원을 모으려고 얼마나 많은 사람들에게 악덕으로 모았으면 수전노로 살았겠느냐?

이제는 죽어서 어차피 두고 가야 하니 인심이나 쓰고 가자고 한 짓이니 이를 어찌 모범으로 여긴단 말인가? 우리가 사는 동안 돈이 있을 때 좋은 일에 쓰고 내 곁에 사람들이 있을 때 사랑하고 나누어야지 그때가 지나고 마지막에 와서 해 본들 후회한들 소용없다는 법문을 듣고 그날 많은 것을 느꼈다.

마지막으로 그 스님은 아무리 많이 앎도 하나의 실천보다 못하니 실천의 중요성을 강조하셨다. 하나라도 행하고 가까이에서 사랑할 수 있을 때 사랑하고, 줄 수 있고 나눌 수 있을 때 나누라는 이 시대의 우리가 알면서도 깨우치지 못한 이야기를 들려주셨다.

내 생애 처음 들은 법문이 나의 가슴을 강하게 치며 지나갔었다.

천관산의 북면을 타고 오르는 소나무 숲속에는 얼레지가 한창이었다. 땅에 몸 붙여 학의 날개 모양으로 분홍 자줏빛의 꽃대를 올리며 온 숲이 엘레지의 환호와 탄성에 힘 드는 줄 몰랐다. 능선에 다다르자 이제부터는 바위의 진열대가 줄지어 나타났다. 한동안 바위 타기를 계속하여 대세봉大勢峰 아래에 서니 남으로 고흥 앞바다와 고군산 열도, 소록도, 완도 앞 바다가 남녘의 갯바람을 몰고 올라왔다. 저기가 한려해상공원으로 불리는 곳이다. 건너 산줄기가 바다로 젖어드는데 능선을 따라 마치 어린아이들이 소꿉장난으로 조약돌을 쌓아 올려놓은 듯이 차곡차곡 돌들이, 바위들이 성벽처럼 올려져 있었다. 신의 아이들의 장난일까? 그렇지 않고는 그런 일들이 어찌 자연 속에 늘려져 있단 말인가?

바위가 온통 육신을 앙상하게 헤쳐 버린 천관산의 모습은 험상하고 헐벗은 처량한 모습이었다. 비라도 한줄기 지나갈 흐린 날씨는 바람에 을씨년스러워, 한 자락 바람에 뚫린 가슴으로 아려 왔다. 바람을 안고 바위 사이로 올라서니 대세봉이 하늘을 향해 그 웅장하고 기세로움을 치세우며 솟아 있었다.

십여 분 더 오르자 꽃구름 속에 세웠다는 당번 천주봉天柱峰이 하늘을 향해 칼을 뽑은 듯 서 있고 그 옆에 용이 여의주를 올려놓은 바위가 나란히 있었다. 천주봉에서 바라본 감회를 다음과 같이 적었다.

바다는 산의 그림자를 품었다
산은 봄 색에 겨워
물감을 자꾸만 풀어놓는다

봄바람 데운 가슴
산속에 전해 본다
하늘도 구름도 산그늘도 다
쪽빛 바다에 몸을 풀어 섞였다

하늘의 관을 썼다기에
바위 관을 면류관인 양
천관은 무거운 관을 쓰고 돌아앉아
울고 있었다

흐린 봄날에 천관산은
동백꽃 붉은 송이
떨어뜨리며
저 혼자서
울고 있었다

환희대歡喜臺는 만 권의 책을 쌓은 모습으로 바위가 쌓여 있었다. 여기에 올라 저 아래로 가슴 펴고 소리 한번 지르면 환희가 가슴 가득 차오른다는 곳이다.

우리는 환희대 근처에서 늦은 점심을 먹었다. 그리고 연대봉煙臺峰으로 갔다.

연대봉에서 바라본 바다는 쪽빛이었다. 그리고 내려다본 관산읍의 들녘은 보리가 봄기운에 푸른 융단을 깔고 있었다.

연대봉은 옛날에는 봉수대로 사용하던 곳이다. 바라다보는 바다의 조망이 시원하고 아름다웠다. 그러나 그날은 흐린 하늘에 가까운 시야로 멀리는 볼 수가 없었다.

환희대로 되돌아와서 부부봉夫婦峰과 진죽봉鎭竹峰을 바라보면서 갖은 상상이 떠올랐다. 남편의 어깨에 다소곳이 기댄 채 쉬고 있는 부부봉은 두 개의 돌상이다. 진죽봉은 외로이 하늘로 향해 서 있는 돌기둥과 하늘로 향해 호랑이의 포효하는 모습을 하고 있었다. 이 산의 돌들은 어찌 보면 산의 언덕을 파고 돌을 옮겨 와 심은 듯도 하고, 자연석 상태의 수정들이 그 육각의 결정으로 촘촘히 박힌 듯도 하였다.

내려오는 발걸음은 어느덧 구룡대九龍臺로 올랐다. 그 바위 위에 서면 우리는 너무도 초라한 모습의 작은 조약돌 하나에 불과하다는 것을 알게 된다. 그 바위가 너무도 크고 높아 감히 그 위에서 아래로 내려다볼 수가 없었다. 구룡봉 아래로 바다 물결이 푸른 숨을 쉬며 너울거린다. 건너 구강포가 보이고 그 건너로 다산초당이 있으리라.

의상암이 있었다는 터에서 한동안 쉬었다. 남녘으로 자리한 의상암터는 그 주변이 아늑하고 따사로웠다.

내려다보는 기암의 5층 돌탑이 아육왕탑이라는 인도의 이름이 낯설었으나 그 자리만은 마치 우리의 암자로 느껴졌다.

천관산 구룡대 아래
아육왕 6층 돌탑이 있었네

어느 날
꼭대기의 돌탑이 떨어져
의상암의 탑산사지 석등을 치니
의상암은 사라지고
빈 절터만 남았네

봄날

투구꽃 피는 산길

천관산에 동백꽃이 아름답게 피는 날
의상암 빈터에는
천년의 세월이 흘러도
푸른 설대 우거지고
이름 모를 산새가 지키니

스님 가고
절은 없어도
깨어진 瓦片와편에서
숨 쉬어 전해 오는
역사의 향기를
맡았노라

탑산사塔山寺로 내려오는 길은 온통 동백꽃이 만발한 길이었다.
때맞추어 온 길이 아니건만 동백이 반기니 기쁘지 아니하랴!
개비자나무, 니기다 소나무를 구경하다 내려오는 길에는 발에 밟히는
게 기와 조각이었다. 이는 그 옛날에 여기에 얼마나 많은 암자가 있었다
는 증거이기도 하다. 나는 깨어진 기와 편 한 조각을 집어서 고이 호주머
니에 넣었다. 볼품없는 닳고 낡은 기와 편이지만 나에게는 소중한 기념
품이 될 것 같아 갖고 왔었다. 이 골짜기를 불경에 나오는 반야경에 나오
는 반야골이라고도 부른다고 했다.
탑산사에는 오래된 작은 암자가 임시 거처에 있었다. 절 자리 주변으
로 집채보다 크고 산채만한 바위들이 사방으로 앉아 있고 절 주위로 수
많은 자생 동백이 절터를 싸고 있었다. 오래되어 늙은 오동나무가 허전

함을 메우고 누가 심었는지 알 수 없는 치자나무, 개비자나무, 해당화가 연한 순을 내밀고 있었다. 아직 수국은 작년의 마른 꽃대가 그대로이며 새순은 보이질 않았었다.

새소리와 염불 소리가 엉키어서 산을 울리는 탑산사 절터에서 한동안 앉아 쉬었다. 별로 바쁘지도 힘들지도 않은 남도의 기행이 되었다.

버스를 타는 마을까지 30분을 더 내려와야 했다. 구름이 더욱 짙어지더니 드디어 그 귀한 비가 갑자기 시작했다. 산불이 기성을 부려 전국의 산에 입산 금지를 시키자마자 비가 오니 불이 나기 전에 시행하지 저 강원도 고성 지방에는 민가 수십 채가 전소하였다니 이 비가 산불을 다 진화해 주길 바란다.

산을 내려와 남도의 여정을 마치고 돌아와서 정리하니, 그 스님의 말씀이 아직도 가슴에 여울져 온다.

"알면 무엇하냐?
행하지 않으면 아무 소용 없는 앎이다."

우연히 처음 간 천관사天冠寺는 썩어 가는 내 의식에 소금이 될 것이다.

주기: 스님의 법명은 정외 스님입니다.

2000. 4. 10.

투구꽃 피는 산길

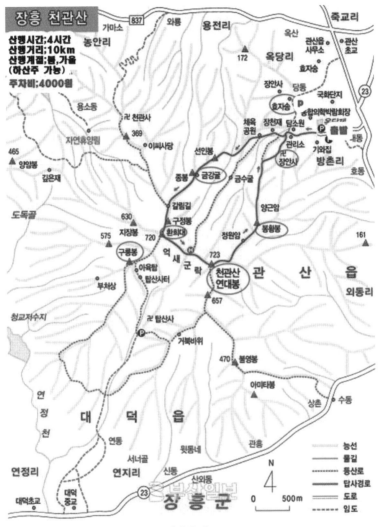

천관산 지도

장흥 천관산

산행시간;4시간
산행거리;10km
산행계절;봄,가을
(하산주 가능)
주차비;4000원

6. 영남 알프스 달빛 산행

죽전마을에서 사자평, 재약산, 천황산, 목장길, 간월산, 신불산,
영취산, 죽전마을
2001. 7. 7. (토)-2001. 7. 8. (일)/음력 5. 17.

봄이 익어서 여름으로 넘어가는 초하初夏의 계절이다. 양력으로 칠월
이지만 음력 오월이니 얼마나 좋은 철이냐?

대구 사는 산꾼 아우 규수와 창원 사는 산꾼 아우 장화 그리고 규수가
산꾼 일행 2명을 대동하여 영남 알프스 배내고개에서 하오 5시에 만나
기로 약속을 했다.

모두들 시간이 허하여 토요일 밤을 이용하여 야간 산행을 하기로 했던
것이다.

영남 알프스는 밀양과 언양, 양산, 원동, 일원에 자리한 산줄기이다.
700고지가 넘는 산들이 북으로부터 운문산, 가지산, 재약산, 천황산(사
자봉), 간월산, 재약산, 신불산, 영취산까지 이어지는 산정에 억새밭이
좋아 가을에 산꾼들이 몰리는 산들이다. 허나 우리는 여름날 밤을 기하
여 달빛을 타고 산마루를 걷기로 했다. 이 산들의 능선에는 숲이 없고 억
새가 자라는 곳이라 하늘이 마냥 보이는 곳이기에 낮에는 햇살을 고스

란히 받으며 걸어야만 한다. 그래서 겨울 외는 산행하기가 여간 고역이 아닌 곳이다. 그리고 겨울에도 능선에 바람이 드세어 그 또한 어려움이 많은 곳이라 나도 몇 번을 다녀왔지만 봄이나 겨울 아니면 늦가을에 가곤 하였다.

토요일 하오 3시에 나를 태운 아우의 애마 에스페로 승용차는 진영서 밀양까지 시원하게 뚫린 4차선 도로를 질주하여 표충사 입구를 지나서 남명 고개를 넘어가는 산악 도로로 올라섰다. 밀양 얼음골 들어가는 초입에는 여기저기 사과나무 밭이 전원을 이루고 우린 앞뒤로 산들이 울타리를 이룬 골짜기 산 중턱 길을 이리저리 꼬불거리며 올라가고 있었다. 우측 골짜기 건너로 바라다보이는 능동산 푸른 산줄기 위로 파란 하늘이 맑고 높게 앉아 있었다. 오늘 나는 저 하늘과 맞붙어 보이는 저 산길을 걸어갈 것이다. 마치 天上 길을 걸어가는 느낌일 것이다. 이 높고 큰 산에 깨알같이 작은 나는 움직이는 보잘것없는 작은 것이 아니던가?

천산天山 청록靑綠인데
인간人間 미물微物이구나

차는 부지런히 오름을 다 올라 남명재의 언양 터널을 지나서 우회전하여 배내고개로 다시 올랐다.

배내고개에는 대구에서 출발한 일행 3명이 반갑게 맞아 주었다. 배내천을 따라 죽전마을까지 내려갔다. 죽전마을 뒷길로 해서 사자평 고사리 분교가 있는 855고지로 올라가야 했다. 하오 5시 30분 지난날 회사 극기 훈련 코스에 이곳 죽전에 들어서니 지난날 극기 훈련하던 생각이

스친다.

아침에 표충사 뒷산 고사리 분교 민박집에서 출발하여 천황산, 배내고 개를 지나 간월산, 간월재, 신불산, 파래소 폭포에서 입욕入浴하고 죽전 서 라면 먹고 855고지를 올라서 다시 고사리 분교 민박집으로 회귀하면 밤이 깊어 있었다. 그러나 오늘은 출발을 죽전에서 하는 것이다.

초하初夏의 산천은 온통 푸름이었다. 초록이 짙어지며 골짜기에는 맑 은 물이 우레 같은 소리를 치며 흐른다. 골이 깊은 배냇골이지만 하오 의 양지를 받은 밭 자락에는 들풀이 뒤엉키어 마치 풀덤불을 이루고 있 었다. 여름 풀이 키를 넘으니 길을 헤치며 나아가야 했다. 쓰다 버린 철 봉 속을 타고 풀 한 포기가 자라 올랐다. 생명의 경이로움을 보는 순간 이다. 키 낮은 소나무가 산등성이를 덮은 고지를 오르는 길에는 바람 한 점 불지 않았다. 모두들 땀에 젖어 반바지로 갈아입고 긴팔 난방도 벗어 버린다. 그래도 해가 서산으로 기우는 하오 시간이라 햇살이 없어 다행 이었다. 아직은 모두들 워밍업이 덜 된 상태로 출발이니 천천히 걸었다. 오늘 참석한 대원들은 산행에는 한 가닥 한다는 사람들이니 낙오자는 없을 것이다. 나만 잘 간다면…….

아무도 속도를 먼저 내는 사람이 없었다. 장거리 선수는 출발점부터 서두르지 않는 법이다. 855고지란 해발 855M라고 지도에 표시된 것을 산봉우리 이름이 없어 산꾼들은 고지 높이를 부르곤 한다. 여유 부리며 올라도 우린 30분 만에 점령을 했다. 쉬엄쉬엄 걸어도 중간에 자주 쉬지 를 않는 것이 완주자의 비결이다. 고지가 가까워지자 바람이 지나가고 햇살이 소나무 가지 사이로 황홀하게 비친다. 마치 어두운 극장에서 햇살 비치는 옥외로 나온 느낌처럼 밝아졌다.

고지에 올라 저 평원으로 펼쳐진 초원과 햇살 비치는 바닷속 같은 공간을 바라본다. 수많은 잠자리가 역광에 비쳐 마치 멸치 떼가 바다를 유영하는 듯 착각을 한다. 나래가 햇살에 반짝일 때마다 작은 섬광이 비친다.

광활한 초원을 배경으로 사진을 찍었다. 이곳이 바로 고사리 분교의 고원 지대이다. 고랭지라 고랭지 채소를 주업으로 살던 산골 사람들은 모두 절 아래로 이주를 하여 빈 산간이 되고 말았다.

수십만 평 되는 초원이다. 그리고 늪이 생겨서 물이 고여 흐르고 있었다. 습지 식물들이 자란다. 난초 종류가 노랗게 붓꽃을 피웠다. 이름 모르는 원색 꽃이 초록의 풀잎에 대비되어 보인다. 풀 속에 들어가서 노란 난초꽃을 배경으로 사진도 찍어 보았다.

어제 내린 비로 고원을 가로지르는 시냇물이 맑게 흐른다. 마른 목을 시냇물에 적셨다.

마치 계곡이 생겨나는 모양이다. 아직 이곳은 평원이지만 이렇게 땅이 패고 절개지가 나와서 세월이 흐르면 물이 자꾸만 모여 흐르고 나중에는 골짜기가 되고 말 것이라는 생각이 든다.

하오의 햇살에 풀들은 생기 가득 찬 청춘의 모습이다.

광활한 평원에는 여름의 열기로 풀들이 무성하게 자라고 하늘은 마냥 푸르기만 하였다. 고사리 분교 터의 마을들은 모두 사라져 집터마저 풀들이 무성하여 세월의 무상함을 말해 주고 있었다. 길은 재악산 수미봉으로 오르는 능선 비탈길이다. 물길이 되어 버린 길을 타고 초원 길을 걷는다. 진불암 갈림길에서 우린 서산으로 기우는 해를 바라보며 이마를 적시는 눈물 같은 땀 이슬을 훔친다.

　7시 30분 재악산 수미봉 정상에 섰다. 영남 알프스의 산들과 낙남정맥의 산맥들이 눈 아래로 바라다보이는 산정에서 저 멀리 서산으로 기우는 일몰을 바라보며 저무는 하루를 보내고 있었다.
　바람이 드세어 오버 트라우즈를 꺼내 입고 싸 온 저녁 식사를 했다. 모두들 준비한 반찬과 과일 그리고 막걸리 캔 맥주까지 나왔다. 정 아우는 수박화채까지 도시락에 담아 와서는 그 시원함과 싱그러움을 맛보게 해주었다. 산정의 기온은 18도였다.

　사자평 초원의 초록빛과 하늘의 청잣빛이 아름다운 날이었다.
　하오 8시 어둠 속으로 손전등을 비추며 산정의 바위를 돌아 사자평 억새밭으로 내려갔다. 한 줄로 길을 이어서 가는 우리 모습은 이효석의 《메밀꽃 필 무렵》에 나오는 달밤에 걸어가던 허생원 일행 같았다. 사방에는 어둠이 소리 없이 내려 주위를 덮고 바람에 흔들리는 억새의 가없는 노래를 들으며 밤길을 걸었다.

　30분을 걸어 사자평 사거리 갈림길에 섰다.
　표충사로 가고 얼음 골로 내려가고 그리고 사자봉(천황봉)으로도 가는 사거리이다. 등산객들에게 차를 팔던 오막살이 헌 집은 불이 타고 없어졌다. 사자봉이 실루엣으로 저만치에서 잔뜩 웅크린 모습으로 우리들을 내려다보고 있었다.
　저녁 바람이 소슬하고 별로 지체할 일도 없으니 또다시 사자봉 산정을 향해 걸었다. 오르막에 적당한 바람이 불어 한 줄로 이어서 걸어가는 모습

투구꽃 피는 산길

에서 눈 덮인 히말라야의 정상을 오르는 산악인들의 모습이 연상되었다.

끝없는 초원의 길은 두 개가 되었다가 하나로 다시 만나고 또다시 두 개로 나뉘어지곤 하였다.

사자봉 정상에는 돌탑이 하나 있다. 바람을 피해 돌탑 곁에 앉아서 쏟아지는 별빛을 헤아리며 잡담을 나눈다. 달은 아직 오르지 않았다. 휴대폰을 여기저기 눌러 보는 사람도 있었지만 연결이 되지 않았다.

사자평 초원의 목장을 한 바퀴 도는 산맥 능선으로 목장을 안고 노래를 부르며 내려간다. 얼음골 남명 골짜기로 깎아 세운 절벽이 있고 칼날처럼 세운 마루금의 산길은 어둠이 있어도 별빛에 환하여 사방으로 시야가 좋다. 장화 아우랑 나는 일행 뒤에서 걷는다. 수미봉에서 마셨던 막걸리의 취기가 이제 나오는지 한들한들 들길 걷듯이 산길을 밟고 내려가다 바라다본 건너 간월산 위로 붉은 물이 들어온다.

가던 길을 멈추고 떠올라 오는 달을 물끄러미 바라본다.

마치 촛불의 불씨 같은 모양, 닭의 볏 같은 붉음, 꼬마전구의 빨간 끝, 어린아이의 상투 모자의 붉음이 횃불처럼 솟아올랐다. 달은 산기슭을 떠나 둥실둥실 하늘로 솟아올라 유영하듯이 떠나간다. 음력 오월 열이레 둥근 달은 더 넓은 하늘로 떠내려간다. 나는 달을 보고 님을 그린다. 그러나 님은 없었다. 나에게 지금 달뿐이었다.

"달아 너뿐이다!"

푸른 초원 위에 부서지는 달빛.

걷는 길 위에 내려앉은 달빛.

달빛이 흩어지는 밤, 달을 오른쪽 겨드랑에 끼고 나는 영남 알프스의 초원을 걷고 또 걸었다.

이쯤의 위치가 아마 차를 타고 남명 고개를 오르면서 바라본 하늘과 맞닿은 산줄기일 것이다. 그래 저 지상의 사람들이 바라보면 나는 바로 하늘의 천신天神이 되어 걷고 있는 것이다.

신선神仙처럼 달을 벗 삼아 달빛 길을 희롱하며 걸어가고 있었다.

능동산 못 미처 주막이 나왔다. 달은 이제 산을 떠나 제법 솟아 있었다.

주막에는 원두막이 있었다.

사람들은 주막으로 들어가고 난 원두막으로 올랐다. 그리고 이제 산 정수리도 저 밝은 달도 내려다보이는 이 천상 같은 원두막에 앉아 친구들을 부르고 주모를 불러 약주 한 사발을 청했다. 고요히 흐르는 달빛을 막걸리 사발에 담아 달을 가슴에 품고 농월주弄月酒를 마셨다. 한 잔 또 한 잔 세 잔을 마시고 주인에게 이 주막의 이름을 물으니 아직 이름이 없다고 한다.

그래 내가 지어 드리리다.

달이 눈 아래 훤히 보이는 동녘을 바라다보는 곳이니 망월대望月臺라고 하십시오.

망월대에서 달맞이를 하고 농월주弄月酒를 마시고, 그 달 밝은 여름밤을 영남 알프스 산길을 걷고 있었다.

영남 알프스의 배냇골은 전후좌우로 산이 막힌 골짜기이다. 이 산 위로 달이 오르니 달빛은 마치 배냇골 골짜기로 쏟아져 들어갔다. 아니, 빨려 들어갔다. 강한 골짜기의 음기에 의해 달빛의 양기가 빨려 들어가는 달빛의 숨 가쁨이 보이는 듯하였다. 골짜기는 여자의 음부였다.

　밤 11시에 우리는 출발한 배내고개 언덕 작은 주막에 앉았다. 달은 이제 간월산肝月山에 가려 보이지 않았다.
　주막에서 시원한 막걸리에 부추전을 안주로 마셨다. 젊은이가 수박화채를 내준다. 오늘은 수박 복이 터졌다. 30여 분을 막걸리 탁자에 앉아 쉬었다. 그리고는 간월산 오르는 배내산 어둠 속으로 길을 살펴 올랐다. 배내 산정에는 바람이 일어 양털 같은 억새의 어린잎들이 머리칼 긴 아낙의 삼단 같은 머리같이 바람에 일렁거리고 있었다. 건너 산 아래로 언양시의 불빛이 비치어 왔다. 그쪽도 역시 낭떠러지이다. 영남 알프스의 지형은 배냇골을 품고 완만한 사면을 이루나 외세는 험준한 바위 절벽으로 천혜의 요새를 이룬 곳이다. 966M의 배내봉에 자정에 도착했다. 이제 바람을 가로질러 억새가 한량없이 펼쳐진 허허롭고 광활한 산정의 평원을 지나가야 한다. 저만치 간월산의 정상이 건너다보이는 길을 걸어갔다.

　간월산을 오르면서 산 뒤에 바람을 피해 잠깐 숨었었다. 허벅지 높이의 억새 사이로 길을 타고 오른다. 산모롱이를 살짝 도니 바람이 잔다. 배낭을 내리고 쉰다. 다섯 사람이 여기저기 풀 속에 자리를 잡고 적당히 누웠다. 바람을 피하여 바위 곁에도 눕고 한 사람은 풀 사이 길에 길게 누웠다.
　'스스스스' 풀잎에 우는 바람 소리.
　산중 여름의 억새 잎은, 바람결에 나부끼는 억새 잎은 결 고운 여인의 머릿결이다. 일렁이는 물결은 바람결에 물결치는 호수의 파도요, 달빛에 부서지는 풀잎의 파도는 눈이 부시는 은빛 거울이다. 풀잎에 맺힌 이슬은 칼날 같은 날카로움으로 번쩍이고, 비단결 같은 달빛의 부드러움에 쓰러졌다 일어난다.

풀 이슬

달빛에 젖어
낮추어
매달린

해 뜨면
사라질
모진 생명

달빛은 온통 산허리에 내려 영남 알프스의 영봉靈峰을 휘감고 꿈길 같은 산정 등산로에 주저앉은 우리들은 소록소록 바람결에 단잠이 들었다. 감미로운 물결이 자는 이의 머리 위로 스쳐지나갔다.

달은 말없이 걸어온 길을 비추고 가야 할 길을 비추어 본다. 30여 분의 잠을 자고 다시 길을 떠난다. 모두들 말이 없었다. 잠결인지 꿈결인지 생시인지 그냥 앞길을 갈 뿐이었다.

새벽 2시에 간월산(1083M)에 올랐다. 간월산이란 달빛이 내리면 산모습이 마치 간의 모양인가? 새벽바람이 드세었다. 바위조각들이 어지러이 흩어진 자리에서 소주 한잔 마시고 평지 같은 능선을 타고 걷는다.

좌로는 천길 낭떠러지가 언양 쪽으로 솟아져 있었다. 바람이 불어 넘어지기라도 하면 바로 황천행 열차를 타야 한다. 간월재로 내려가는 길에 비친 광활한 간월재의 억새밭에도 어린 풀잎은 여전히 무성히 자라나고 있었다.

　　풀잎

　　산 정수리에 걸린
　　짐승 같은
　　달빛에

　　밤새워
　　뒤척이며
　　흐느끼는 풀잎

　　외롭지 않는 자 없나니
　　슬프지 않는 자 없나니

　　삶은 이토록 아픔이나니

　간월재.
　　저녁노을이 지는 가을날 황금물결이 일렁이는 곳. 하루 진종일 산행을 하고 해가 지는 산길을 걸어 나오다가 만난 간월재의 그 황금물결은 잊지 못할 꿈의 한 장면이었다. 허나 오늘은 달빛에 부서지는 억새의 푸른 노래를 들어야만 했다. 아직은 청춘인 저 억새의 가냘프고 감미로운 노랫소리를 들어야만 했다. 이 재가 언양시와 배냇골로 연결하는 산길이었다. 허나 지금은 어찌 되었는지 임도가 개설되어 4륜 승합차가 다닐 수가 있는 곳이 되고 말았다.

간월재 억새밭 자락에는 돌탑과 이정표가 잘 붙어져 있었다. 그리고 바람이 덜 부는 안부에는 나무 의자가 놓여 있어 막걸리를 꺼내놓고 술 좋아하는 친구랑 둘이서 한잔 권하고 마시면서 남은 막걸리를 비웠다. 레저용 승합차들이 간월재까지 진입을 하여 산은 마치 시장터 같은 간월재, 한심한 일이구나. 그러나 오늘 밤은 그런 사정도 모르는 체 무심한 달빛만 온 산허리에 한가득하구나.

달빛은 점점 푸르고 밤은 더욱 깊어만 갔다. 정말이지 한밤중에 달빛이 더욱 유난한 줄을 밤을 내내 지켜보니 알겠구나. 달은 중천에만 고정되어 있지 않고 넓은 하늘 바다를 정처 없이 흘러가고 있었다. 달은 언제나 혼자서 떠가니 얼마나 외로울 것이냐 오늘 밤은 우리 일행이 친구도 해 주고 말도 걸어 주고 바라보아도 주지 않는가!

달아, 달아 이 한밤에 오직 너 하나뿐이구나!

신불산으로 오르는 길은 등산객이 많은 곳이니 길이 정비되어 넓고 계단이 놓여 있었다. 뚜벅뚜벅 흙 계단을 밟고 오른다. 3시에 신불산 정상 돌탑 곁에 앉았다. 언양시의 불빛이 바라다보이는 돌탑 아래 바람을 피해 누웠다. 사람들은 이제 앉기만 하면 눕는다. 이런 밤에 야간 산행을 하면 별말 없이 걷기만 한다. 바람이 불고 약간은 밤 기온이 차니 말을 걸지를 않는다. 허기사 이렇게 하룻밤을 내내 걸어가면서 나란히 걷기

　　　　　　　　　　　투구꽃 피는 산길

도 어려운 길이고 지치기도 하니 차마 입이 떨어지질 않을 것이다. 간식을 꺼내서 요기를 하고 야식으로 싸 온 밥은 아침으로 먹기로 하고 그냥 또 길을 걸었다.

신불산에서 영취산 가는 길은 그야말로 억새의 천국이다. 민둥산이 황소 등처럼 적당히 굽은 언덕 억새밭을 헤엄치듯 지나간다. 억새의 평원을 바라보는 눈 맛 또한 괜찮다.

능선을 따라 길은 뚜렷했다. 가끔씩 갈림길이 나오지만 배냇골로 빠진다거나 언양으로 빠지는 길이지만 종주 길은 직전으로 남하를 하면 되었다.

이제는 선두 팀과 후미 팀으로 나누어지기 시작했다. 나는 선두에서 가다 떨어지는 사람들 때문에 뒤로 처지어 걷기로 했다. 그러나 처지는 사람은 자꾸만 처진다. 아무래도 산행 경력이 적은 사람이 장거리에 약하다.

어느덧 동녘이 가냘픈 빛으로 여명이 찾아오고 달은 아직도 큰 얼굴을 내밀고 하늘에 떠 있었다.

나귀 몰고 산중 길을 걷던 허생원 일행이 아니라 괴나리봇짐 메고 황톳길 걸어가던 남사당 패거리같이 허우적허우적거리며 열 걸음 건너 한 사람 또 건너 한 사람 이렇게 우리 다섯은 멀고도 길게 펼쳐진 평원 길을 걷고 있었다.

새벽 4시 교회당 종소리가 들리는 시간, 성당의 새벽 미사 종이 울리는 시간, 시골의 장닭이 울음 우는 시간, 산중 절간에 목탁소리 예불 소리 들리는 시간에 우린 통도사 뒷산 영취산 정상 바위 곁에 앉았다.

우리의 계획은 영취산에서 일출을 보는 것이다.

영남 알프스 산꾼 중에서 가장 동남쪽에 위치한 산이 영취산이었다. 그리고 통도사가 자리할 정도로 명산이고 불교 경전에 나오는 이름을 따서 영취산으로 붙였다. 해가 뜨려면 한 시간은 더 있어야 하니 우린 옷을 껴입고 바위 자락 바람을 피해 누웠다. 잠이 들었다. 피곤들 한 모양이다. 비닐로 몸을 꽁꽁 싸고 자는 사람도 있다. 나도 눈을 붙였다. 그러다 잠을 깨서 시계를 보니 그 잠깐 사이에 한 시간이 후딱 지나갔다.

동녘 하늘이 붉게 타고 있었다. 나는 사람들을 깨웠다. 해가 떠올랐다. 안개에 싸인 부산 금정산도 이제는 다 걷혀 밝고 환한 아침이 되었다. 하늘에는 해와 달이 같이 떠 있었다. 영취산의 동쪽은 햇살에 밝고 서쪽은 달빛에 쌓여 있었다. 신비한 일이었다. 햇살은 영남 알프스의 산맥을 넘어오질 못하고 산 동쪽만 비추고 있었다. 그러니 배냇골 골짜기는 아직도 달빛을 받는 밤이었다. 음력 5월 중순의 새벽 5시 반경은 밤과 낮이 공존하는 영남 알프스였다.

영취산의 동쪽은 깎아 세운 절벽에 기암괴석이 아름다운 곳이다. 반대로 서쪽은 초원이 펼쳐진 곳이다. 그리고 양산시가 바라보이는 곳으로 통도사가 저 아래 구릉 논 사이 동산 자리에 앉아 있다. 이제 영남 알프스의 마지막 산 영취산을 지났으니 하산할 시간이다.

6시, 그러니 우리가 어제저녁 6시에 산행을 시작하여 12시간 만인 6시에 하산을 시작했다. 하산은 통도사 가는 길로 반 시간 정도 가다 갈림길이 나오면 배냇골로 빠지는 것이다. 밤새 걸었으니 지치기도 했지만 배가 고팠다. 갈림길 바위 곁에서 아침을 먹었다. 어제저녁 먹고 남은 도시락을 깨끗이 나누어 먹었다. 한 시간 걸려 먹고 볼일도 보고 적당히 휴식을 취해서 7시 반에 통도사 길은 버리고 배냇골 죽전으로 빠지는 서쪽 길을 택하여 걸었다. 이 길부터는 난 초행이었다. 대구 규수 일행은 작년 이맘때 이 길로 영남 알프스를 종주한 사람들이었다. 길은 아주 희미했다만 그들은 작년에 갔던 경험이 있기에 어려움 없이 내려갔다. 바위 물길을 지나 썩어 가는 잡목들이 길에 엉켜 마치 원시림을 탐험하듯 내려갔다. 까만 흙이 나오니 숯 가마터이라고 아는 사람도 있으니 우리 일행은 그야말로 산꾼이었다. 이 사람들은 산을 탔다면 12시간은 기본으로 걷는 사람들이다. 산 더덕 냄새가 물씬 나는 계곡을 지나 묻혀 없어져 가는 길을 용하게도 잘 찾아내어 내려오니 백련암 파래소 폭포가 나오는 간월재 아래 골짜기와 만났다. 산을 내려오는 데 꼭 2시간이 걸렸다.

하늘은 새파란 아침을 열었고 태양은 이슬을 말리고 빛나는 잎새에서 햇살 춤을 추고 있었다. 빛나는 아침이었다. 새 아침이 열리고 있었다. 숲을 빠져나오니 말이다.

이제 다 내려왔으니 개운하게 산행한 몸을 깨끗이 씻자. 우린 홀홀 벗고 모두 시냇물에 뛰어들었다. 물은 아직 차가웠다. 우린 동심이 되어 물장구도 치고 물장난도 치며 지친 몸과 마음을 풀었다. 그리고 어제 출발한 죽전마을로 귀향하니 아침 10시였다. 무려 16시간짜리 산행을 한 셈이다. 허나 중간에 목욕하고 쉬고 자고 했으니 쉬며 한 산행이었다. 이런 산행은 좀 여유 있게 해야 덜 지치는 법이다.

그날 내가 동행한 일행들에게 감사하는 것은 아무도 서둘지 않았다는 사실이다. 천천히 가는데 서두르는 사람이 없었다. 참 다행한 일이다. 이런 단체 산행에 약속을 핑계로 귀가를 채근하면 피곤하기 마련이다.

그들은 산행의 지혜가 있는 사람들이었다.

우린 만났던 배내고개 마루의 가게 의자에 앉아 맥주 한잔으로 이별을 했다.

어제 마침 대구의 규수 아우한테서 전화 연락이 왔다. 덕유산 종주를 가자고 한다.

오는 11월 11일 육십령 고개에서 출발하여 남덕유산, 북덕유산을 지나 삼공리까지 걸어갈 것이다. 아마도 12시간은 걸어야 할 것이다. 난 그날이 벌써 기다려진다.

인생의 길도 그냥 걸어가는 산행의 길과 같은 것이다. 어떤 사람은 먼 길을 가고 어떤 사람은 어려운 길을 간다. 가까운 길이, 쉬운 길만이 좋은 삶은 아니다. 멀고 험하기에 그 맛이 있는 것이다. 산행은 그와 같다.

난 산행을 하면서 인생을 배운다.

2001. 10. 25. (음력 9. 9. 중양절 날)

영남 알프스 산행 지도

II.
지리산 종, 횡주기

필자가 30년 동안 산행 시 지니고 다닌 1995년 국립지리원 발행 지리산 지도

1. 지리산 종주기 縱走記

성삼재에서 산청 독바위 조개골로
1999. 9. 25.-1999. 9. 27. 2박 3일

추석 귀성 인파가 태풍의 영향으로 서울서 부산까지 15시간이나 걸리고 폭우는 추석 전날까지 계속되더니 결국은 어제 추석에도 비를 뿌리고 있었다.

종주를 떠나는 날 6시 기상하자마자 창을 열고 날씨를 살펴보니 하늘은 그 무겁던 구름을 걷어 내고 푸른 가을을 부르고 있었다.

어머니가 추석 차례상 음식과 도시락 그리고 밑반찬을 챙겨 담아 주었다.

술 욕심이 나서 병 소주 한 병을 더 챙겼는데 도시락을 넣고 보니 소주는 자리가 없어 내어놓았다.

이것저것 챙겨 주신 어머니의 배려가 배낭을 더욱 무겁게 하긴 했으나 무겁다는 생각보다도 더욱 가벼운 마음은 웬일이고?

아마도 오늘같이 맑은 하늘 밝은 태양 이 눈부신 아침이 태풍이 지나간 후 찬란한 새날이 상쾌한 출발을 축복하였음이리라……

마산 시외 터미널서 7시 50분 진주행 버스에 몸을 실었다.

지리산 종주는 이번이 세 번째이지만 산청군 금서면 오봉리까지 종주

투구꽃 피는 산길

는 이번이 처음이다.

산은 맑고 깨끗하게 여름을 씻어 내고 가을 채비로 먼 시야를 확보하고 아름다운 가을꽃으로 날 기다리고 있으리라!

안개 낀 고속도로를 달려 진주 개양정류소에서 하동행 버스를 바꾸어 탔다.

눈이 부시게 푸르른 날은
그리운 사람을 그리워하자
저기 저 가을꽃 자리
초록이 지쳐 단풍 드는데

눈이 내리면 어이하리야,
봄이 또 오면 어이하리야

네가 죽고서 내가 산다면?
내가 죽고서 네가 산다면?

눈이 부시게 푸르른 날은
그리운 사람을 그리워하자

서정주 시인의 가을을 노래한 시가 노래가 되어 흘러나오고 있었다.
섬진강물을 따라 버스는 오르고 있었다.
하동 인터체인지를 나오니 국도 변엔 코스모스가 가을바람에 하늘거린다.

저 푸른 섬진강물과 드높은 가을 하늘, 차는 푸른 하늘 속으로 달려 나아가는 것만 같았다.

하동서 구례 가는 직행이 추석 후라 시간이 일정치 않다고 해서 상계사행 버스로 화개까지 가기로 했다.

군내버스는 토지의 고장 악양면 평사리로 들어갔다.

토지의 땅 악양 들판이 산자락 아래 누워 있고 누런 벼는 풍요로운 가을을 기약하며 따가운 햇살에 영글어 가고 있었다.

들판을 사이에 두고 길은 들의 가장자리를 한 바퀴 돌아 다시 섬진강으로 나온다.

신작로 옆에 피어 있는 코스모스는 마치 모자이크 무늬를 하고 있다.

빨강 분홍 하양 코스모스들 가끔씩 끼여 있는 노랑과 빨강의 칸나꽃.

내 눈엔 마치 어릴 때 본 색종이를 넣은 삼각 유리거울 통 속을 들여다본 것 같은 황홀한 빛깔이다.

섬진강가로 나오니 배나무 밭길이 다시 이어지고 폭우에 강물은 강물 들판을 이루었다.

화개에 내려 배낭을 벗기가 무섭게 구례행 버스가 도착했다.

부산서 출발하여 하동 경유하여 왔으니 하동서 기다리고 있었으면 타고 왔을 차이다.

그래도 악양 들판을 보고 왔지 않은가.

12시에 노고단 가는 버스를 타려면 어서 이 버스가 떠나야 하지 않는가?

여기서 20분이면 구례까지 간단다.

운수 좋게 12시 노고단행 군내버스를 탔다. 이 차를 놓치면 2시 차다.

화엄사 정류장서 배낭을 두 개 멘 삼, 사십대 아저씨가 탔다.

차비를 내는 폼과 자리를 잡는 폼이 어색하기 이를 데 없어 무얼 도와 주어야겠는데 마땅하질 않았다.

카메라를 메고 배낭을 두 개씩이나 들었으니 좁은 자리에 앉기가 여간 어려운 것이 아니다.

그래도 겨우 자리에 앉으니 이젠 안내 책을 읽기에 여념이 없다.

차가 지리산 입장료를 내는 매표소에 정차하자 안내 지도를 안내인에게 들이댄다.

안내인이 천은사 가시는 손님은 여기서 내리라고 했다.

말을 안 하는 걸로 보아 중국이나 일본인이 분명하리라.

우리말과 우리 풍습과 익숙하지 못해 무언가가 어색해 보였는데 진작 내가 좀 도와줄 것이지 후회가 되었다.

차창 밖은 소나무 수해樹海가 곧게 뻗은 소나무는 건너편 산에 빽빽히 서 있다. 소나무는 밀식密植되어 곧게 하늘로 뻗어 있었다. 푸른 솔잎과 큰 키에 비하여 솔방울은 없다. 여기 소나무는 솔방울을 달 필요가 없을 것이다. 씨앗을 뿌려도 자랄 땅이 없거니와 아직 2세를 만들 나이도 아니기 때문이리라.

앞서 가던 트럭이 올라가지 못하고 뒷걸음을 친다. 타이어 타는 냄새가 메케하다. 인공의 냄새는 정말 싫다. 버스는 결국 정상까지 못 가고 하차를 시킨다. 차가 막혀 더 이상 올라가지 못한다. 신발 끈을 다시금 메고 노고단 산장을 향해 걷기 시작했다. 이제부터 산행의 시작이다. 노고단까지의 넓은 길엔 관광으로 온 사람들이 오르내리고 있었다.

노고단 산장에 도착하여 싸 온 도시락을 먹고 1시 30분에 출발했다. 노고단 이정표가 서 있는 안부에 서서 멀리 동쪽을 바라보니 반야봉과 천왕봉이 바라다보였다. 그래 가 보자 산이 높아도 하늘 아래 뫼이고 천왕봉이 멀어도 지리산에 있으리라. 나는 긴 호흡을 다시금 가다듬고 힘찬 발걸음을 내디뎠다.

돼지평전까지 가는 길은 평평한 능선 길이다. 길섶으로 피어 있는 이름 모를 가을꽃들을 보며 좌우로 펼쳐진 산줄기를 바라보며 가없는 길을 걷는다.

돼지평전에 도착하니 3시이다. 노루목 삼거리에 도착하니 4시이다. 노루목 삼거리는 반야봉과 종주능선의 갈림길이다. 삼거리바위에 걸터앉아 남쪽 피아골 능선을 바라보니 골짜기로 흐르는 물줄기가 푸른 캠퍼스에 새하얗게 선을 그어 놓은 듯하다. 고산목의 일종인 구상나무가 바위 옆에 우뚝우뚝 서 있었다. 여기서도 천왕봉이 지척으로 보인다. 하늘이 깨끗하여 모든 산들이 가까워 보였다. 사방은 산 산 그야말로 첩첩산중이다. 눈앞으로 휑하게 바람이 지나갔다. 몸은 이 바람이 가을을 알리는 바람임을 알고 있다. 죽은 나무도 산 나무도 저 바람도 나도 자연이다.

어느덧 뱀사골로 갈라지는 화개재에 왔다 노루목에서 한 시간 걸렸다. 북쪽으로 계단을 내려가면 뱀사골 산장이 나오리라.

해가 서산으로 기울고 있었다. 해는 반야봉 쌍 봉우리 사이에서 내려갔다 올라왔다 했다. 내가 산을 오르면 해는 나오고 내려가면 지고 있었다. 그러니 해가 지는 속도보다 내가 오르내리는 속도가 빠른가 보다. 어둠이 서서히 숲속에서 기어 나오고 있었다. 저기 무명봉 봉우리가 보였다. 어서 저 봉우리에 올라 떨어지는 석양과 일몰을 보자. 무명봉에는 이름이 없어서인지 사람의 발자국도 없고 널따랗게 돌아앉은 바위 사이로 하얀 구절초 한 무리가 석양에 흔들리며 피어 있었다. 해는 붉은 그림자만 남기고 반야봉 똥꼬 사이로 흘러 들어가 버렸다. 반야가 밤새 배 속에 품고 있다가 내일 아침에 내어 주리라. 동쪽 계곡의 산 그림자들은 이젠 서서히 짙은 어둠으로 물들고 있었다.

    연하천 산장까지는 4.2㎞가 남았다. 오늘의 목적지는 연하천 산장이
아닌가. 꼭 한번 연하천 산장 뜰에서 달빛을 바라보며 술을 마시고 싶었
는데 정원 같은 넓은 뜰을 가진 연하천 산장이 아니던가. 정원수가 주목
과 구상나무로 가꾸어진 산장 뜰엔 지하수가 펑펑 쏟아지고 포근하고
아늑한 물과 숲으로 어우러진 산장. 연하천이 가까워지니 사람 소리가
바람결에 들린다. 이건 귀로 듣는 소리가 아니고 감각으로 듣는다. 내려
가는 길에 나무 계단으로 긴 다리를 놓았다. 지난번까지 없었는데 나무
다리라. 그런대로 운치는 있었다. 산장 뜰엔 사람들이 가득하다. 먼저
떠난 버스에서 만난 등산객은 벌써 도착하여 식사 준비를 하고 있었다.
산장 주인에게 잠자리가 있을 것 같으냐고 물으니 먼저 식사부터 하고
기다려 보란다.

    그래 그 말이 맞다 먼저 식사를 해야지 순서지. 잠은 먹고 난 후에 자
는 것이지. 저녁은 잘 해 먹어야지. 감자를 까고 양파를 벗기고 단백질
보충을 위해 꽁치 통조림을 한 통 까 넣었다. 밥은 내일 아침까지 먹을
수 있도록 넉넉하게 준비했다. 긴 저녁을 먹고 잠자리를 알아보니 뒤 골
방으로 가 보란다. 자리가 있으면 알아서 들어가란다. 벌써 몇몇은 눕지
도 못하고 쪼그리고 앉아 있었다. 아무래도 여기서 자기는 걸렸다. 짐을
꾸려 물을 수통에 채우고 벽소령으로 가자. 그 산장에는 150명은 수용하
도록 넓으니 물만 준비하면 된다.

    저녁 8시 20분에 연하천 산장을 출발했다. 꼭 한번 자고 싶었던 산장
이었는데 오늘도 기회를 놓치고 다음을 기약했다. 달은 어느덧 신갈나
무 가지를 헤치고 나와 긴 그림자를 만들고 있었다. 산장의 뜰이 넓어 여

러 번 지나갔건만 출구를 못 찾아 헤매다 구상나무 보호펜스를 돌아 나아갔다.

달은 점점 높아만 가고 밤은 점점 밝아만 갔다. 손전등 불빛이 나무 숲 사이에서는 밝게 빛나다 훤하게 트인 능선 길에선 달빛에 불빛이 없다.

형제봉 봉우리에 넓은 바위가 조망 좋게 놓여 있었다.

바위 위로 오르니 달빛이 온 하늘에 가득하다.

바위 위로 쏟아지는 하얀 달빛이 눈이 부시도록 찬란하다.

연하천에서 벽소령까지 동행하는 일행들이 하나같이 바위 위에 팔베개를 하고 쓰러졌다.

달빛이 천하에 한가득하다는 표현밖엔 다른 수사가 나오지 않았다. 모두들 시인의 가슴이 되었다. 누군가가 이태백이를 부르니 누군가가 한 구절 읊었다.

달을 이불 삼아 우린 이렇게 누웠다고…….

바위를 요 삼아
달빛을 이불 삼아
하늘을 보고 있으니
달빛만 천지에 가득하구나

누우니 누운 대로
앉으니 앉은 대로
바람 없는 바위에 누워
천하를 굽어본다

투구꽃 피는 산길

아!

천하의 절경

벽소의 명월이로다

이를 두고 선인은 벽소 명월이라고 읊었구나.

음력 팔월 열여섯 밤 보름달을 형제봉 너럭바위에서 바라보았으니 바로 지리산 10경 중 하나인 벽소령 형제봉 명월을 말하리라.

멀리 산 아래 도회지 불빛이 들어왔다. 아마도 광양제철소 불빛이리라.

아무도 가자는 소릴 하지 않는다. 이 경치를 두고 차마 발이 떨어지지 않음은 인지상정이리라.

달빛이 휘감아 앉은 저 산골짜기 골짜기 야경은 이 밤이 아니고는 평생을 두고 보지 못하리다.

떨어지지 않는 발걸음을 뒤로 한 채 아무 말 없이 우린 일어서고 있었다. 밤은 벌써 깊어 10시를 훨씬 지나 11시가 되어 가고 있었다. 오늘 밤은 벽소령까지 가서 잠을 청해야 내일 길을 떠날 수가 있다.

벽소령 산장에도 사람이 가득했다. 잘 곳이 없어 산장 관리인이 지하 창고로 안내를 했다. 여기라면 추위는 피할 수 있으리라. 막상 자리를 펴고 누우니 잠이 오질 않았다. 바닥이 차고 이불이 없으니 추위 때문에 잠이 오질 않는다. 이렇게 밤을 새울 참이면 차라리 형제봉 봉우리에서 달빛을 벗 삼아 한밤을 지새울 걸……

그래도 잠을 청해 보자.

5시에 일어나 짐을 챙겨 길을 나섰다.

산장 안의 부지런한 산 손님들은 벌써 떠나고 없다. 산장을 나오니 날

은 훤히 새어 시야가 좋은 벽소령 산장 뜰엔 밝음이 가득했다. 달은 아직
도 지지 않고 그 밝은 빛을 밤새 다 쏟았는지 연노랑으로 퇴색되고 있었
다. 그러나 먼동이 트긴 아직 이른 시간이다. 새벽길을 나서는 나그네의
길을 끝끝내 비추어 주고 있었다.

덕평봉 위에 서니 동쪽 하늘에 여명이 찾아왔다.

오른쪽엔 달이 떠 있고 왼쪽에선 해가 떠오르고 있었다. 좌우로 일월
日月을 거느렸으니 내가 곧 군자君子로다. 어젯밤엔 잘 곳이 없어 산장
처마 밑에서 잤는데 자고 나니 오늘 아침엔 자연의 군주君主로다. 인간
은 나를 저렇게 취급하는데 자연은 나를 이렇게 대하는구나 하고 생각
하니 그저 자연에 감사할 뿐이다.

멀리 남쪽 바다가 보였다. 저기 산마루에 올라 일출이라도 보고 가자.
어제 반야가 삼킨 해를 오늘 토해 내는 모습을 보자. 삼키면 뱉어야 하고
지면 뜨리라. 이게 다 자연의 섭리가 아니던가. 사라지면 나타나고 죽으
면 다시 태어나리다.

금년 봄 산나물을 뜯는다고 헤매던 산기슭이다. 이불보다 더 두꺼운
낙엽들을 뚫고 저 나물 풀들은 태어나지 않았던가. 이제 가을이 되고 그
푸른빛도 갈색으로 서서히 변하니 삼라만상은 다 나올 때가 있고 들어
갈 때가 있기 마련인가 보다. 내년이면 또 이곳에는 저 나물 풀들이 푸른
새순을 대지 위로 세울 것이다.

노고단 쪽으로 가는 사람이 아침 인사를 했다. 선비샘에 물이 있느냐
고 물으니 물이 많이도 나온다고 일러 준다. 지난번에는 선비샘을 폐쇄
했는데 다시 복구를 했나 보다. 정말 옛날 그 자리에 그 물 대롱이 힘차
게 물을 뿜고 있었다. 아침을 해결하자. 걷기도 좋다마는 먹어야 살 것
아닌가. 어제 해 둔 식은 밥을 꺼내 물을 부어 물밥을 만들었다. 새콤한

배추김치에 시장한 아침을 먹고 나니 시간은 7시 30분이었다. 이 시간의 기록이 과연 무슨 소용이 있을까?

부질없는 산중 시간인데! 시간 기록을 계속하고 있었다. 산길은 제법 외줄도 타고 바위도 타면서 오른다. 지리산 능선에 바위 타고 밧줄 타는 곳이 드문데. 올라서니 바위 봉우리에 안전 난간을 박아 놓았다.

한줄기 바람이 지나간다. 이마에 묻은 땀이 싸 하고 가신다. 바라다 본 산은 산줄기가 흘러서 바다로 간다. 바다는 산줄기를 바로 받지 못하고 구름 양탄자를 깔고 산줄기를 받고 있다. 구름이 바다 위에 얕게 깔려 있으니 바다 같은 구름바다, 구름 같은 바다 구름. 다도해가 보인다. 구름 사이로.

아, 저것이 바로 운해雲海라는 거구나. 운해가 산을 섬으로 만들고 바다를 만들고, 평평한 구름 이불을 깔았구나. 노고단이 아니라서 멀리 보이긴 하지만 그 운치는 가히 한 폭의 그림이구나.

높은 산 바위 곁에 구절초가 녹색에 대비되게 하얗게 피었다. 하얀 국화 산에 피는 국화꽃이 구절초다 여름 속에 가을꽃이라.

칠선봉 봉우리에 올라서니 서늘한 가을 공기가 지피고 태양은 어느덧 눈부시게 찬란한 아침을 연다.

아! 찬란한 눈부신 새날이여!

저 푸른 영롱한 비췻빛 하늘이여!

늙은 사스레나무 하얀 껍질이 태양에 반사되어 새하얗게 빤짝이고 있었다.

대지는 빛나지 않는 데가 없구나.

영신봉을 뒤돌아 오르니 드넓은 세석평원이 나를 기다리고 있었다. 영신봉에서는 세석 산장은 보이질 않고 평원에 자라고 있는 수십만 그루의 철쭉만 무성하게 보일 뿐이다. 인간이 쳐 둔 나무 울타리를 지나간다. 생태계 복구를 위하여 인도를 따로 개설하여 이 철쭉 밭을 복원하리라. 수년 전 철쭉재 때 오니 이 평원은 마치 해수욕장에 야영용 텐트장이었던 기억이 난다. 그 후로 그 많은 철쭉이 훼손되어 오늘에 이르렀던 것이다. 수백 명을 수용한다는 세석 산장에서 세석細石이 걸러 낸 세석의 정기가 담긴 생수를 담아 저 천왕봉을 향해 떠나 보자. 세석평전의 최고봉인 촛대봉을 오르니 금년 신정에 일출을 보러 작은아들을 데리고 와서 저기 저 봉우리 뒤꼍에서 일출을 보았지. 벌써 10시를 지나고 있었다.

이 길은 참 많이도 다닌 길이다. 지리산 산행을 백 회쯤 했으면 이 길이야 신물이 나도록 아니 다닐 수가 없지. 그래도 종주 길에서의 이 길은 항상 힘이 든다. 연화봉 못 가서 전망 좋은 쉼터 바위가 나오리라. 백무동 계곡을 굽어보며 마천 땅을 아울러 보며 그 옛날 빨치산 남부군이 뛰놀던 곳, 지리산 벌목꾼들이 주야로 벌목하며 살았던 곳, 그 땅을 바라보며 가쁜 숨을 추스르고 가자. 가는 길에 나의 곰취밭을 지니게 된다. 5월이면 해마다 이곳 곰취밭, 나무 한 포기 살지 않는 능선의 바람 넘어가는 곳, 곰취만 살아 지천으로 곰취가 피어나는 곳, 30분이면 곰취 한 자루 채취할 수 있는 곳. 그러고 보니 지리산 100리 길에 나의 체취가 안 묻은 곳이 없구나. 나는 어느새 쉼터 바위 위에 앉아 사과를 깎아 먹고 있었다. 여기서 바라보면 남쪽은 중산리 골짜기요 북쪽은 마천 백무동 골짜기요 저기 서쪽은 반야봉이 엉덩이를 까고 앉아 있다. 동쪽의 천왕봉이 빤히 바라다보인다. 남성적인 천왕봉의 용트림에 반야 아가씨의 엉덩이를 같이 볼 수 있으니 과연 이를 두고 명당이라 하지 않을 수가 없구나.

투구꽃 피는 산길

한 20분을 오르내리니 장터목이 나왔다. 이곳은 이름 그대로 장터였다. 중산리와 백무동의 장터였다. 1750고지의 산정 고개에 장터라 그러나 어찌하랴 이곳보다 더 좋은 장터는 없는걸, 백무동이나 중산리에서 이 곳으로 오르면 오르기가 가파르지 않고 그런대로 완만하니 예사로이 지게 지고 올라왔으리라.

간단한 라면으로 점심을 때우고 오늘의 하이라이트인 1915고지 천왕봉을 오른다. 누가 시킨 일도 아니요, 가지 않으면 안 되는 일도 아니고 돈이 되는 일은 더더욱이 아니다. 그런데 이 험하고 힘든 산길 백 리를 무엇 하러 걸어왔단 말인가? 나는 내가 던지고 대답도 못하는 질문을 혼자 하면서 통천문을 지나고 있었다. 하늘로 통하는 유일한 문 통천문 아무에게도 알려 주지 않고 오로지 선인에게 이 길을 알려 주어 하늘로 오르게 한 하늘의 문, 그 문으로 난 하늘에 오르고 있었다. 어깨에는 20㎏ 남짓한 배낭을 메고 신들린 사람처럼 오르고 있었다. 천왕봉은 마지막 바위를 깎고 세우고 갖은 조화를 부려 봉우리를 만들었다.

남쪽 반도에서 가장 높은 곳 1915M 정상에 드디어 올랐다. 하늘에 아무 거침도 없다 그야말로 구름 한 점 없는 맑음뿐이다. 이렇게 깨끗한 여름은 드물다. 남쪽으로 남해안이 보이고 북으론 멀리 덕유산 줄기가 눈에 들어온다. 반야봉 노고단이 지척으로 보이고 거창 합천 마을도 빌딩도 눈에 환하게 들어온다. 망원경이 있으면 백두산이라도 보일 것 같다. 긴 호흡 세 번하고 숨겨 둔 소주병 꺼내 크게 한 모금 하니 천하가 다 내 품 안에 있을 뿐이다. 이젠 저 멀리 중봉 하봉 지나 건너편 독바위 지나 저 멀리 웅석봉 아래 밭머리 재도 보인다. 오늘은 아무래도 치밭목에서 자고 가야겠다. 중봉까지는 채 30분도 안 걸렸다. 하봉쪽으로 길을 막아

놓았다. 써레봉으로 통해 치밭목으로 가란다. 허기사 하봉 가다 내려가
도 취밭목을 갈 수가 있는데 천왕봉 치밭목 3.2㎞가 오르내리니 길이라
여간 먼 길이 아니다.

하오의 햇살이 하도 따가워 머리엔 하얀 보자기를 씌우고 물을 계속
마시며 가는데 땀은 비 오듯 흘러내린다. 여러 봉우리를 오르고 내릴 때
마다 철 사다리를 설치해 놓았다. 써레봉 위에 서니 황금능선이 굽어보
이고 그 아래 장당골이 숨어 있었다. 저 장당골은 아직 가 보질 못했다.
언젠가는 황금능선으로 해서 장당골로 가 보리다. 서쪽 아래로 산장이
저만치 보였다. 취밭목 산장, 취나물이 지천으로 살고 있다고 취밭이라
고 이름 붙인 곳, 내려가는 길이 눈에 선하다. 눈이 왔을 땐 길을 두고 옆
길로 눈을 일부러 헤치며 미끄러져 내려간 길이 아니던가. 벤치 두 개가
나오니 바로 산장 뜰이 보이고 등산객 몇몇이 마당에 앉아 소주잔을 기
울이고 있었다.

이 취밭목 산장은 나에게 몇 가지 추억을 갖고 있다. 지리산 산행을 시
작한 초기에는 주로 이 코스로 산행을 했기에 자주 지나치던 곳이다. 그
러다 다른 코스를 알고서는 이쪽으로 오기가 어려웠다. 이유는 길이 멀
고 지루하기에 당일 산행으로 곤란하다는 것 때문이다. 그러나 이 코스
는 가장 자연 상태로 잘 보존되어 있는 곳이기에 항상 원시림과 원시 동
물이 공존하는 곳이라는 기억. 또 하나의 추억은 중봉 하봉을 거쳐 취밭
목을 찾아가다 길을 잃고 헤매다 어찌하여 겨우 취밭목 개 짖는 소리를
듣고 찾아 온 곳이다. 마지막으로 이 산장 주인에 대한 앎이다. 이번이
기억으로 세 번째 만남이지 싶으나 전에는 잘 몰랐는데 얼마 전 인터넷
에 소개된 민병태 산장 주인의 스토리를 읽고 무언가 다른 호기심이 일

어 이번에는 하룻밤을 유하면서 그의 인생 스토리를 직접 들어 보리다.

산장의 모양이나 분위기는 예나 지금이나 변한 것은 없고 산장 뒤뜰의 그 울창한 신갈나무 고목들이 쓰러지고 통나무가 꺾여 넘어져 죽어 가는 건지 넘어져 살아가는 건지 그냥 방치되어 있었다. 앞뜰에 마련된 나무 식탁이며 사이사이 서 있는 구상나무 하얀 고사목이 세월은 십수 년이 지났건만 변한 건 아무것도 없었다. 산장 내는 새로 침상이 들어와 깨끗하게 정리되었고 분위기 있는 카페처럼 원목 테이블과 원두커피 향이 다방에 그윽하게 지피고 있었다. 마당에는 세월 잊고 사는 민 씨와 그의 가족 치순이가 민 씨 옆에서 늘어지게 잠을 자고 있었다.

치순이는 어미 진돗개 이름이고 새끼 두 마리를 데리고 산다. 이놈이 언젠가 내가 길을 잃고 헤맬 때 크게 짖어 방향을 알려 준 놈이구나. 민 씨는 이곳에 1983년에 들어와 14년째 살고 있다. 지리산이 좋아 지리산 자락을 안 가 본 곳이 없이 다니다 이곳 산장에 아무도 사는 사람이 없이 폐허가 되어 있는 걸 보고 지리산에서는 이곳이 최고의 보고라고 생각하고 여기서 기다리면 많은 사람들이 언젠가는 이 산장에 올 것임을 예감하고 한 15년만 살아 보자 하고 결심하여 이곳에 정착하였던 것이다. 그 사이에 그도 아내를 만나 결혼하여 아내와 같이 산장을 지키며 살았다, 지금은 아이가 둘이나 태어나 진주에서 학교에 다녀 아내는 진주에서 생활하고 민 씨는 산에서 혼자 살고 있었다.

지난번 지리산 폭우 시 이 계곡에서 야영하다 목숨을 잃을 뻔한 사람을 수십 명을 구해 표창까지 받은 산악 구조원 생활도 겸하고 있다. 요즈음은 산에 오는 단체 등산객에게 산악 안전 교육도 하고 자연 보호 강의도 하고 있다고 했다. 시간이 하도 많아 시도 쓰고 글도 취미를 붙여 보려고 하지만 본인 얘기론 문학은 재능을 타고 태어나야지 하는 거지 자기 같은 사람은 잘 안된다고 했다. 내가 내일 하봉을 지나 쑥밭재 거쳐서 지리산 동부능선을 타고 계속 달려가 오봉리까지 가고 싶다고 하자.

"가 보셔요." 하면서 빙그레 웃기만 한다.

길이 어떻게 나 있지요? 어떻게 찾아가면 길을 잘 알 수 있나요? 시간은 얼마나 걸려요? 계속되는 질문에 별로 할 이야기가 없다는 표정이다.

내가 준비해 온 시 2-3편과 민 씨 소개가 된 인터넷 카피본을 그에게 건네면서 주려고 준비하여 온 것이니 읽어 보시라고 권하자 그 특유의 쓴웃음만 짓는다. 그 큰 덩치에 쪼그리고 앉아 석양빛에 눈을 찌푸리고 읽는 모습이 인정 많은 시골 아저씨 모습이다.

뜰의 건너편 노천 나무 식탁에 앉아 소주를 마시던 두 남자가 "혼자 오셨나요?" 하고 말을 붙인다. 내 배낭 밑에 달린 야외용 비닐 깔판을 보자.

"아니 지리산을 다 덮고 앉을랍니까?"

민 씨가 자기 소개한 인터넷 글을 읽고 있기에 두 남자 곁으로 다가가니 소주 마시느냐고 물으면서 잔을 건넨다.

"오늘은 여기서 하룻밤 묵어 갈랍니다."

한 잔을 마시고 잔을 돌리자 그는 내려갈 몸이고 옆에 앉은 박 씨를 소개하면서 아마도 오늘 밤은 두 사람이 같이 보내야 할 것이니 인사하고 천천히 마시라고 박 씨에게 잔을 돌린다. 안경을 쓴 풍채가 좋은 선비 같은 서울 말씨의 50대 중년은 성이 박이라며 불판에 굽고 있는 깡통 햄을 안주로 권했다. 그러더니 자기는 아침부터 여기서 마시고 있었으니 날 보고 3배를 마시라고 연거푸 따라 주더니 어느새 작은 플라스틱 소주 3병을 들고 나왔다. 그 사이 남녀 등산객들이 내려왔다. 여기는 자고 가지는 않으나 물도 구하고 라면도 술도 차도 마시고 지나가는 휴게소 같은 곳이다. 내려오는 사람에게 한 잔씩 권하니 술은 금방 동이 났다. 오늘 밤 자기 전에 여기서 먹으려고 배낭에 숨겨 둔 소주 한 병을 꺼내서 박 씨와 나는 해가 떨어지기는 기다리며 술을 마셨다. 둘은 주인공이고 다른 이들은 왔다가 무대 뒤로 사라지는 조연들이다.

엷은 어둠이 중봉에서 묻어 내려오고 있었다. 동남쪽은 산 아래가 훤히 내려다보이는 곳이다. 내가 잔을 권하자 달이 뜨면 먹어야 하니 천천히 마시잔다. 달을 술잔에 띄워 놓고 사색에 잠겨 술을 마셔 보잔다. 내가 노고단서 왔다고 자랑스럽게 말하자 그는 여기서 천왕봉도 안 가고 3일을 머물고 내일은 서울로 떠날 것이라고 했다. 왜 천왕봉 가느냐고 되묻는다. 한 번도 안 가 보았으면 가지만은 그곳은 사람들이 고함치고 쓰레기 버리는 인파가 싫어 안 간다고 했다. 지리산 취밭목 신도信徒라면서 옆에 있는 직장이 거진이라는 젊은이도 취밭목 신도란다.

시간이 되어 오고 싶을 때 오면 여기 있는 몇몇 신도들이 약속도 안 해도 만난다나. 그리고 며칠 간 같이 먹고 자면서 지내다 각자 시간에 각자 떠난다고, 이 산이 좋고, 취밭목 산장이 좋고, 민 씨가 좋고 여기 모이는 신도들이 좋으니 와서 먹고 마시고 자고 떠들다 헤어지고 다음 여기서 만날 때까지 서로 연락은 전혀 하지 않는다. 주소도 없고 이름도 없고 직업도 없고 나이도 없고 그저 성만 있다. 그들은 금년 연말에 또 이곳에서 만나자 싶다고 하고, 거진의 젊은이는 떠나기 싫은 듯이 몇 번을 일어섰다 하더니 떠났다. 소주를 몇 순배 마셨으니 시장기는 면했지만 식사 준비를 해야지.

배낭에서 감자와 양파를 꺼내고 된장을 풀어 된장국 끓이면서 저녁 식사는 내가 마련하겠다고 하고 버너 불을 하나 구하자 휘발유 버너를 챙겨 왔다. 쌀이 많이 남아서 코펠 가득 밥을 지었다. 내일 아침까지 먹을 요량이다. 된장이 끓기에 밥을 푸니 옆에서 지켜보던 웬 아주머니가 거든다. 밥을 올린 지가 10분도 채 안 되어 벌써 밥을 푸면 안 퍼졌다 하면서 더 올려 두라고 했다. 카메라를 맨 중년 아저씨와 같이 온 아주머니다. 밥이 좀 탈 때까지 두었더니 그런대로 먹을 수 있는 밥이 되었다. 둘이 배불리 먹어도 내일 아침까지 먹을 수 있는 양이다.

모두들 떠나고 점점 어두워지고 있는 산속 산장에는 적막만이 어둠과 같이 어울려져 있고, 할 일 없는 치순이는 식탁 옆에서 빤히 쳐다보며 앉아 있었다. 생선 한 토막을 꺼내 치순이에게 주어도 먹질 않는다. 생선을 안 먹는 개. 새끼 개가 왔다 이 놈도 안 먹는다. 민 씨가 산중 개라 생선을 안 먹어 봐서 안 먹는다고 했다. 참 고약한 개구나. 생선을 안 먹는 개라 산의 개는 생선도 안 먹는다. 먹어 보지 않아 안 먹어 본 것은 먹질 않는다. 그리고 이 개는 짖기는 해도 사람은 절대로 물지 않는다고 했다.
바라다보이는 산 아래서 달이 떠오른다. 달이 산 위에서 떠오르는 것이 아니라 산 아래서 떠오른다. 산 아래 눈 아래 붉은 기운이 엷게 번지더니 붉은 점을 찍어 놓고 그 자리에서 달이 돋아난다. 물끄러미 달을 바라보며 무념무상이다. 달이 뜨는구나. 어제도 본 달이 오늘도 뜨는구나. 찬란함도 황홀함도 이젠 없이 그냥 달이 떠오른다. 눈 아래서……
술이라도 마셔야지 박 씨에게 한 잔을 권하고 밥술을 놓았다. 밥상도 안 치우고 술잔을 기울인다. 그 사이에 남자 4명이 자고 가니 내려가니 하다 식사 준비를 하느라고 프라이팬과 버너, 바람막이를 빌려 갔다. 부산서 초등학교 동창 친구들끼리 왔다면서 술과 안주를 들고 왔다. 우린 어느새 일행이 되어 달이 어디로 흘러가는지도 잊고 밤이 왔는지도 잊고 이야기꽃 피우기에 바쁘다. 부산 사람의 화제는 조동탁 지훈 선생의 이야기로 시작되었다. 대학 1학년 때 그 선생의 강의를 지금도 잊질 못한다고, 《돌의 미학》, 《채근담》 등 지훈 선집을 읽었다는 둥 그러자 박 씨가 한마디 했다. 자기도 국문학을 전공한 사람이라고 참 묘한 인연들이구나. 이참에 내가 안 나설 수가 없지. 드디어 내 차례가 왔다. 다들 아시는 바와 같이 나의 애송시를 한편 읊을 테니 들어봄이 어떠하신지요. 물론 지훈 선생의 시입니다.

자리가 조용해지면서 나의 목소리를 기다리고 있었다.

얇은 사紗 하이얀 고깔은

고이 접어서 나빌레라

파르라니 깎은 머리

박사薄紗 고깔에 감추오고

두 볼에 흐르는 빛이

정작으로 고와서 서러워라

빈 대臺에 황촉黃燭 불이 말없이 녹는 밤에

오동잎 잎새마다 달이 지는데

소매는 길어서 하늘은 넓고

돌아설 듯 날아가며 사뿐히 접어 올린 외씨버선이여

까만 눈동자 살포시 들어

먼 하늘 한 개 별빛에 모두 오고

복사꽃 고운 뺨에 아롱질 듯 두 방울이야

세사世事에 시달려도 번뇌는 별빛이라

휘어져 감기우고 다시 접어 뻗는 손이
깊은 마음속 거룩한 합장인 양 하고
이 밤사 귀또리도 지새우는 삼경三更인데
얇은 사紗 하이얀 고깔은 고이 접어서 나빌레라

  취중에도 외울 수 있었다는 자부심에 떨고 있는데 박수가 나왔다. 모두들 제일 좋아하는 시라고 했다. 좋아는 하지만 외울 수는 없단다. 그럼 그렇지. 아무나 외우면 누구나 시인이 되지. 달은 점점 높아만 가고 이젠 서늘한 추위가 산 중턱을 에워싸고 있었다. 산속의 가을은 이렇게도 쉬이 오는구나. 우린 추위를 피하여 산장 내 취사장으로 자리를 옮겼다. 박 씨가 소주 3병을 가져오고 취사장 바닥에 나무 뭉침이를 깔고 둥 그렇게 앉았다. 마른 오징어도 나오고 꽁치 통조림도 나왔다. 제석봉 고사목 지대는 구상나무를 식재하여 나무 울타리를 둘러놓았는데 그 속에 앉아 고기를 구워 먹는 사람이 있는가 하면 이곳 취밭목에 나물 산행이라며 관광버스로 안내를 하여 봄나물을 다 뜯어 가고 취밭목에 취나물은 씨를 말리고 이제는 똥 냄새만 취밭을 감싸 돈다고 하면서 부산서 왔다는 지훈론을 떠들던 선배가 목소리를 높였다.
  아! 애통한 일이로다. 이제는 이 취밭목까지 인파가 몰려온단 말인가.
  여기가 어딘가. 이 지리산의 마지막 원시림이 존재하는 곳이 아니던가.
  그런데 인분 밭이 웬 말인고!
  술잔을 들고 가만히 자리를 떠나 뜰로 나왔다.
  오동잎 잎새마다 달이 지는데

오동잎은 없어도 저 고목이 되어 쓰러진 굴참나무 가지 사이로 달이
돋아나는데

　이 밤사 귀또이도 울어 대는 삼경인데
　얇은 사 하얀 고깔은 고이 접어서 나빌레라.

　어디 우는 게 귀또리만이냐.
　오만가지 풀벌레가 깊어 가는 가을밤을 가득 채우고 있지 않는가.
　저 달은 이 밤을 홀로 지새울 것이고 피곤에 지친 이 나그네는 곤한 잠
을 청해야지.
　어젯밤 추위에 떨고 밤을 지새웠는데 오늘 밤은 대감처럼 훈훈한 모포
빌려 다리 뻗고 자 보자.
　손은 못 닦아도 이빨은 닦아야지. 칫솔질을 마치니 배 속이 가득하다.
그러고 보니 집 떠난 후 한 번도 화장실엘 가지 않았구나. 그래, 배설은
맑은 잠을 가져오리다. 달빛을 받으며 뒷간에 다리 벌리고 앉아 이틀 분
을 쏟고 나니 몸이 가벼우며 온몸이 개운해졌다.

　산장 안은 새벽이 와도 깜깜했다. 여기저기 인기척이 나기에 옷을 챙
겨 입고 나오니 벌써 달은 뒷산 중봉 넘어가고 동녘 하늘엔 여명이 오
고 있었다. 천지는 어둠을 쓸어 내고 밝음으로 채워 가고 있었다. 간밤
의 추위도 쫓겨 가고 온화하고 훈훈한 아침이 찾아오고 있었다. 먼저 일
어난 부산 사람이 커피를 끓여 한잔 권한다. 저녁을 먹다만 그 자리가 먹
다만 그릇과 찬들이 그대로 있었다. 난 그 자리에 커피를 받아 들고 앉았
다. 해가 올라올 모양이다. 지평선 저 멀리서 저 눈 아래 수평선 같은 지

평선으로 감홍색의 물감이 번져 나고 있었다. 하늘의 푸른빛은 붉은빛에 점점 덮여 색조가 붉게 짙어지더니 불그스름한 해가 머리를 쏙 내밀었다. 아주 작은 붉은 점이 순식간에 커지더니 붉은빛은 없어지고 해 속이 은빛 쟁반으로 바뀌더니 이번에는 쟁반에 수은을 채운 모양으로 수은이 철렁인다.

해는 지평선을 떠나 드넓고 높은 하늘로 비상하기 시작했다. 참 기이한 현상이다 어찌 어젯밤 달이 뜬 자리에서 오늘 아침 해가 돋아날까. 알 수 없는 신비함과 이 명당의 취밭목 자리가 예사롭지 않구나 하는 사이 박 씨도 일어나고 부산 분들도 일어나 아침 식사 준비를 했다. 물을 길러 남은 밥을 끓였다. 오늘은 오봉리로 가야 하지 않는가. 가 보지 않은 길을 혼자서 간다. 밥이 끓는 사이 민 씨에게 지도를 꺼내 묻는다. 아무래도 민 씨보다 더 아는 이는 없으리다.

산길을 찾는 데는 제일 중요한 것이 동물적 감각이다. 걷기 편하고 가기 좋은 곳으로 사람은 길을 만들어 놓았다. 그러니 자연적으로 생긴 길이지 지도를 보고 만든 길이 아니다. 바위나 장애물이 있으면 그 아래를 살피면 돌아가는 길이 있고 걷기 편한 곳에 반드시 길이 있다고 했다. 방향을 알기 위해서 지도와 나침반이 있어야 하고 지도는 등고선이 표시된 오만 분의 일 지도나 이만 오천 분의 일 지도를 원본으로 가지고 있어야 한다. 등고선의 중심원은 봉우리고 그 바깥으로 흘러가는 곡선들을 이으면 능선이 되고 봉우리로 올라온 곡선을 이으면 골짜기가 되니 형광펜으로 이 선들을 이어 보면 골짜기도 나타나고 능선도 나오고 봉우리도 나오니 나침판에 현 위치를 갖다 대고 방향을 찾아야 한다.

그리고 무엇보다도 제일 중요한 것은 비상시 대비한 준비물이라고 했다. 손전등, 방풍용 재킷, 두툼한 스웨터, 비상 식품 등 어디서든지 하룻밤을 견딜 수 있는 준비가 되어야 한다. 사람은 조난이 되면 추위에 얼어 죽고 굶어 죽고 길을 잃고 떨어져 죽는다. 그리곤 내 지도 위에 중요 지점 몇몇을 그려 주면서 어느 쪽으로는 가도 되나 어느 쪽으로 가면 헤어나지 못한다고 했다. 헤어나지 못하는 곳은 덩굴나무가 있는 곳으로 들어가면 오도 가도 못 한다고 했다. 쑥밭 재까지는 그런대로 길이 있으나 독바위를 지나 새재 그리고 외고개까지 가서 오봉리로 내려가란다. 오늘 내로 오봉리까지 갈려면 어서 떠나라고 재촉을 했다. 어제 중봉에서 바라본 독바위나 외고개가 날씨 탓인지는 몰라도 그렇게 멀지 않게 보였기에 아마 충분히 갈 수 있다고 했더니 이제 떠나면 물이 없으니 충분히 떠서 가란다.

못내 서운한지 옆에서 아무 말이 없던 박 씨가 한마디 거든다. 중봉 하봉 안부 밑에 샘물이 펑펑 쏟아지고 있으니 그기서 받아 가란다. 물을 못 만난다. 그렇지 물이 얼마나 중요한가. 물통을 하나 더 챙겨 넣고 9시 반을 지나 떠나려고 민 씨를 찾으니 보이질 않았다. 산장 안에서 커피를 내리고 있었다. 커피를 한잔 권하면서 마시고 가란다. 간밤에 같이 잔 손님들은 다 떠나고 민 씨랑 박 씨랑 셋만 남았다. 우린 식탁 의자에 앉아 민 씨의 원두커피를 마시며 아무 말이 없었다. 이제 내가 떠날 차례이다. 박 씨도 오늘은 떠나려고 아침에 물가에서 면도를 하고 있었다. 나도 아직 집 떠난 후 내 얼굴을 보지 못했다. 산에 가면 그게 일상이다. 어제보다 한결 배낭이 가볍다. 어제 저녁과 오늘 아침에 많은 식량을 소비했다. 중부 안부 헬기장까지는 가 본 길이다.

작은 시냇물이 만들어지고 있었다. 언젠가 길을 잃고 헤맬 때 이 물을 건너면서 치밭목으로 가려면 물을 건너는 게 없는데 하면서 헷갈려 하던 그 시냇물이다. 양치질을 하고 몸을 다시 추스르고 힘찬 발걸음을 내딛는다. 안부까지 가는 길섶엔 무성한 취나물이 밭을 이루고 있었다. 무포기같이 큰 잎사귀를 펴고 취가 지천으로 자라고 있었다. 잎사귀 한 잎을 뜯어 냄새를 맡아 본다. 향긋한 냄새가 봄과 다를 바 없으나 단지 억세어 먹지 못할 뿐이다. 민 씨의 강의가 생각났다. 취나물 산행을 오더라도 교육을 시켜 와야 하는데 그냥 데려와 이 산야를 버린다고 했다. 한 해에 한 두 번은 채취를 해도 괜찮다고 했다.

그리고 꺾을 때 가위로 자르듯이 취 뿌리에 충격이 가지 않도록 해야 한다. 뿌리가 붙은 곳이 낙엽이 쌓인 부엽토라 쉽게 흔들리니 몇 번만 흔들면 뿌리가 빠져 그만 수명을 다하고 만다. 그러니 사람 손만 가면 죽으니 씨가 마른다고 했다. 꽃이 피면 꺾지 말 것이며 취를 채취하더라도 자기 먹을 만큼만 가져가지 이웃에 사돈에 팔촌 줄 몫까지 한 포대씩 가져가니 이런 점도 개선해야 한다고 했다. 그런데 산장에서 이 정도만 걸어 나오니 아직도 취밭이 건재하질 않는가. 이정표가 나왔다 조갯골서 올라오는 길이다. 5.5㎞ 조갯골 새재마을.

안부 헬기장에 올라섰다. 조망이 시원하고 확 트인 곳이다. 하얀 구름 파아란 하늘에 구름은 수채화같이 하얗게 곱게 물들어 있었다. 반야봉이 바라다보이는 안부 헬기장에서 서해 쪽을 바라보다 좌측 중봉을 올려다보았다. 중봉 뒤편 북쪽 편으로 바위 절벽이 보이고 불그스레 주홍빛이 감도는데 깜짝 놀라 자세히 쳐다보니 단풍이 들고 있었다. 중봉 산 그늘이 드리워져 있으니 이곳이 어쩌면 하루 종일 가을이면 태양을 못보니 상봉보다 먼저 단풍이 드는 것이다. 좀 멀어서 부족하긴 해도 전체를 조망할 수가 있는 곳은 이곳이 좋았다.

가야 할 길 쪽에서 까마귀가 울고 있었다. 고사목 위에서 홀로 앉은 까마귀. 저 까마귀도 나를 닮아 홀로 외로이 울고 있나 보다. 홀로가 아니었다. 뒤편 구상나무 높은 가지 속에 또 한 마리가 앉아 있었다. 세상 만물은 다 짝이 있구나.

하봉 가는 길은 초행이다. 이제 지도와 나침판을 꺼내 목에 차고 북으로 가자. 등선을 타고 오르니 안 가 본 길은 언제나 새롭고 신비롭고 상쾌하다. 좁은 능선 길 사이에 취나물은 무성하고, 선뜻 고개를 돌려 옆을 보니 아주 오래되고 큰 기둥은 잘려 나간 주목朱木이 나이답지 않게 싱싱하게 자라고 있었다. 구상나무는 많아도 살아 있는 주목을 보긴 어렵다. 껍질에 향나무 같은 그 고운 붉은 결을 다 내어놓고 강건한 모습으로 우람하게 서 있었다. 여기가 바로 이 지리산의 최고의 원시림이 있는 곳이다. 하봉에 올라섰다. 하봉엔 바위가 한두 사람이 앉을 정도로 좁으나 편안한 곳이었다. 여기서 오늘 가야 할 곳이라도 살펴 두자고 북쪽으로 살피니 햇살에 연무가 되어 산은 아무것도 보이질 않았다.

조금 전 중봉 안부에서 그렇게 잘 보이던 푸른 하늘도 어느새 뜨거운 햇살에 연무가 되어 하늘도 산도 흐려지고 있었다. 목표인 독바위가 보이질 않는다. 하봉 지나 안부에서 북쪽으로 돌아 오르니 국골 이정표가 나왔다. 가야 할 길은 두 갈래인데 어느 쪽이 국골이라는지 알 수가 없구나. 지도로 왼쪽이 국골 쪽이니 오른쪽으로 가자. 길은 희미하나 길이었다. 약간은 오름길도 있으나 주로 내림길이었다. 사람 발자국은 전혀 있지 않으나 오래되어 낡은 리본이 이따금씩 나타났다. 그나마 얼마나 위로가 되는지 보일 때마다 리본의 글들을 읽어 본다. 언제 내가 리본을 바로 본 적이 있었던가. 오늘 나는 이 리본의 고마움을 깨우치고 있었다.

11시가 지났는데 무명봉이 나왔고 금방 길이 사라졌다. 봉우리로 올라가 보니 봉우리만 있지 길은 없다. 아무리 주변을 살펴도 길은 없었다. 이 봉우리를 넘어야 북북동 쪽인데 독바위는 연무에 막혀 보이질 않았다. 길이라고는 없어 되돌아 나와 살핀다. 길은 오직 북북서 골짜기로 내려가는 길뿐이다. 혹 이 길로 가면 돌아올라 갈지도 모르니 가 보자 그러나 길은 자꾸 내려만 가지 북쪽으로 돌아서질 않았다. 얕은 골짜기 작은 돌무더기 사이로 물들이 모여 흐르기 시작했다. 골짜기의 본류인 내川가 만들어지고 있나 보다. 아무래도 이제는 저 마천 벽송사로 흐르는 얼음골로 가나 보다. 그래 할 수 없지 않은가 물러서야지. 내 능력으론 어쩔 수가 없구나. 등고선이 있는 지도도 없고 시계視界도 없으니 물러서야지 내려가다 얼음골 물에 먹이라도 감고 라면이라도 끓여 먹고 가자. 언젠가 이 얼음골 가려고 벼르고 있었지 않았는가. 작은 위로를 하며 일말의 희망은 그래도 버리질 않고 내려가고 있었다.

작은 물들이 모여 제법 조그마한 시냇물이 되어 먹은 못 감아도 발이라도 담글 만큼 되었다. 배낭을 벗어 두고 사과를 씻어 한 입 물었다. 물이 없다고 했지 않았나 그런데 난 지금 물에서 놀고 있잖아 이 길이 아님이 분명하다는 말이구나. 12시가 채 안 되었으니 더 큰 물이 나오면 몸도 씻고 라면도 끓여 먹자. 손을 물에 담그니 얼음같이 차다. 얼음골엔 얼음같이 찬 물이 나온다고 얼음골이라고 하지 않았던가. 틀림없는 얼음골이야 방향도 북북서로 흘러가니. 다시 배낭을 지고 나섰다. 물길을 오른쪽으로 두고 왼쪽으로 편한 구릉 길을 가는데 두 갈래 길이 나왔다.

투구꽃 피는 산길

한쪽은 능선을 오르는 길이고 오른쪽은 골짜기로 내려가는 길이다. 능선을 오르면 국골로 내려가거나 다시 하봉 능선을 탈 것이고 이 물 따라가면 광점리 마을이 나올 것이니 광점리로 가자 그리고 추성동 가서 함양 가는 버스 타고 가자.

길은 물길 옆으로 난 바위 너들 지대여서 바위를 밟고 덩굴나무 가지를 헤치고 아슬아슬하게 길이 발견되고 있었다. 물소리가 이젠 우렁차게 들려오니 작은 폭포가 언 듯 옆으로 보이고 물이 힘차게 흐르고 개울로 통하는 바위가 앉아 계류를 바라보고 있었다. 정오의 햇살은 폭포 물에 부딪쳐 눈부시게 반짝이여 곱고 하얀 바위 속살을 헤집고 있었다. 개울물 소리며 물보라를 날리며 내리 쏟아지는 맑고 찬 계류를 이 밝고 찬란한 정오에 나 혼자 앉아 있었다. 여기가 어딘지도 모르면서 내가 오늘 어디로 갈 것인지도 모르면서 꿈길 같은 무릉도원에 신선이 되어 넋을 잃고 앉아 있었다. 그러다 정신이 다시 들어 개울에서 나와 왼편 소로로 내려가다 올라서니 키보다 큰 산죽 속으로 길이 나 들어가니 앞길이 산죽 가지에 엉켜 보이질 않았다. 차라리 엎드려 길을 보아야 길이 있었다. 길과 개울은 어느새 방향을 바꾸었는지 동쪽을 향해 내려가고 있었다.

이게 어찌된 셈인가. 북북서로 내려가던 개울이 북이 되더니 북북동이 되고 어느새 동이 되었으니 이 골짜기가 대원사 쪽 골이란 말인가.

그렇다면 다시 희망이 있다 지나온 삼거리에서 능선 길로 올라서면 쑥밭재가 나와야 하지 않는가. 돌아가자 밥도 먹도 이젠 필요 없다 오봉리로 독바위로 가자. 시계를 보니 한 이삼십 분 정도 내려왔다 단숨에 되돌아 올라오니 능선 길이 나왔다. 쉼도 없이 능선으로 올랐다. 과연 능선에 오르니 능선을 타고 올라가는 길과 능선을 타고 내려가는 길이 나왔다. 그렇다면 이 길로 올라가면 내가 지나왔던 길이 나오리다. 생각은 가만히 지나온 길을 다시 헤집는다. 국골 가는 이정표를 지나 두 갈래 길에서 왼쪽으로 한참을 내려오다 방향이 북서쪽이라 한참을 다시 올라와 북동쪽 길로 왔던 기억이 되살아났다. 그 길로 그냥 갔다면 이 길로 올지도 모르지 참 다 알 수 없는 일이로다. 뒤를 돌아다보니 멀리 능선 위로 하봉인지 중봉인지 희미하게 산이 있을 뿐이다. 능선을 따라 조금 오르니 봉우리가 나왔다.

봉우리에서 독바위 찾으니 바로 건너에 산채만한 바윗덩어리가 산 위에 우뚝 서 있었다. 남쪽으로 따가운 햇살을 반사시키며 독바위는 거기에 산만큼이나 크게 앉아 있었다. 이 봉우리가 두류봉인가 아는 봉우리가 두류봉이니 그냥 두류봉이라 하자. 이제 독바위로 가는 길은 안부의 능선만 타고 가면 될 것이다. 서쪽으로 빠지면 추성리 마을이고 동으로 빠지면 새재마을이다. 네 갈래 길이 나오고 누군가가 만들어 손으로 써 놓은 이정표가 나왔다.

내가 걸어온 길 독바위 가는 길 그리고 좌우로 하산 길이다. 눈앞에 보였던 독바위는 쉽게 나타나지 않고 갈대숲보다 짙은 산죽 숲이 나왔다. 내가 지나온 그 어느 산죽 숲보다 짙고 무성했다. 두 손으로 산죽을 헤치며 조심스레 길을 찾아 나아갔다. 여기도 사람이 왔기에 길이 있고 리본이 있지 않은가 산죽 길을 나와 바위 길 옆을 오르는데 황갈색 새끼 뱀이 길 앞에서 휙 지나갔다. 놀랄 사이도 없이 사라졌으니 아무 일도 없는 듯 오르고 있었다. 어서 독바위 위에 앉아야지 하는 일념으로 힘든 줄도 모르고 오르고 있었다.

독바위는 산 위에 산이 바위산이 앉아 있는 듯하다. 마치 골동품 독 항

투구꽃 피는 산길

아리같은 미끈한 통바위가 남쪽 햇살을 혼자 다 받으면서 천하를 향해 햇빛을 반사시키고 있었다. 길은 독바위 뒤쪽을 돌아 독바위로 오르는 길이 나왔다. 배낭을 바위 중간 뒤편에 조심스레 벗어 놓고 빈 몸으로 바위를 돌아 바위가 향해 있는 남쪽으로 바위 사이를 곡예하듯이 타고 돌아나갔다. 드디어 독 항아리의 주둥이 아래 잘록한 곳까지 나아갔다.

저 아래 조개골이 굽어 내려다보이고 오늘 내가 걸어온 중봉 하봉도 부연 연무 속에서 나타나 보였다. 민 씨가 그랬지 산 위선 야호 소리도 치지 말라고 여길 와서 내가 소리 한번 안 하고 갈 사람이 아닌데 민 씨 생각이 나서 소리를 할 수가 없었다. 나무도 짐승도 야호 소리에 힘을 잃고 죽어 간다고 했다. 물론 한두 번이야 괜찮으나 되풀이되면 죽는다고 했다.

누구 독바위 위에 앉아 보았는가?

난 혼자 나도 모르는 질문을 중얼이고 있었다.

누구 독바위 위에서 천하를 굽어 내려다보았는가?

여길 오르려고 저 노고단서 시작하여 상봉(천왕봉) 중봉 하봉 지나 길을 잃고 헤매다 산죽 터널을 지나 넘어지고 깨어지고 독사를 피하고 가던 길을 되돌아오길 몇 번인가.

쑥밭재 남쪽은 조개골 북쪽은 얼음골이 보이고 바라다보이는 하봉 능선이 구름안개 속에 아련하구나. 독바위 양지가 남쪽 햇살을 온몸으로 받으니 내 한 몸도 독바위가 되어 온몸으로 양기를 받고 있구나.

산청에서 불어와 이 재를 넘어 남원으로 가는 바람이 독바위를 스치고 내 곁을 스쳐 지나갔다.

독바위 북쪽 독바위 그늘에 앉아 라면을 끓여 먹자. 물을 부어 숙달된 솜씨로 준비를 하니 금방 라면이 끓는다. 남은 김치에 말아서 먹는데 라면이 입속에서 뱅글뱅글 돌며 넘어가질 않는다. 라면도 덜 퍼지고 입도 물을 많이 먹어 까끌까끌했다. 그래도 부어 넣자. 그래 부어 넣었다는 표현이 맞을 것이다. 도저히 못 먹을 식사를 남은 여정을 위해서 먹어야 하지 않는가. 새재 쪽으로 산 능선은 보이나 외고개도 보이질 않고 얼마나 가야 할지 요량도 없다. 시계를 보니 1시 반이 넘었다. 길이 보이는가 싶더니 떨어지는 절벽이다. 되돌아와 봐도 길은 없고 무덤 없는 산소에 비석만이 홀로 서 있다. 산골 능선에 어쩌다 한 기씩 무덤이 있었건만 독바위 뒤에다 누가 산소를 만들었단 말인가.

얼마나 되었으면 봉분은 흔적도 없어지고 오래된 돌비석만이 홀로 남아 무덤을 지키고 있었다. 길이 끊어졌으니 지나왔던 길은 무덤 오는 길이란 말인가. 비석 주위를 빙빙 돌면서 아무리 찾아도 길은 사라졌고 발만 푸석푸석 썩은 나무 쓰러진 자리에 빠졌다. 두어 번 빠지고 나니 그만 자신이 없어지고 죽은 지현옥이가 다시 떠오른다. 그래 맞아 지현옥이도 안나푸르나에서 한 번은 후퇴했어야 하는데 세 번째 도전한 엄홍길이를 따라 하다 혼자 먼저 갔지. 나갈 때와 물러설 때를 알아야 하는 것이야. 오늘은 등고선 지도 등 준비도 미흡하고 연 3일이나 걸어와 체력도 저하되었으니 오늘은 물러나자. 지금 저물면 야영할 준비도 안 되었지 않나. 미련 없이 물러서자.

되돌아서 나오는 길이 왜 그리도 멀고 산죽 속을 헤매니 왔던 길도 모를 판이다. 어디로 내려갈 것인가. 얼음골인가 조갯골인가. 이왕 내려가는 길인데 빠르고 쉬운 길 아는 길로 가자. 조갯골 쪽은 오래전에 새재마을에서 중봉 천왕봉 가면서 가 본 적이 있지 이 길로 내려가면 아는 길이 나올 거야. 사거리 재에서 15분쯤 내려오니 개울물이 생겨나고 30분쯤

　　　　　　　　　　　　　　　　　투구꽃 피는 산길

내려오니 조갯골과 새재마을로 통하는 큰길이 나왔다. 여긴 내가 건넜던 물길이야. 이제 다 왔구나 숲을 벗어나 와 개울을 만나니 하늘이 보이고 맑은 물은 소沼를 이루어 철철 넘쳐흘러 나고 있었다. 망설임이 없이 신작로 같은 길이 물을 건너건만 입은 옷을 몽땅 벗고 개울이 길을 지나 넓은 소가 된 웅덩이로 뛰어들었다.

지나는 길손이 있거나 등산객이 있다면 거침없이 볼 수 있는 곳이건만 나는 굳이 개울 속으로 숨고 싶지가 않았다. 오늘 길을 떠나 여기까지 오면서 아무도 만나질 못했는데 내가 잠시 멱을 감는 이 순간이 얼마나 된다고 사람을 만나랴. 아니 설사 만나면 얼싸안고 헹가래라도 쳐 주자. 햇살 좋은 바위에 넉살 좋게 속옷을 널고 몸을 머리까지 담그니 이 몸에 맺힌 혈血이 다 뚫리는 기분이다. 이 산에서 묻은 고뇌 다 씻어 내고 저 아래 세상에서 묻혀 올라온 오욕 다 떨쳐 버리자. 이 한수寒水에 다 풀어 버리자. 머리부터 발끝까지 말끔히 씻고 나니 따가운 햇살이 나신裸身에 쏟아져 들어왔다.

하늘을 우러러 한 점 부끄러움이 없이 살자는 말처럼 이제는 나도 하늘을 우러러 한 점 부끄러움이 없이 살아 보자. 다 버리고 다 씻었으니 나는 새로 태어난 사람이 아닌가. 살아온 날보다 살아갈 날이 많을진대 깨끗한 삶이 얼마나 행복인가. 오늘 못다 한 일 다음에 이루면 되니 욕심 없이 살면 하늘이 보살피리라. 소沼를 막고 누운 저 갯버들나무를 보아라. 갯버들나무가 저렇게 크게 자랐건만 그 수명을 다했는지 쓰러져 누워 흐르는 물길을 막고 인도를 막고 있다. 저 갯버들나무도 죽어 가면서도 마지막 임무를 다하고 있다.

자연은 살아 있는 것만의 자연이 아니다. 모든 살아 있는 것들, 모든 죽은 것들, 모든 죽어 가고 있는 것들의 자연이다. 삶과 죽음이 다 하나이고 다 자연이로다. 저기 흐르는 물을 보아라. 오늘 저 산 높은 골에서 길을 헤매다가 우연히 저 물이 생기는 곳을 보지 않았느냐. 그렇게 생겨 저렇게 흘러서 가는 게 물의 삶이고 우리도 이렇게 사는 것이 인간의 삶이다. 흐르는 물처럼 지나가는 바람처럼 떠도는 구름처럼 걸어온 길처럼 아무것도 다른 것이 없도다.

지나온 삼 일간의 종주 길이 파란만장했으나 어디 힘들고 고단했던 적이 있었던가. 저 아래 세상에 가서도 즐거운 마음으로 열심히 살자.

삶이 고통이어도 사랑이 있기에…….

가자 집으로 내 가족이 있는 나의 집으로…….

1999. 9. 30.

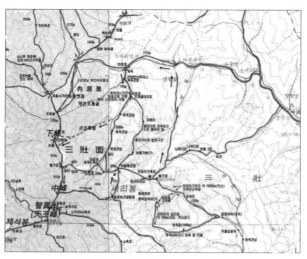

지리산 하봉 청이당터 조갯골 새재 지도

투구꽃 피는 산길

종주 시간 일지

일시 1999. 9. 25. (토)

코스 및 시간 기록 :

6:00 기상

7:00 조식 마산 본가에서 산행 필요품 준비

7:50 마산 출발

8:40 개양정류소 도착

9:30 하동 도착

11:00 쌍계사 버스타고

11:35 구례행 버스 하계서 승차

12:00 구례 도착 노고단 군내버스 출발

13:40 노고단 중식

14:00 노고단 출발

15:00 돼지평전

15:50 노루목 삼거리

16:45 화개재

18:20 무명봉 일몰 들국화 바위

18:50 연화천 산장 석식

20:30 연화천 출발

22:00 형제봉

23:00 벽소령(일 여섯날 보름달 벽소 명월을 보다)

1999. 9. 26. (일)

5:25 벽소령 출발

6:30 선비샘 도착

7:30 선비샘 출발

8:00 덕평봉에서 운해를 보다

칠선봉

9:30 세석 도착

10:00 세석 출발

10:15 촛대봉

11:15 연하봉

11:30 장터목 중식

12:10 출발

13:00 통천문

13:15 천왕봉

15:00 써리봉

16:00 치밭목 산장 서울 아저씨 부산 팀과 합석 소주 파티 월출

1999. 9. 27. (월)

6:15 일출 보고

8:00 치밭목 출발

9:25 중봉 안부 도착

9:45 하봉

10:20 국골 갈림길

10:45 평탄로 북북동

11:15 개울을 만남/이젠 잘못됨/물을 만나지 않아야 하는데 허공다리골로 가나
보다

삼거리 길(등선길과 계곡길)

11:30 개울가 너럭바위 어느 골짜기인지 알 수가 없다 산중 하늘은 골짜기 사이
로 빛나고 맑은 계류는 작은 폭포를 이루어 흐른다

탄생한 지 얼마 안 되는 저 물들. 길은 길인 듯 길이 아니다

12:00 가던 길 되돌아옴

12:10 능선 길에 올라섬

12:20 두류봉에 서다

12:30 이정표 만나다(능선 길이 쑥밭재임을 알다)

13:30 독바위 위에 앉다

13:35 중식 후 독바위 출발

새재/외고개 가는 길을 잃고 헤메다 오봉리 포기하고

14:00 삼거리 이정표로 되돌아옴

14:15 고개골로 하산하다 개울물을 만나다

14:30 조개골 큰길 만나다

15:25 조개골 민가 산장에 도착

16:00 택시 타다

실패는 성공의 어머니라 다음 기회엔 꼭 성공하여 보고 드리리다.

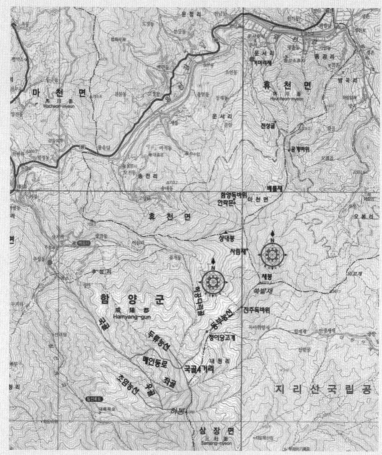

지리산 동부능선 지도

2. 지리산 횡주기橫走記

초암능선에서 황금능선까지

1999. 10. 16.-1999. 10. 17. 1박 2일

동행하자고 몇몇을 청해 보았건만 내 청을 선뜻 받아 줄만큼 산꾼이 아직은 내 주위엔 없었다. 언제 친구 모아 산에 다녔나 내가.

마치 토요일이 쉬어 연휴가 되어, 도상 연습을 해 둔 두 코스를 한번에 갈 수 있는 절호의 기회가 왔다. 이른 아침을 먹고 등교하는 아들은 책가방을 메고, 나는 배낭을 메고 7시에 집을 나섰다.

그 누가 말릴 것인가 나의 산행 길을, 부모도 가족도 다음에 같이 가자던 친구 산꾼도 다 뒤로하고 마산행 직행버스에 올랐다. 마치 등교 시간이라 버스는 왜 이리도 복잡한지. 짐짝같이 실려 마산 시외버스 정류장으로 왔다. 함양까지 혹 직행(고속도로 경유)버스가 있나 알아 봐도 모두 진주 경유하여 함양까지 국도로 간단다. 진주에 가니 이번에는 진주서 함양 가는 차들은 바로 출발하는데 마산서 출발한 우리 차는 20분 후에나 발차한단다. 참 기가 차는 운행運行이다. 이럴 줄 알았으면 창원서 진주 가는 버스 탈 걸, 30분이 단축되었을 터인데 괜스레 별로 시간 구애 안 받던 내가 불평이 나왔다.

산에 가는 놈이 시간 타령이라, 시간이 바쁘고 아까우면 집에 있을 것이지 뭐 하려고 산에 가노? 그렇게 생각하자 바로 마음이 느긋하여졌다. 결론으로 말하자면 함양을 갈려면 진주를 가야 하니 무조건 빨리 진주 가는 차로 떠나라. 버스는 진주 함양국도를 따라 원지 경유 산청 가서 생초 지나 완행버스가 되어 시골 마을은 다 세우며 갔다. 11시 5분 전에 함양에 도착하여 바삐 군내버스 정류소 가니 11시에 마천 추성동 가는 버스가 날 기다리고 있었다. 마천에서 시골 촌노村老 버스 손님은 다 내리고 버스는 나만 싣고 국립공원 관리공단 매표소를 무정차無停車로 통과하니 오늘 입장료는 공짜다.

추성 마을에 내려 산행을 출발하니 12시라 점심시간인데, 용소龍沼 가는 길을 마을 노인에게 물어 칠선계곡과 용소 갈림길에서 이정표를 보고 들어섰다. 배낭이 제법 무거우나 지난번 종주 때보다는 가볍다. 용소 계곡 길은 따로 길이 없고 그냥 계곡을 따라 물길 따라 오른다. 물론 초암 농장으로 가면 계곡을 안 타고 오를 수도 있지만 용소라는 소沼를 보려고 이 길을 따라 갔다. 초가을 비에 물이 불어 돌을 뛰어 물을 건너야 하는데 미끄러지기라도 하면 그냥 몸 전체가 빠질 지경이니 정말 조심되고 돌다리 사이가 예사롭지 않게 멀고 자유방임형이라 뛰기를 망설이다 용기를 내어 뛰었다. 안 뛰고 건너갈 재간이 없는데 망설이고 있으면 무얼 하노? 죽이 되던 밥이 되던 끓여야지 되잖나? 다행히 넘어지지 않고 건넜다.

용소는 작은 폭포의 물길이 떨어져 흐르기 시작한 곳에 깎아 세운 절벽 바위가 앞을 막아 물길이 좌우로 갈려져 바로 내려가지 못하고 돌아 올라오고 있었다. 그러다 회전한 물은 운하運河처럼 다듬어진 바위 골을 타고 한 바퀴 회오리를 친 후에 흘러간다. 용소 왼쪽 비탈길을 오르니 넝쿨나무 잡목 밭이다. 길은 흩어져 버려 분간이 되질 않고 그냥 언덕을 올랐다. 초입부터 길을 헤매다니 이러면 안 되는데 좌우를 잘 살피니 저쪽이 돌아 오르기가 쉬울 것도 같았다. 어차피 산행이란 예정한 시간이 되면 예정된 곳에 가 있질 않던가? 그러니 오늘도 경험처럼 오후 5시가 지나면 취밭목 산장에 있으리라. 마침 그쪽에 길이 있었다. 길은 찾았는데 이번에 다른 고민이 생겼다. 용소에서 물을 떠야 하질 않는가?

　오늘 갈 산길은 줄곧 능선 길인데 이 계곡 지나면 짐작으로 주능선 넘어 하봉 아래까지 가야 물이 나오는데 지나온 언덕배기를 다시 내려갈 것인가, 망설이다 내려가는 것을 포기했다. 집에서 갖고 온 작은 물통에 반 병이 있으니 비상용은 될 것이고 아직 제대로 능선에 오르지 않았으니 어쩌면 하나 정도는 작은 시냇물을 만날지도 모를 일이니 그냥 가 보자. 한 10분도 채 못 올라 정말 아주 작은 개울이 나오고 마을에서 물을 받으려고 호스를 설치한 것이 보였다. 참 경험보다 나은 선생은 없구나. 맑은 샘물을 받아 마시고 다시 오늘 하루를 시작하는 산길을 재촉했다.

　산이 시작되는 아주 작은 능선을 오르니 벌써 굴참나무 숲이 울창하나 도토리는 전혀 보이질 않고 참나무 가랑잎만 산등성이에 수북했다. 다람쥐가 먹었는지 철이 지났는지 금년의 태풍에 도토리는 안 달렸는지 알 수는 없으나 능선 전부가 갈참나무 밭이었다. 길은 좌우로 자꾸만 갈라져 있으나 오늘의 안내자인 국제신문 근교산近郊山 노란 리본은 능선으로 길이 아니어도 곧장 붙어 있었다. 맞아, 산행 길이 초암능선이니 능선으로 갈 것이지. 한 시간쯤 올라 하늘을 보니 잔뜩 찌푸리고 있었다. 해도 구름도 아니 보이고 흐림도 맑음도 아닌 그야말로 찌뿌둥한 하늘이었다. 능선 위 작은 바위에 올라 도시락을 먹었다. 웬 염소 똥은 이리 많은지. 염소 똥밭에 앉아 염소 똥 냄새를 맡으며 도시락 한 그릇을 단숨에 비우고 바로 떠났다.

아래 계곡의 산들은 푸른 색깔이었는데 이제는 화면이 황색으로 완전히 바뀌었다. 가도 가도 그야말로 갈참나무 숲이다. 이제는 산줄기도 보이지 않고 물줄기도 보이질 않는다. 숲이 하늘을 덮고 간간이 나오는 산죽山竹을 지나면 오르는 능선 길만 있을 뿐이다. 산행 진도는 이럴 때 자기도 모르게 나기 마련이다. 총총 붙였던 근교산 리본도 드문드문 나타나고 그 노란 리본 색도 황색 스크린에 묻혀 보였다 안 보였다 했다.

급히 먹은 식사 탓인지 속이 불편하여 소주를 병째 몇 모금 하니 금세 생기가 돌았다. 나도 모르게 습관처럼 혼자서 노래를 부르고 있었다. 오르고 내리는 능선 길 신갈나무, 갈참나무만 길을 열고 도토리 깍지만 길에 무성했다. 저기 저 계곡 물소리, 산모퉁이 도니 내 붉은 등산 조끼 같은 단풍빛 나무 한 그루가 서 있어 다가가니 단풍나무가 아니라 참 옻나무 한 그루였다.

아! 옻나무도 붉고 참 아름답구나. 나는 크게 미소 한번 지었다.

하늘을 덮은 저 붉은 나뭇잎들 키 낮은 산죽, 썩은 고목 등걸, 까만 흙이 되고 있는 아름드리 죽어 쓰러진, 죽어 서 있는 갈참나무 고목들. 여기야말로 원시原始의 숲속이구나. 이곳이 진정 대자연 속이구나.

갈참나무 군락을 지나니 단풍나무 군락 지대였다.

곱다! 노랑보다 더 고운 색이 있으랴. 단풍이 누가 붉다고 했던가! 붉은 단풍나무가 아름답다고 했던가!

아니다. 노란 단풍이 가장 아름답다. 붉음이 오기 전에 농익은 정염情炎의 여자가 되기 전에 물들어 가는 처녀 같은 고운 빛이 노랑이니 노랑

　　　　　　　　　　　　　　　투구꽃 피는 산길

이 가장 아름답다. 이 아름다운 빛을 저 미답未踏의 지리산 초암능선에서 나 홀로 보았노라. 온통 단풍나무 천국이었다.

산죽이 사는 곳엔 산죽만 산다. 갈참나무 아래도 산죽만 살더니, 단풍나무 아래도 산죽만 산다. 산죽은 저희들끼리만 산다. 다른 초목草本식물은 살 틈을 주지 않아 살 수가 없다. 무서운 생명력과 단결력이다. 단풍나무 지대를 지나니 구상나무 어린것들이 길섶에 드문드문 보였다. 이제 제법 고도를 올라온 모양이다. 구상나무 어른은 없었다. 어디서 흘러왔는지 어린것들이 동그랗게 가지를 펼치고 고개를 하늘로 낮게 내밀고 어여쁘게 자라고 있었다. 어서어서 자라거라 구상나무 어린것들아. 이곳은 수십 년 수백 년 전에 너희 조상의 땅이니라. 인간에 의해 훼손된 구상나무숲이었느니, 너희가 이곳을 지켜야 할 고산 지대의 황제가 아니더냐.

용소를 떠난 지 세 시간여 만에 촛대봉 아래를 지나고 있었다. 거대한 바위 봉우리가 능선을 막고 앉아 돌아갈 수밖에 없었다. 바위 아래로 천년 먹은 노송老松이 용트림을 하고 서 있고 바위 벼랑을 간신히 매달리어 지나니 다리를 곧게 쭉 뻗은 미녀 같은 갈참나무 한 그루가 턱 버티고 날 기다리고 있었다. 하늘을 향해 한없이 올려다 본 나무줄기 맨 아래 뿌리 바로 위로 커다랗고 아름다운 玉門을 척 벌리고 서 있었다. 그 모양이 너무나 흡사하여 나도 모르게 가빠 오는 숨을 가다듬고 눈을 바로 뜨고 다시 보니 아름다운 여성의 裸身이 아마도 저 모습일 거야.

부풀어 오르는 하체를 겨우 잠재우고, 가는 길을 땀이 나도록 뒤도 안 돌아보고 걸었다. 만약에 뒤를 다시 돌아보았더라면 이 밤을 그 여근목女根木과 지새웠을지도 모르기에……

아, 날 이 세상에 다시 태어나게 한다면, 바로 저 나무 곁에 태어나게 해 주소서. 저 나무의 지아비 나무로써.

그곳을 벗어나 나는 이름 모를 산 중턱 저무는 숲속에 혼자 앉아 있었다. 배낭을 내려놓고 저 아래 계곡을 굽어보면서, 고요만이 온 산에 가득한데 사람은 처음부터 끝까지 계획도 사실事實도 없었다. 오른쪽 언덕 위에 줄기가 붉은 적송赤松 한 그루가 바위 사이에서 솟아올라 풍채 좋게 당당하게 서 있었다. 정이품 송보다는 어리지만 그 모습은 영의정 송이다. 가파르고 힘든 오르막을 오르니 아마도 이게 하봉下峰 아래 마지막 오름이지 싶다. 밟고 지나는 땅이 푸석푸석하기에 자세히 보니 흙덩이들이 위로 솟아 있었다. 하얀 비늘을 치켜세우고서 이게 무엇인가? 한 움큼 손으로 쥐어 보니 얼음이다. 흙 속의 얼음이면 서릿발이구나. 그럼 지금 기온이 영하로 떨어졌단 말인가. 온통 길에 서릿발이 삐죽삐죽 서 있어 뽀드득 푹석 거리며 오르니 어느덧 주능선에 올랐다.

바람이 분다. 집채만 한 파도라고 했던가. 내 눈에 불어오는 바람은 집채만 한 바람이다. 손이 시려 두 손을 호주머니에 꽂고 오버 트라우즈를 걸쳤는데도 귀때기며 콧잔등이며 눈알이 아른아른했다. 가을이 아니라 한겨울의 북풍이다. 저 아래로 내가 올라온 초암능선이 보인다. 저 멀리로 추성리도 마천도 보이고 하늘엔 설핏설핏 햇살이 비치니 아직 해가 떨어지진 않았다. 그런데 바람이 너무나 거칠어 하봉 위에 서 보니 중심이 흔들렸다. 오후 4시 30분 하봉 위에 서서 저 북쪽 아래 칠선계곡, 국골을 바라보고 흔들림 없이 두 팔을 뻗고 소리를 쳐 본다. 바람을 맞서서 있는 힘껏 고함을 쳐 본다.

바람 속에 추위 속에서 마음은 무아無我가 되었다. 잠시 무아 속에서 나오니 다시 추위졌다. 바람을 피해 바위 남쪽으로 돌아앉으니 이불 속 처럼 따뜻하여졌다. 손을 호호 불며 어둠이 묻혀 오는 산정 능선 길가에 서 홀로 이 글을 쓰니 영화 〈닥터 지바고〉에서 눈덮힌 광야의 추위 속에 서 두 손을 호호 불며 시를 쓰고 라라에게 편지를 쓰던 지바고 모습이었 다. 귀가 아린다. 순간 냉동이 된 모양이지. 중봉中峰 쪽으로 올라와 헬 기장 안부에 도착하니 지난번에 본 중봉의 단풍은 하나도 보이지를 않 는다. 벌써 다 지고 만 모양이다.

무슨 바람이 이리도 많지. 바람, 바람, 바람, 산을 넘고 능선을 넘어 반 대편으로 돌아섰는데도 바람은 여전했다. 바람은 산의 나무보다도 많고 산의 나뭇잎보다도 많다. 저편 산에서도 바람은 있었는데 이편 산에도 바람은 있으니 바람은 정말 그 수가 많다.

안부 아래 취밭목 새재마을 가는 내림길을 조금 내려와 샘터에서 물을 받았다. 내가 알기로 이곳은 지리산 능선 중에 가장 높은 샘이다. 저기 천왕 샘이 있긴 하나 지금은 사람이 밟고 지나가 훼손이 되어 식수가 안 되고, 선비샘이나 장터목 세석보다 여기가 높고 사람이 없어 가장 깨끗 한 샘이다. 이 물은 나도 먹지 말고 내일 집으로 가져가 가족에게 선물해 야지 하며 한 통 받아 넣었다. 새재 취밭목 갈림길을 지나 취밭목 쪽으로 걸어갔다. 그 무성하던 취나물 잎사귀들도 푸른 기운이 지쳐 푹 처져 버 렸다. 얕은 개울물을 만났다. 이 물을 이번에 세 번째로 지나는구나. 한 번도 이 물이 어디서 생겨 어디로 가는지 생각해 보지 않았었다.

이 물이 혹 조개골 물일까? 머릿속으로 지도를 그려보며 산 위를 쳐다 보니 중봉이 보였다. 그러면 중봉에서 발원하여 내려오는 물이구나. 어디로 흘러가지? 이 골을 따라간다면 새재마을 앞을 지나고 내려가면 대원사 계곡이 되지 않는가. 그렇다. 이 물이 바로 조개골 원류原流이구나. 내가 조개골 원류를 찾으려고 얼마나 다녔고 얼마나 지도 공부를 했는데……. 오늘에야 조개골 원류를 만났구나. 만나기야 수년 전에 지나고 마시고 세수하고 다녔는데 오늘에야 알았구나.

가만히 손을 담그니 물이 얼음같이 차고 맑기가 그지없다. 한 모금 마시고 물 마당을 건너는데 물 아래에 불그스름한 기운이 감돌아 올려다보니 오래되어 가지를 넓게 펼친 단풍나무 한 그루가 멋진 그림을 그려 놓고 서 있었다. 노랑과 붉음을 적절하게 배합한 그림이었다. 단풍의 그림은 유화도 아니오, 수채화도 아니오, 단풍의 색 재료는 곱디고운 아스라한 파스텔화이다. 아무리 해가 지고 갈 길이 멀어도 그냥 떠날 수가 없었다. 느티나무 고목 같은 물 마당에 홀로 선 단풍나무의 뽐냄을 좀 더 보아 주고 가야지. 저도 지금이 이 한 철에 제일 고운 채비를 차리고 서 있는데 아무도 보는 이 없으니 얼마나 서운하겠느냐.

이 산길에 사람이야 전혀 안 다니지는 않지만은 이즈음, 아니면 오늘은 정말 아무도 찾아주지 않았는지도 모른다. 여기서 물 마당이라 함은 계류가 발원하는 곳은 대개 한 곳이 아니고 약간은 좀 넓고 자갈 같은 돌들이 흩어져 있는 곳에서 발원하여, 그 작은 물들이 모여 흘러 계곡 물을 만들어 내니, 내가 이를 물 마당이라 이름 지어 보았다.

단풍나무를 눈도장으로 한 장 딱 찍고 취밭목으로 내려갔다. 가는 길에 샘터에 들러 저녁 지을 쌀을 씻고 물통에 물을 길어 산장으로 가니 사람이 가득했다. 이 취밭목에 왜 이리 사람이 많을까. 산장지기 민 씨에게 인사를 하니 알아보고 지난번에 오봉리 잘 갔느냐고 묻는다. 그러면서 추우니 어서 들어가자고 했다. 산이 너무 춥고 손이 시리다고 하자 여긴 겨울이라고 했다. 정말 물에 담갔던 손이 얼얼했다. 오늘 이 산장에서 산제山祭를 지낸다고 진주에서 산악회 선후배들이 와서 그렇다고 했다. 산제山祭라 무슨 산제를 요즈음 지내지요?

18년 된 진주 마차푸레나 산악회 중요 행사인 산제인데 음력 구월 구일이 있는 주 토요일을 기하여 산에서 희생된 산악인의 영혼을 위해 망제望祭를 지낸다고 하여 돌아보니 취사장에 젊은이들이 제사상 볼 음식 장만에 여념이 없었다. 저녁을 내일 아침밥까지 지어 참치 찌개와 먹으면서 옆에 혼자서 도시락을 먹고 있는 산꾼에게 따뜻한 지게와 술 한잔을 권하자 술을 많이는 못 한다고 인사치레로 받는다. 점점 산악회원들은 불어나고 난 침상에 잘 자릴 잡았다.

민 씨가 내 곁에 와 앉는다. 지난번 추석 다음 날 여기서 하룻밤 자면서 느낌을 취밭목이라는 시詩로 적어 왔기에 민 씨에게 주었더니 눈이 원시遠視가 되어 게슴츠레 멀리 뜬눈으로 시를 한참 헤집는다. 내가 조용히 읊었다.

취밭목

숲길 따라
물길 따라
다람쥐 따라
갈참나무 사이로 달이 오른다

산길 백리 지리산 동쪽

써레봉 능선 아래
구상나무 고사목 빈 뜰에는
산지기와 같이 사는 늙은 진돗개
취나물 이파리 서리가 왔다

길손 떠난 산장
적막한 취밭목
밤새워 달은 하얗게 지고
머얼리 산 아래
동 트는 소리 들린다

먼 옛날
이곳 지난 나그네가
오늘 밤
이곳에서 술잔을 기울이고
먼 훗날
저 달보고 인생을 노래하리

오늘 초암능선으로 올라 왔다고 하니 그곳에 옛날에 초암草庵이라고
암자가 있었던 곳이라고 해서 초암능선으로 불리고 그 초암은 백송사碧
松寺를 창건한 벽송선사 지었다고 했다. 그러면서 어름골이니 두지터며
저 왕릉재 왕산 달궁月宮 등 이곳의 지명은 가야의 마지막 왕손인 구형
왕과 관련이 있으나, 잊혀지고 말살된 가야 문화의 보고라고 했다. 다만
확인될 사료史料가 없으니 누가 맞다고 주장할 수가 없으니 어찌할 도리

투구꽃 피는 산길

가 없다. 그러나 구전口傳된 이름이 남았고 구형왕릉이 현존하니 그 누가 또 아니라고도 할 수가 없지 않은가. 민병태 씨는 이 지리산의 또 하나의 산신山神이 될지도 모른다. 그가 이 산장에 혼자 온 지도 벌써 13년이 되었으니 이 인고忍苦는 아무나 하는 게 아니다. 그리고 이 산을 그만큼 아는 이도 없고, 그만큼 가 본 이도 없으니, 그만큼 산과 인간과 자연을 사랑하는 이가 없으니 그가 또 하나의 지리산 산신이니라.

그럭저럭 산장의 밤은 어둠 속에서 깊어 가고 제를 지낸다고 취사장으로 사람들이 모였다. 제문祭文을 읽고 삼배三拜를 하고 술잔을 올리니 이젠 우리 산꾼들의 술잔치만 남았다. 술자리가 만들어져서 오라고 청하기에 가 보니 거나하게 산중 진수성찬이 마련되었다. 막걸리에 탕국에 돼지머리에 시루떡에 그리고 유과 산자 과자를 실컷 먹고 마시고 우리들은 고향도 인연因緣도 잊고 하나가 되어 놀았다. 야삼경夜三更이 되어 자리를 젊은이들에게 물리고 산장 뜰로 나오니 멀리 아래로 진주의 불빛만 등대 불처럼 출렁이고, 아직도 불던 바람은 여전히 하늘을 울리고 갈참나무 숲을 울리고 있었다. 까만 밤하늘을 올려보았다. 별이 바람에 스치운다고 윤동주 시인은 읊었지. 아, 이를 두고 하는 말이구나.

오늘 밤은 별빛이 바람에 스치운다, 하늘엔 은하수가 흐르고 별들이 총총히 반짝이고 바람은 별빛을 감아 스쳐 가고 있었다. 별은 나에게 마치 무슨 이야기를 해 줄 것 같아 하염없이 바라보고 있었다. 그 많은 별빛을 다 받으면서 별을 헤아리고 있었다. 나는 별 왕관을 머리에 쓰고 별빛으로 지붕을 하고 앉아 있는 느낌이 들었다. 언제 이렇게 많은 별을 보았을까?

그 기억이 없다. 아마도 내 어릴 적 시골 동네 살 때 보고 처음이리라.

잠이 들었다. 꿈을 꾸었다. 꿈속에 동네 친구들이 보였다. 그들은 어릴 적에 보고 그 후론 만난 적이 없는 친구들이다. 소식도 없고 더러 죽기도 했다. 그러나 그때 친구들이 가장 꾸밈없고 진실했다. 그 친구들이 별들이 되어 내 앞에 나타났다. 모포가 부실하여 어깨와 등이 시렸다. 잠이 깨어 밖으로 나왔다. 바람은 자고 있었다. 별은 밤새워 하늘에서 내려다보고 있었다. 내 어릴 적 친구들이 하늘에서 별이 되어 내려다보고 있었다. 새벽이 오려면 아직은 한참 남았다. 잠을 다시 청하나 잠이 쉽게 들지 않았다.

6시가 좀 못 되어 배낭을 꾸려 옆 사람들 몰래 산장을 떠났다. 지난밤의 그 수많은 이야기들, 그 아름다운 꿈들, 다 접고 소리 없이 산장을 떠났다. 오늘은 지리산 능선중 주主능선이 아닌 지支능선으로 가장 아름답고 길다는 황금黃金능선으로 나는 길을 떠나고 있었다. 천왕봉에서 30㎞ 써레봉에서 장장 20㎞가 더 된다는 저 황금빛 찬란한 황금능선으로 가고 있었다. 그리하여 시천면 덕산읍까지 가리다.

동쪽 하늘이 붉게 물들어 오고 있었다. 써레봉 가는 길섶 흙은 서릿발만 무성토록 밤새 자랐다. 그 수많은 바람들은 다 어디로 가서 밤을 새웠는지 이제는 흔적도 없이 조용해졌다. 바람 없는 하늘에 갈참나무 가지 사이로 태양이 떠오르고 있었다. 일출을 보자. 그냥 보면 보이는 일출인데 보고 가야지. 저기 지평선 아래에 엷은 구름무늬가 흩어져 있어 해는 이미 수평선에서 올라왔을 것이다. 햇살이 강하게 비쳐 왔다. 바라보기가 어려웠다. 오늘은 아마도 구름 때문에 그 곱고 아름다운 수은水銀 쟁반을 볼 수가 없구나. 아쉬움을 뒤로 써레봉 아래 이정표까지 20여 분만에 올랐다. 황금능선이 여기서 시작되건만 방향 표시는 취밭목 산장과 천왕봉 두 방향이다. 이곳에 처음에는 황금능선 길 방향이 있었는데 이 길을 폐쇄하고자 길 표시를 하지 않았다.

　아래 남쪽으로 살피니 희미한 길이 보여 내려서니 길이 점점 보이나 이는 가을이라 보이지, 여름이면 길을 찾기가 어렵지 싶었다. 바위 절벽 길을 조심스레 얼음에 미끄러지지 않게 조심조심 내려가자 천왕봉, 중봉 그리고 남부능선과 중산리 계곡이 훤히 바라보이는 망바위가 나왔다. 찬란한 아침 햇살에 지리산의 영봉 천왕봉은 그 위용을 드러내며 많은 봉우리와 산줄기 등선을 거느리고 독수리의 얼굴로 태양을 바라보고 환한 얼굴로 앉아 있었다. 우右로는 중산리계곡과 마야계곡 좌左로는 장당골을 사이로 저 끝 간 데 없이 뻗어 있는 50리 길 황금빛 능선을 보라. 바위 아래 바위 사잇길에 외나무다리를 놓았다. 구상나무 고사목 다리라 밟아 보니 아주 튼튼하여 팔을 벌리고 아슬아슬 걸어 내려갔다.

　바위 지붕 옆으로 비스듬히 걷고 있는데, 이게 무언가? 머리 위에 주렁주렁 달린 가지들이 수정같이 빤짝이는 맑고 투명한 주렴들이, 고드름이다. 바위 아래로 수십 개가 긴 가지를 아래로 팔 길이 만큼씩이나 내리고 도열해 있었다. 팔뚝만 한 가지 하나를 뚝 꺾어 우두둑 아작아작 씹어 먹었다. 10월 중순에 고드름 맛이라 과연 어느 얼음과자가 이처럼 시원하고 깨끗하고 맛있을 수가 있을까. 하나를 더 따서 먹었다. 가슴속이 싸 하며 후련하여졌다. 바위 아래로 내려 조금 더 걸어가니 평지가 나왔다. 마치 조그마한 암자라도 있었음직한 곳이다. 길은 좌우로 갈리고 능선 길은 보이질 않았다. 아무래도 우측은 천왕봉 아래 계곡일 것이고, 황금능선은 약간 좌로 앉아 있었으니 좌로 접어들었다.

이제부터는 산죽이 길과 길을 이었다. 산죽은 땅이 척박한 곳은 피하고 흙이 부드럽고 깊은 장소에 군락 지어 산다. 아침 7시 30분이니 취밭목 떠난 지가 한 시간이 더 지났다. 산죽 밭길 한가운데서 삼거리를 만났다. 사람이 이 중앙에다 갈림길을 만든 곳이다. 좌로 내려가면 아래로 떨어진다. 이정표도 표시도 없고 길만 뚜렷했다. 장당골 계곡길이다. 그러나 우로 내려가도 마찬가지로 아래로 떨어졌다. 이 길은 중산리계곡 자연학습장 길이다. 어디로 가야 하는가? 능선이 비밀의 열쇠라고 했지 않는가. 나는 어제 그것을 저 초암능선에서 보지 않았던가. 산죽을 헤치고 자리에 가만히 앉았다. 한숨을 돌리자. 사과를 하나 깎았다. 어제 저녁 먹고 아직은 빈속이다. 아침 식사는 조금 더 내려가서 먹자. 열십자 방향으로, 다시 말해 능선 방향으로 길이 있었다. 다만 양옆으로는 사람들이 다녀 길이 잘 보이나 능선 쪽으로는 산죽에 길이 묻혀 버렸다.

아침 햇살은 좌에서 우로 잎새 진 나뭇가지 사이로 비쳐 들고 서늘한 아침의 기온은 중봉에서 흘러 내려오고 있었다. 산죽이 너무 우거져 서서 걸어가기가 불편했다. 키를 넘어 자랐으니 잎사귀가 얼굴을 때리고 목 속으로 마른 가지가 들어가고 팔에 생채기가 나고 차라리 고개를 아래로 숙이고 두 팔을 내밀어 나아가니 좀 쉬웠다. 산죽 속 내리막길은 터널 속 레일 길 같았다. 흙 속 얼음에 미끄럼을 타기도 했다. 재미있었다.

가을 냄새가 밀려왔다. 억새밭 어귀에 앉았다. 아니 그냥 팔 벌리고 누웠다. 파란 가을 하늘이 내려왔다. 나는 어디서 왔던가? 그리고 어디로 가는가? 수많은 철학가 했던 질문을 부질없이 해 보면서 가을에 묻혀, 자연에 묻혀 숨 쉬고 있질 않는가. 다만 살아 있다는 하나의 이유 때문에 말이다. 좀 넓은 길가에 자리를 펴고 버너에 불을 붙였다. 메뉴는 된장국밥이다. 양파와 감자를 넣고 된장을 풀어 끓이면 된다. 마른 멸치도 좀 넣고 소금으로 간을 보고 마지막으로 고춧가루를 풀어 얼큰한 맛을 낸다. 남은 밥이 있으니 따뜻한 국물에 찬밥을 말아 먹으면 훌륭한 산중 조식이 된다. 반주로 소주 한 잔하고 남은 사과 한쪽으로 입가심하여 정찬正餐을 마쳤다.

능선 타고 내려오다 구곡산을 반드시 바라보아야 한다. 구곡산은 아주 저만치 따로 앉아 있었다. 보기로는 황금능선과 연결되지 않아 보인다. 그러나 능선이 두 쪽으로 나누어져 있다. 바로 직진하여 능선 따라 내려가면 중산리 주차장이거나 그 아래 동당리 마을이 나온다. 여기서 잘 살펴 좌로 꺾어 들어가야 구곡산 능선을 만난다. 산죽에 가려 길이 길이 아니니 정신을 차려 잘 찾아야 한다. 여기서는 꼭 국제신문 노란 리본을 보며 가야 한다. 이 리본은 덕산에서 구곡산 올라와 황금능선 타고 오르다 국수봉 아래서 중산리로 내려가는 길을 안내한 리본이다. 나는 오늘 이 리본 방향을 거슬러 내려가고 있는 것이다.

어느덧 시간은 정오가 되어 조망이 좋은 바위 봉우리에 앉아 지금쯤 설악산으로 간 회사의 산악회 동료를 생각하고, 아파트 산악회에서는 남해 금산을 간다고 했는데 지금쯤 산정에 올랐을까를 생각했다. 그들도 나처럼 자기들이 계획한 대로 열심히 산행을 하고 있으리라. 구곡산 아래서 등산객을 만났다. 대구서 왔다며 점심을 먹고 있었다. 소주를 한 잔 권하기에 마시고 가는 길을 알려 주고 헤어졌다. 구곡산은 960고지로 오름이 심한지, 한잔 술에 취했는지, 정오의 더위가 밀려왔는지, 온몸에 땀이 배고 얼굴에 땀방울이 흘러내렸다. 이제야 산행 온 기분이 좀 났다. 어느새 구곡산 정상에 올라와 점심을 준비했다. 라면을 끓이자. 냄새가 정말 구미를 당겼다. 얼큰한 국물에 찬밥을 말아 남은 김치로 기분

좋게 먹었다.

저기 아래로 들이 보이고 강이 보였다. 저곳이 바로 시천면 덕산이구나. 이번 산행의 종점인 덕산이다. 중산리계곡 물과 대원사계곡 물이 덕산에서 합쳐져 덕천강이 된다. 구곡산에서 바라본 천왕봉은 더욱 위세가 있어 보이고 그 독수리 얼굴이 정면으로 넓게 보였다. 사람들이 구곡산에 오르는 이유가 바로 여기에 있구나. 천왕봉의 위용과 그 정면 모습을 보려고 이곳으로 오는구나. 내려가는 길은 경사가 심했다. 덕산 동네 뒤로 곧장 내려갔다. 야산 산기슭 밭엔 감이 익어 홍시가 되었다. 빨간 주홍 감이다. 사람 손이 모자란지 떨어진 감만도 지천이었다. 하나를 주워 맛을 보니 꿀같이 달다. 작은 계곡이 나오니 제법 큰 시냇물이 되었다. 웃옷을 벗고 세수를 하고 어제부터 안 닦은 이빨도 좀 닦고 머리도 감고 세수를 하니 기분이 날듯이 좋았다.

이틀 동안 산속에서 헤매며 동물처럼 살았었지, 살랑살랑 부는 바람에 머리를 말리니 아, 이것이 바로 사람 사는 느낌이구나. 코도 눈도 이도 씻고 발도 배도 머리도 씻고 살아야지, 사람 사는 느낌이 오는구나. 가뿐한 기분으로 도솔암에 들러 경관이라도 보려고 했더니 온 절에 시멘트로 발라 그만 발길을 돌렸다. 절 냄새는 어디 가고 메케한 시멘트 냄새냐. 덕산까지 내려가자.

이제야 황금능선의 대장정이 끝나는구나. 저 지리산 천왕봉 너머 마천 추성골에서 올라와 장대한 황금능선을 정복하였으니, 소망했던 걸 다 이루었으니 밀려오는 성취감에 마음은 더없이 상쾌하였다.

구하라, 그러면 얻을 것이라.

투구꽃 피는 산길

두드려라, 그러면 열릴 것이라.

계획하라 그리고 실행하라, 그러면 이루어지리라.

어쩜 이번 산행은 시간조차도 이처럼 정확하게 계획처럼, 이루어졌는지.

물론 시간을 맞추려고 노력한 적은 한번도 없었거늘……

진주 가는 버스에서 잠깐 잠이 들었다. 아주 잠깐 잠이 들었다. 깨어 보니 진주 터미널이었다.

아, 이처럼 모든 게 일순간이구나.

"모든 것이 일순간에 지나간다.

지나간 후면 그리워지려니……"

1999. 10. 19.

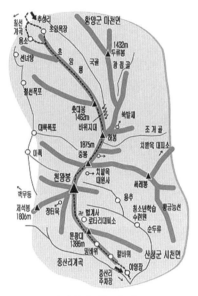

지리산 초암능선 지도

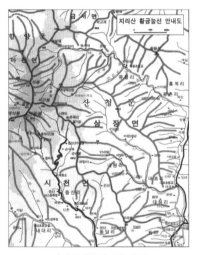

지리산 황금능선 지도

투구꽃 피는 산길

3. 열두 시간 산행기

지리산 백무, 칠선계곡을 가다

1999. 11. 6. (토)/음력 9. 29.

휴대폰 알람이 울더니 자명종도 울기 시작했다.

거실에서 자고 있는 친구를 깨웠더니 몸만 뒤척이고는 일어날 기색이 안 보였다.

창밖으로 밤의 어둠이 친구의 몸처럼 꿈적도 않고 웅크리고 있었다.

쪽지 메모의 기록을 보며 마지막 준비물을 냉장고에서 꺼내 배낭에 넣고 집을 나서니 새벽 한 시 반이었다. 어제 밤늦게 사천 우리 집으로 찾아온 친구랑 소주 한 병을 나누어 마시고 잤으니 잠이래야 두어 시간 잤지 싶다. 퇴근하고 산행 준비하여 자동차 몰고 밤늦게 와서 또 새벽길 떠나는 이 고행苦行은 행복한 고행임을 다 알기에 그 누가 시킨 일도 아니건만 우린 즐거이 움직이고 있었다.

오늘이 음력 구월 그믐이라 달은 없으나 백무동 골짜기에 별이라도 보자고 토요일 연휴를 이용하여 지리산 백무동으로 올라가 천왕봉 일출보고 길고 험난하기로 이름 난 칠선계곡으로 하산키로 하고 우리 삼인三人

은 떠났다.

텅 빈 진주 함양간 고속도로를 달리고 생초 마천 국도를 달려 백무동 초입의 외길 다리를 건너 새벽을 달렸다. 백무동 입구 지리산 관리공단의 매표소도 잠들고 야간 산행 통제라고 산 들머리에서 지킨다던 공단 직원도 잠이 들었는지 아니 이 세상 모든 산꾼들도 다 잠이 들었는지 세상은 칠흑 같은 어둠과 고요만이 적막 속에 맴돌고 있었다.

계곡의 그믐밤은 산도 계곡도 나무도 바위도 하나같이 까만 어둠이고 다만 하늘에는 푸른 별빛을, 그 작고 많은 별들이 반짝반짝 쏟아 내리고 있었다. 계곡 물 쏟아지는 소리를 타고 별빛은 머리 위에서 그렇게 내리 쏟아지고 있었다. 별은 바람 없는 산중에서 이름 없는 골짜기에서 어둠을 먹고 살아가고 있었다.

새벽 세 시 어둠에 묻힌 백무동 한신계곡 길을 벗어나 하동바위 능선 길 구름다리(출렁다리)를 지나니 길은 숲에 가려 보이질 않고 손전등의 밝음에 의지하여 뒹구는 바윗길을 딛고 물소리를 오른쪽에 끼고 길을 찾아 나아갔다. 차라리 숲속 외길은 어둠 속이래도 길이 빤하니 찾기가 싶다. 여기는 길이 넓게 흩어져 산길 신작로이니 혼자서 갔다면 잠깐 사이에 다른 길로 빠지기가 십상이었다. 출발한 지 오십여 분 만에 이정표가 나오고 하동바위라 왼쪽으로 올려보니 바위기둥이 서 있었다. 바위 옆에 출렁다리로 나와 비춰 보니 그 생김이 하늘에 맞닿아 윤곽만 보이나 사람의 행상이기도 하고 낟가리 행상이기도 했다. 그곳에서 한 삼십 분을 더 오르자 절터같이 넓은 공터가 나오고 샘물이 펑펑 쏟아지는 곳이 있었다. 참샘이다. 야영하기에 그만인 곳이다.

숲속 길이라 나무 사이로 별빛이 희미하게 보이더니 이곳은 사방이 트여 별빛이 흘러 들어왔다. 저기에 삼태성도 보이고 내가 이름을 다 모르는 별들이 있었다. 그 많은 별 이름을 나는 모르나 저 별들이 다 이름이 있고 그 이름마다 아름다운 이야기가 있다는 것은 안다.

알퐁스 도데의 별(프로방스 지방의 어떤 목동의 이야기)이야기처럼······.

스테파네트 아가씨를 그리는 목동처럼······.

『"그렇지만, 온갖 별들 중에도 제일 아름다운 별은요, 아가씨, 그건 뭐니 뭐니 해도 역시 우리들의 별이죠. 저 '목동의 별' 말입니다. 우리가 새벽에 양 떼를 몰고 나갈 때나 또는 저녁에 다시 몰고 돌아올 때, 한결같이 우리를 비추어 주는 별이랍니다. 우리들은 그 별을 마글론이라고도 부르지요. '프로방스의 피에르'의 뒤를 쫓아가서 칠 년 만에 한 번씩 결혼을 하는 예쁜 마글론 말입니다."

"어머나! 그럼 별들도 결혼을 하니?"

"그럼요, 아가씨."

그러고 나서, 그 결혼이라는 게 어떤 것인지를 이야기해 주려고 하고 있을 무렵에, 나는 무엇인가 싸늘하고 보드라운 것이 살며시 내 어깨에 눌리는 감촉을 느꼈습니다. 그것은 아가씨가 졸음에 겨워 무거운 머리를, 리본과 레이스와 곱슬곱슬한 머리카락을 앙증스럽게 비비대며, 가만히 기대 온 것이었습니다······.

이따금 이런 생각이 내 머리를 스치곤 했습니다. 저 숱한 별들 중에 가장 가냘프고 가장 빛나는 별님 하나가 그만 길을 잃고 내 어깨에 내려앉아 고이 잠들어 있노라고.』

별 이야기 중 가장 아름다운 이야기이기에 마지막 부분을 옮겨 보았다. 목동도 목동의 별이 있다고 했는데 산꾼의 별은 어느 것일까? 분명히 밤길 걸어야 하는 산꾼을 위해 별은 있을 것이다. 없다면 산에서 죽은 그 수많은 산꾼은 별이 안 되고 무엇이 되었을까? 나도 죽으면 별이 되리라. 산에서 혹 길을 잃고 헤매는 등산객을 위해 기꺼이 별이 되리라.

샘터에서 삼십 분을 더 오르자 바위길이 끝나 능선 안부에 올라섰다. 해발 1500M의 소지봉이다. 부드러운 능선 길 위에다 배낭을 벗고 누웠다 온화하고 아늑하였다. 샘터보다도 하늘을 보기가 더 좋고 훤하였다. 이제 하늘은 까만 하늘이 아니었다. 별은 더욱 가까이 떠 있고 이름을 아는 별들도 보였다. 똥바가지 별 북두칠성이 동쪽 하늘에 나타났다. 하늘 가운데로 중심 별 북극성도 보였다. 그 주위로 또 이름 모를 수많은 별들이 모여 살고 있었다. 영롱하고 초롱초롱한 별들을 깊어 가는 가을밤에 저 산마루에서 바라보지 않았다면 살아 있는 동안 꼭 가 보길 바란다. 보석인들 저렇게 아름다울 수가 있을까? 저렇게 많은 보석이 저 넓은 하늘에 어찌 펼쳐 놓을 수가 있을까? 이게 여름밤이면 더욱더 많은 별들이 있었을 것이고 은하수도 깊고 짙을 것이나 가을밤은 가을밤대로 으스스한 한을 토해 내는 우수에 잠긴 듯한 별의 기운을 느낄 수가 있을 것이다.

낙엽이 뒹구는 오솔길로 접어들어 폭신폭신한 흙길로 걸어갔다. 한 시간을 부지런히 산등성 타고 걸었다. 새벽 여섯 시다. 숲을 빠져나오자 너럭바위에 조망이 좋은 곳이 있었다. 망바위일지도 모르지. 별빛이 하염없이 내리는 지리산 능선 망바위엔 고요함만이 이 산에 가득한데 저기 산 아래로 마천마을의 불빛이 올망졸망 별빛처럼 모여 반짝거리며

　　　　　　　　　　　　　투구꽃 피는 산길

살아가고 있었다. 지리산 주능선이 눈앞으로 바라다보이고 저기 반야봉도 희미하게 보였다. 어둠이라 반야 봉우리 뚱꼬는 없었다. 오늘 밤 이 산길에 우리 일행뿐 아무도 없었다. 이제 어둠은 그 긴 밤을 다 잘라 먹고 산 아래로 점점 꼬리를 내리고 주능선 너머로 희미한 여명이 새날을 데리고 남녘 산 너머로 찾아오고 있었다. 망바위를 지나 철조망으로 제석봉 가는 길을 막아 놓았으나 오늘 우리 일행은 장터목 길은 버리고 바로 고사목 아니 횡사목의 집단 공동묘지인 제석봉으로 들어갔다. 부드러운 억새 길을 따라 들판 같은 산을 넘어서니 남쪽 하늘이 크게 펼쳐지고 동서남북 사방이 한눈에 들어왔다. 비목처럼 우뚝우뚝 서서 통한痛恨의 세월을 기다리는 저 구상나무 고사목들의 처절한 노래를 들으며 쓰러지나 꺾이지 않는 이 억새의 끈질긴 생명력을 배우며 오늘도 부지런히 걸어 주는 이 튼튼한 두 다리의 고마움을 느끼며 밝아 오는 새벽길을 가슴으로 맞으며 가고 있었다.

동녘 하늘 아래 저기 해가 떠오를 하늘에는 긴 띠구름이 앉아 있었다. 아무래도 일출日出보기는 어렵겠구나. 그래도 7시 전에 천왕봉까지는 가야지. 한 사람 두 사람 사람들이 나타났다. 장터목에서 자고 일출을 볼 요량으로 천왕봉 가는 사람들이다. 다들 못 볼 줄 빤히 알면서 그래도 가 본단다. 사람살이가 그렇지 않은가, 볼 때도 있고 못 볼 때도 있고, 좋을 때도 있고 나쁠 때도 있는 것이지 않는가? 생길 때도 안 생길 때도 있고, 될 때도 있고 안 될 때도 있는 것이다. 어찌 다 이루어지기만 바랄 수가 있느냐? 그래서 그냥 가 보고 해 보는 것이리라.

새벽길을 서너 시간 걸었으니 다들 힘이 들 것이다. 그러나 천왕봉의 통천문 지나는 이 오름이 없었다면 천왕봉이 아니었으리라. 그리고 이 힘듦이 없었다면 내가 이렇게 수십 번을 오지도 않았으리라. 아무리 힘들어도 이곳을 단숨에 오르지 않은 적도 없었다. 적어도 아직까지는 그렇다. 천왕봉 오를 마지막 힘은 비축해 두고 소진해야지. 쉼 없이 일행 중 먼저 올라서니 정상엔 많은 사람들이 없는 일출을 아쉬워 떠나지 못하고 모여 있었다.

노을처럼 번지며 지펴 오르는 햇살의 강렬한 빛을 구름 뒤로 바라보며 그 강한 힘은 어디서 기원하는 것일까? 구름 뒤 하늘로 빛들은 다른 세계를 만들어 파노라마 같은 빛의 영상으로 구름 꽃을 물들이고 삼라만상은 그 빛으로 깨어나 아침을 맞이하고 있었다. 해는 삼십 분이나 지난 후에 그 얼굴을 드러내었다.

아침을 먹자. 지고 온 밥 한 통 김치 한 통을 풀어놓고 라면을 끓여 시장한 배를 채운다. 이 밥과 김치를 정성껏 싸 준 분에게 다시금 감사를 하며 이 글을 쓴다. 얼큰한 라면 국물 맛이며 매콤한 배추김치 맛을 이 산중진미를 식기에 가득 한 사 인분 찬밥을 기분 좋게 비우고 팔팔 끓는 물에 즉석 커피 한잔을 돌리니 추위는 사라지고 천왕봉 바위 아래 남쪽 경사면에 비스듬히 누워 아침 햇살로 몸을 데웠다. 바위 곁에선 온기가 흘러나오고 있었다.

누렇게 탈색된 위장 풀에 몸 뉘여 지열을 탐하고 있었다. 저기 아래로 중산리 계곡도 푸르게 보이고 지난번에 종단한 황금능선과 멀리 구곡산 그리고 덕천강 상류가 아스라이 그려져 있었다. 장장 20㎞의 황금능선이 용의 긴 꼬리처럼 용트림의 기상으로 누워 있었다. 좌左의 황금능선을 정복했으니 다음은 우右의 남부능선을 정복할 차례다. 세석고원 위 영신봉에서 시작하여 삼신봉을 경유하여 하동 악양면 형제봉을 지나 섬진강변까지 흘러가는 장장 30㎞의 남부능선으로 갈 것이다.

　오늘은 천왕봉 북쪽 경사면을 타고 내려가면 이름도 거룩하고 명성도 고약한 칠선계곡 죽음의 계곡으로 간다. 나에겐 초행길이다. 수차례 마음은 있었으나 기회가 닿지 않아 미루어 왔는데 이제 그때가 무르익어 오늘에야 이곳을 가게 되었다. 설악산의 천불동계곡과 한라산의 탐라계곡과 함께 우리나라 3대 계곡의 하나이다. 험난한 산세와 수려한 경관 지리산 최후의 원시림을 끼고 있는 곳이다. 칠선계곡은 봄가을만 갈 수 있는 곳이다. 계곡길이니 물을 지나야 하고 골이 깊고 산이 높으니 바위를 타고 길을 돌아서 물을 건너니 여름에는 계류 때문에 겨울에는 얼음 때문에 등산 금지를 하고, 골짜기의 길이가 18㎞로 내려가는 시간만 여섯 시간이 걸리니 어찌 쉽게 갈 수가 있단 말인가.

　여덟 시 반에 천왕봉에서 사진 한 장 단체로 찍고 천왕봉 산 그림자를 타고 북쪽으로 내려서니 눈길이고 얼음길이었다. 마의 골짜기 죽음의 계곡이란 말이 실감이 났다. 조심스레 철 사다리를 움켜잡고 내려서니 천왕봉 바위 경사면으로 태고의 원시림이 깎아 세운 벼랑에 기대어 천년 세월을 노래하며 살아가고 있었다. 아찔아찔한 바위 사이로 흰 눈을 맞으며 얼음장 속으로 뿌리를 박고 인고의 겨울 한 철을 보낼 준비를 하고 있었다. 구상나무, 갈참나무, 잣나무, 사스레나무, 고산 지대 나무 중 백미白眉는 무어래도 주목朱木이다. 줄기가 매끈하고 붉은 기운이 도는 주목은 그 귀함도 으뜸이지만 수령도 생김도 가히 군계일학群鷄一鶴이다. 그 주목 중 가장 으뜸인 주목을 보았다.
　비탈길을 내려오니 산등성이 위로 약간 흙이 곱고 평평한 곳을 지나니 길 가운데 어른 두 사람은 족히 안아야 할 정도의 주목이 서 있었다. 보통 나무의 기둥은 둥근 게 일반이나 이는 통나무 여섯 개쯤을 모아서 세워 놓은 모양이나 하나의 나무로 기둥의 솟음이 용트림하는 용의 기상을 하고 붉은 기운은 사방을 감고 돌았다. 올려다보니 하늘은 주목의 수많은 작은 잎사귀가 하늘을 덮고 나뭇가지는 사방으로 그 기세를 뽐내고 있었다. 구상나무가 나무의 선비라고 하면 주목은 군자요 제왕이다.

천왕봉에서 약 500M 구간은 나무의 천상이요 천국이었다. 죽은 듯 살아 있는 나무, 산 듯 죽어 있는 나무, 살아 있는 나무만 기이하고 아름다운 것은 아니다. 죽은 나무, 죽어 가는 나무도 그 자세와 모습이 기이하고 아름답다. 마치 죽은 나무들을 먹고 살아 있는 나무들이 살고 있는 듯하다. 온갖 죽은 나무들이 뒹굴어 있으니 이곳은 나무의 백화점이요 나무의 공동묘지요 나무의 전람회요 나무의 전시장이다. 이 태고의 원시림 속에서 서 있는 나도 이제는 한 그루 이름 없는 나무이다. 바위 아래 나무뿌리 옆으로 눈 덮인 골짜기로 계곡의 원류原流가 끈적거리며 태어나고 있었다. 바로 이곳이 저 칠선계곡의 원류가 이 천왕봉 아래서 만들어져 골짜기를 만드는구나.

한 시간쯤 내려와 나무의 그루터기에 앉았다. 사슴의 엉덩이 모양으로 생긴 생生나무 의자에 앉았다. 등받이엔 침을 달고 있어 나는 등에 나무 가시 침을 수없이 맞았다. 수침樹針을 말이다. 고요 속에 들리는 소리는 나무가 살아 숨 쉬는 소리뿐이다. 이 고요 속에서 나무의 숨소리를 누구나 들을 수가 있다. 평화롭게 죽어 가고 아름답게 살아가는 나무의 세상을 볼 수가 있다. 보이는 나무들 하나 하나에게 나 혼자 이름을 붙여 보았다. 합자나무, 감씨나무, 배(船)나무, 자리나무, 고드름나무, 사슴나무, 원숭이나무, 제멋대로나무, 이름처럼 제멋대로 이름을 붙였다.

이제 산죽 군락이 약간씩 나타났다. 그것도 잠깐 오른쪽으로 계곡이 보이기 시작하더니 물소리가 들려왔다. 천왕봉 좌우로 작은 계곡 물이 점점 자라 바위 절벽을 타고 흐르다 이 지점에서 만나 합수合水하나, 천왕봉에서 헤어진 물이 그냥 만날 수는 없단다. 그리하여 여기에 폭포라도 만들어서 만나야지. 나무뿌리가 자연 계단을 만든 절벽 길을 타고 내려가니 마폭포가 쏟아져 떨어지고 있었다. 무슨 마 자를 쓸까? 안내판에도 한자는 없었다. 마귀 마魔 자일까? 마폭포는 좌우 계곡에서 폭포를 이루어 아래로 흐르다 하나로 합쳐 다시 폭포를 만들었다. 전체가 사 단으로 일 단과 이 단은 양 계곡에서 흐르고 합수 후 두 개의 폭포가 다시 합쳐 하나 되어 흐른다. 폭포 물을 아래서 올려다보니 하얀 물줄기가 사각 바위 여물통에 담겨 소沼가 되고 어우러져 흘러간다. 마폭포 사이로 커다란 바위가 하회탈 모양을 하고 앉아 있었다.

천왕봉 봉우리로 하늘이 눈부시게 일어나고 있었다. 해가 천왕봉에 가려 있으니 지금이 아홉 시 반이 지났건만 아직 새벽 기운 속에 있는 느낌이었다. 이제 계곡은 점점 깊어만 갔다. 양옆은 절벽이라 길은 계곡을 따라 내려간다. 바위는 계곡 물에 씻기고 바위와 부딪혀 닳고 때 벗겨 하얀 속살 다 내어놓고 앉아 있었다. 계곡에는 나무도 바위도 하얀 빛깔로 아침을 맞이하고 있었다. 하얀색은 하늘에도 있었다. 파란 하늘에 떠 있는 하얀 새털구름들, 지리산 천왕봉에서 떠오르는 아침 햇살에 반짝이지 않은 것은 하나도 없었다. 비늘 벗은 나뭇등걸이며 낙엽 진 갈참나무며 계류를 흐르는 수정 같은 시냇물이며 이 아침 나이도 잊고 지리산의 정기를 마시러 온 사나이들도 반짝반짝 빛나는 얼굴을 하고 있었다. 계곡이 깊으니 올려다 본 파란 하늘은 손바닥만큼 작으나 밝음은 천지를 비추고 있었다. 계곡 길을 길도 없는 물길을 따라 내려오니 뿌리째 뽑혀 나뒹구는 무수한 나무들, 하얀 껍질 벗고 누워 있는 사스레나무 옆으로 흐르는 물에 손을 담그고 황갈색으로 여울져 어리는 물의 반사 빛에 넋을 잃고 말았다.

골은 협곡을 이루니 비가 갑자기 온다면 꼼짝없이 이 골에 잠들고 말 것이다. 어디로 달아난단 말인가? 천 길 절벽 아래서 어디로 오를 수가 있느냐? 다만 이 골짜기가 이런 천혜의 지형이니 만고에 원시림으로 훼손되지 않는 곳으로 남을 것이다. 길은 좌측 산허리를 타다 내려다보니 작은 폭포 타고 바위 위로 물길을 내어 나를 따라 흐르고 있었다. 나는 길을 따라가고 물은 바위를 타고 나를 따라 흐른다.

삼 단 폭포에 도착하니 열시 반이다. 천왕봉 출발한 지 두 시간이 흘렀다. 한 줄기 물줄기가 일 단 폭포 아래서 두 줄기 되었다. 바윗길을 조심스레 타고 내려가 벗겨진 외나무다리를 힘들게 건너니 마지막 이 단과 삼 단 폭포가 훤히 보였다. 삼 단은 마지막이라 이 단의 두 물줄기가 하나가 되어 장대하고 우렁차게 흘렀다.

대륙폭포는 내려오는 계곡과는 다른 계곡에 살고 있었다. 아마도 중봉과 하봉 사이의 골짜기에서 내려와 여기서 합수하나 보다. 계곡 이름은 모르나 약간 오른쪽으로 비껴 있고, 그 계곡 속에 대륙폭포가 하얀 물보라를 날리며 나 여기 살고 있으니 보고 가란 듯이 알려 주고 있었다. 물줄기며 수량이 지나온 골짜기보다 많았다. 다만 길이 없어 안 다녀 그러하지 그곳에도 많은 폭포가 살고 있으리다. 우거진 계곡 숲은 한 폭의

투구꽃 피는 산길

그림을 만들고 폭포수는 하얀 포말을 날리며 근사하게 대륙처럼 버티고 있었다.

　천왕봉 중봉 하봉 물이 다 모여 내려와서 마지막으로 이룬 폭포가 칠선계곡 상징인 칠선폭포다. 직벽直壁의 통바위에다 수직 댐을 만들어 놓은 듯, 마치 저 나이아가라 폭포의 축소판이라 상상함이 맞을 것이다. 지리산 상중하上中下 세 봉의 물이 모여 만들었으니 수량이나 모양이 가히 최고의 폭포라 할 수 있으나, 굳이 내가 점수를 매기자면 아기자기한 맛이 모자라 일등은 아니 되리라. 차라리 저 삼 단 폭포를 제일로 쳐 주자. 다음에 와서 다른 느낌이 들면 그때 순위를 바꾸기로 하더라도.

　칠선폭포 물소리가 우렁차구나. 바위 아래 절벽으로 직하直下하니 떨어진 물줄기는 소에서 휘돌아 나오고 그 물보라에 주위는 온통 서늘한 기운이 감돌았다. 하늘은 폭포수를 천연스럽게 내려다보며 웃고 있었다. 지나온 계곡의 땅속을 조사하면 큰 통바위 하나이리라. 그 바위를 타고 물이 흘러야 하니 폭포가 되고 소가 되고 물길은 운하가 되어서 이곳을 폭포수 골로 만들었다. 자료에 의하면 일곱 개의 폭포와 서른세 개의 소가 이 칠선에만 있다.

　물줄기가 흐른다.

　푸른 물줄기가 흐른다.

　아! 나도 흐르는구나.

　저 푸른 물줄기 따라 흘러가는구나.

　길은 오른쪽 산허리를 타다 어느새 왼쪽 산허리를 타고 물길 따라 길을 찾아서 보면 저만치 리본이 보였다 사라지고 길은 길이 아니고 있는 듯 없고, 없는 듯 있으니 아무래도 칠선은 칠 선녀가 이끄는 대로 가야지 길이 나올 것이리라. 어느새 리본도 사라지고 길도 묻히고 우린 한동안 가지 않고 길을 잃고 산만 바라보며 서 버렸다. 우측 산허리로 가는데 그만 절벽이 길을 막고 서 있었다.

아래는 낭떠러지고 위는 바위 절벽이라 돌아가야 할 지경이구나. 이 길은 절벽 사이로 고로쇠 물받이가 있으니 산마을 사람들의 돈벌이 길이구나. 바위를 타고 아래로 내려가 반대편으로 들어서니 리본이 보이고 길이 있으니 칠선 길의 핵심은 좌우로 부지런히 흔들며 가야지 땅만 보고 가면 낭패를 보기 십상이다. 계곡은 가도 가도 앞이 막힌 계곡뿐이고 이제 폭포도 없고 그놈의 돌길은 끝도 없이 나 있었다.

오른쪽 산허리를 돌아 내리막길을 내려서니 하상河床 전부가 바위로 된 물여울이 보여 고개를 내밀어 바라보니 물은 바위가 물통이 되어 흐르고 돌아 흐르니 그 물길을 따라 눈길이 갔다. 하얀 바위 위로 부드럽고 미끈한 곡선을 이루어 물이 굽이치니, 그 물 흐름이 얼마나 곱고 부드러운지 신의 손으로 빚은 비너스의 대리석 조각품이다. 비너스의 계곡 사이로 옥구슬같이 영롱하게 반짝이는 계류가 흐르고 있었다. 정오의 햇살은 황갈색 계류 속에서 헤집어 뛰놀고, 물에 깎이어 곡면이 진 탐스런 바위 나신을 타고 흐르는 물은 물그림자를 물 위로 되쏘니 물방울 다이아몬드를 본 적은 없어도 이를 두고 물방울이란 단어를 사용했지 싶다. 조약돌 물그림자는 물 위에 어리고 햇살은 하얀 그 부드러운 바위 살덩이를 어루만지니, 여기에 아니 머물면 천추千秋의 한恨이 될 것이라, 그 풍만하고 부드러운 처녀 바위 허리에 삼인三人은 같이 퍼져 버렸다. 아무 약속도 없이……

투구꽃 피는 산길

처녀탕 소沼의 물은 바위 하상河床이 자궁子宮처럼 둥근 곳으로 한 바퀴 돌아 위로 나 있는 입구로 올라와 다시 아래 바위 골짜기 사이로 부드러운 물 곡선을 만들어 흘러가고, 어디 하나 돌아가는 곳에 부딪힘이 없으니 가히 신의 손이 아니고 어찌 이런 삼차원三次元 곡면曲面을 만들 수가 있을까?

우린 처녀탕 무릎에 앉아 라면을 끓이고 찬밥을 내어 따끈한 점심을 먹었다. 찬 소주 한 잔으로 거나해진 마음으로 하염없이 발아래로 흐르는 황금곡선의 물 흐름을 바라보며 무아無我의 경지로 빠져들었다. 바위를 타고 아래로 내려가 손을 담그고 물을 마셨다. 아무도 소리가 없었다. 잠이 든 것인지 나처럼 무아지경이 된 것인지 알 수가 없다. 다만 나는 이렇게 쏟아지는 햇살에 발 벗고 내려와 손발 담그고 앉으니 더 바랄 것이 없었다.

이제 떠나자. 언젠가 다시 오리다. 너를 보러 다시 오리다.

잘 있거라 처녀탕 처녀 바위야!

이곳은 사실 무명 탕에 무명 바위다. 이곳이 옥녀탕인 줄 알고 놀았다. 저 아래 옥녀탕이 있는 줄 그때는 몰랐었다.

그 아래로 조용하고 고즈넉한 비선담, 또 넓디넓은 옥녀탕, 별 볼일 없이 지저분한 선녀탕, 다 늙은 퇴기退妓들이었다. 내가 이 처녀탕을 못 보았다면 그 퇴기탕에게 반해서 무엇이 좋고 어째서 좋고 구구절절이 수사했을 것이나, 이제 다 그 수사를 여기 처녀탕에 했으니 할 수도 없고 할 것도 없었다. 사람마다 보는 눈이 다르긴 할 것이나 남자가 미인을 보는 눈은 대개 비슷하지 않은가? 내 말이 믿어지지 않는다면 그대 다시 처녀탕을 보러 나서라 내 기꺼이 안내하리다. 그때는 우리 하룻밤 그곳에서 유留하고 가자.

그래도 옥녀탕과 선녀탕을 조금이라도 설명을 한다면 선녀탕에서 옷 잃은 칠 선녀 중 옥녀가 며칠간 속세에 살면서 벗은 몸으로 선녀탕에서 목욕할 수가 없어 조금 올라와 옥녀탕에서 목욕한 곳이다. 그러나 옥녀 혼자서 목욕하기에는 너무 크고 넓어 아무래도 그 사이에 나무꾼이 찾아와서 같이 목욕하였지 싶다.

　일곱 선녀가 하늘에서 내려와 목욕을 했다는 선녀탕, 선녀에게 연정을 품은 곰이 하늘나라로 돌아가지 못하도록 옷을 훔쳐 바위 틈에 숨겼으나 바위 틈에 누워 있던 사향노루의 뿔에 걸렸으니 노루가 뒤에 이를 알고 선녀의 옷을 가져다주었다는 동화 같은 전설이 전해 내려오고 있다. 어찌 되었든 간에 이제 폭포도 다 보았고 소沼도 다 보았다. 폭포가 우람하고 힘차게 쏟아지니 남성이라고 하면 소는 조용하고 아늑하여 그 품이 넓으니 여성이라 함이 맞지 않는가? 폭포도 근사하고 아름답다. 그러나 나는 아무래도 폭포보다 소가 좋다. 여성적이고 남성적이고가 아니고 느낌이 기분이 소가 내 정서에 맞고 바라보기가 좋고 맞이하기가 좋다. 더러는 소가 좋다니 말도 안 된다고 하는 이도 있으리라. 그러나 이 말 안 되는 말이 나에게는 말이니 어쩔 도리가 없다.

　계곡 길을 버리고 오른편 산허리를 한동안 따라 내려오면 추성 망바위가 나오고 망바위에서 보이는 것은 계곡과 건너 산 중턱뿐이라 이곳의 망바위는 이름만 망바위이다. 망바위 아래로 감나무들이 사라진 집터 자리에 수십 그루 서 있고 지금 잎새 진 감나무에 수백 개의 주황색 감이 매달려 있으니 이 또한 지나는 길손에게 볼거리이다. 한 나무에 달린 감의 수는 우리의 상상을 초월한다고 밖에 표현할 수가 없구나. 사과처럼 달렸구나 귤처럼 달렸구나 탱자처럼 달렸구나, 아니야 무어라도 이건

　　　　　　　　　　　　　　　투구꽃 피는 산길

감처럼 달린 거야라고 고쳐 되뇌고 말았다. 내가 이렇게 많이 달린 감을 본 적이 없어 그렇게 딴 소릴 해 보았을 뿐이지 다음에 이런 장면을 보면 거침없이 감처럼 달렸다고 말하리다.

왼쪽 계곡 건너 두지동마을이 보였다. 백무동으로 차를 가지러 회귀해야 하는데 두지동 위 창암산 골짜기로 넘어갈 것인가? 아니면 차 타고 갈 것인가? 칠선계곡을 건너는 구름다리를 지나 숲 좋은 대나무밭 뒷길을 오르니 두지동 독가옥 대여섯 채가 중턱에 있었다. 산골마을이라 산에서 나는 옻나무, 닥나무, 두릅나무, 약재나 약초가 소득이고 토종벌도 기른다. 울타리 없는 빈집 마당에 올라서니 분에 담긴 소담스런 국화가 노란 꽃송이를 만개하여 우리를 맞는다. 국화 향기가 코끝에 향기롭다. 할 일 없는 산 수돗물은 일없이 흐르기에 쪽박에 한 잔 쭉 시원하게 마셨다.

아! 가을이구나.

주황색 고추감, 황갈색 갈참나무 단풍, 너와 지붕의 산골마을, 형형색색形形色色 산골의 가을 정경이 눈앞에서 하오의 황금빛 햇살에 아늑하게 펼쳐져 있었다.

사람이라곤 할아버지 한 분뿐이라 백무동 지름길을 여쭈었더니 길은 있으나 오래되어 초행은 힘드니 추성리로 가라고 했다. 길만 잘 찾으면 한 시간 남짓 걸으면 백무동 가나 오늘은 일행도 있고 하니 다음에 개척하기로 하고 추성리로 흘러갔다. 이제 추성리로 돌아 나오니 지난번 초암능선 가던 용소龍沼 삼거리가 나오고 시간은 어느덧 길 떠난 지 꼭 열두 시간인 오후 세 시였다. 오늘 새벽 세 시에 백무동에서 시작하여 오후 세 시에 추성동까지 걸었다.

열두 시간 산행을 했다.

해 따라 달 따라 별 따라 걸었다.

바람 따라 구름 따라 물 따라 걸었다.

걸어가면서 무얼 보고 무슨 생각을 하며 걸었는가?

이 길처럼 이 산길처럼 우리 인생도 하염없이 걷고 걸어가야 하지 않
는가?

죽는 그날까지……

이 목숨 다하는 그날까지……

우리의 인생길을…….

1999. 11. 09.

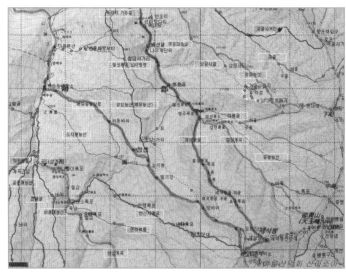

지리산 백무동 천왕봉 칠선계곡 지도

투구꽃 피는 산길

4. 설국雪國 산행기

세석고원에서 섬진강까지

2000. 2. 6. (일)-2000. 2. 7. (월)

남부군이 되어 남부능선으로 가다.

무시무시한 빨치산의 남부군이 되다니, 여기서 남부군이란 산행하는 데 그 능력과 끈기를 말한다. 그곳은 실제로 남부군이 목숨을 부지키 위해 다녔던 산청군 시천면 거림골과 하동군 화개면 대성골의 사이를 막고 선 능선이기도 하다.

남부능선을 개념적으로 설명하자면 지리산 주능선의 중앙부에 해당하는 세석고원이 있다. 세석고원은 세석의 뒤쪽 그러니 서북쪽으로 영신봉(1652M)과 동쪽으로 촛대봉(1704M)이 자리한 가운데 펼쳐진 수십만 평의 고원이다.

그 영신봉에서 남쪽으로 흘러간 산줄기가 있으니 그 길이가 30㎞이고 그 끝자락을 섬진강 물속에 담갔으니 종주에 버금가는 횡주인 셈이다.

지난달에 남부능선 횡주를 하려고 갔으나 지리산 전 구간이 입산 금지 기간이라 거림에서 일박하다, 거림골 민박집에서 안 지 오래된 주인 부부의 동동주와 젓가락 장단 노래에 그만 도중에 쌍계사로 빠진 횡주 실패를 거울삼아 다시 등정하는 재도전의 길인 셈이다.

2000년 음력 정월 초이튿날 마산에서 미리 준비해 온 배낭에 차례 음식을 대강 싸고 진주행 시외버스에 올랐다. 진주에서 거림까지 가는 버스가 12시 반에 있기에 혹 버스 길이 막힐까 두어 시간 일찍 마산서 10시에 버스를 탔다. 그러나 도로는 나의 예상을 벗어나 아주 한적하고 여유 있었다.

한 시간 만에 진주에 도착하니 차 시간이 너무 일러 거림으로 가길 포기하고 중산리로 코스를 바꾸었다. 어쩌면 천왕봉으로 해서 세석까지 갈 수 있을지도 모른다.

과일과 라면 등 준비물을 사고 근처 구두 수선집에 들러 옆구리 터진 내 등산화를 보이면서 수선을 부탁했더니 풀로 붙인 신발이라 수선 불가하다고 했다. 출발도 하기 전에 등산화가 고장이면 이걸 어쩌나? 그러나 여기서 몇만 원하는 겨울 등산화를 살 수도 없고, 물이야 들어오겠지만 덜렁거리지는 않으니 신고 가 보는 수밖에 없었다.

11시 20분 진주발 중산리행 버스도 승객이 많질 않았다. 행상에서 산 귤이 많이 상했다. 잠깐 사이에 가서 좋은 놈으로 바꾸어 왔다. 내 손으로 집어서 먹어 보니 괜찮았다. 사람을 믿지 못하면 안 되는데 믿질 못하는 습관이 들 것 같았다. 그래도 나 혼자니 내 마음대로 행동할 수도 있고 자유롭다. 행동도 사고도 마음도 자유롭다. 그래서 나는 이렇게 혼자서 자주 여행도 산행도 간다.

버스는 설 명절 지난 산청군 시천면을 지났다. 구정 전의 북적거림도 없고 세상 모든 이는 그저 풍요롭고 여유 있고 한가해 보였다. 차는 텅 빈 산골 길을 타고 중산리 산중 마을로 올라섰다. 십수 년 전 이곳에는 시골 민가 몇 채와 비포장길에 바위가 튀어나와서 차는 피하느라고 천 천히 그리고 꼬불꼬불 다녔었는데 지금은 여기저기 모텔도, 산장도, 도 로도, 주차장도, 가게도 생기고 많이도 변했다. 그러나 바라다보는 산, 저 지리산은 변하지 않은 모습으로 그 자리에 여전히 앉아 있었다.

천왕봉이 눈앞에 선명했다. 푸른 하늘이 맑게 산중 좁은 하늘에 펼쳐 졌고 정오의 햇살은 따사롭게 빛나고 있었다. 여기서 저 천왕봉을 바라 본 적이 수도 없이 많았건만 오늘처럼 이렇게 가까이 선명하게 그리고 하얀 눈을 머리에 이고 있는 모습을 본 적은 없었다.

버스 주차장에서 매표소까지 걸어서 가야 하는 2㎞ 남짓한 거리다. 포 장길을 걸어서 다녔건만 오늘은 왠지 걸어가기가 싫었다. 지나가는 차 를 기다리며 손을 들어도 못 본 척 그냥 지나갔다. 한 십여 분을 보낸 후 에 승합차가 세워 주어 탔다.

여길 처음 오는 여행객 남자 두 사람이었다. 여기의 지명과 도로 사정 그리고 가 볼 만한 절을 묻기에 지리산의 큰 절 3개를 소개해 주었다.

그들은 남해 상주 보리암서 하루를 보내고 송광사 들어서 지리산의 절 을 보려고 어쩌다 보니 여길 도착했노라고 했다. 내가 아는 지리산의 절 로는 남원 인월의 실상사와 구례의 화엄사와 산청의 대원사가 있으니 여기서 가까운 대원사로 가시면 됩니다. 중산리 매표소 앞 주차장에 내 려 입간판에 그려진 지리산 안내도를 보며 산과 능선 그리고 절을 보면 서 아는 대로 설명을 했다.

그들은 서로 형 아우하며 부르나 형제는 아닌 것 같았고 젊은이는 나보다 어려 보이나 얼굴에 병색이 있었다. 내가 길을 나서자 그들도 그냥 나를 따라오기에

"여기서 식사라도 합시다."라고 권했더니

"그러지요." 하면서 나를 따른다. 식당에 들러 우리는 일행처럼 자리에 앉아 식사가 나올 때까지 사는 곳과 사는 이야기를 나누는데 젊은이는 큰 수술 후 회복 중이라고 했다. 일 년 전에 위암 수술하고 지금은 많이 회복되어 다시 사업을 하는데 구정 휴가라 자동차 여행을 다닌다고 했다. 나이를 물어보니 나와 동갑인데 저런 큰 병을 얻어서 병마와 싸웠다니 그 고통은 어떠했을까? 육체의 고통보다 정신의 고통이 더 컸을 것이다. 절에 왜 다니냐고 물었더니

"마음의 도량을 얻어 심신의 안정을 위해서 그냥 편안하여 갑니다."라고 했었나, 그 야윈 모습이 그냥 안쓰러워 보였다. 그렇게 만나서 식사한 그릇 나누고 우린 쉽게 헤어졌다. 가끔 이런 생각이 들었다. 산에서 만나면 한 끼 밥을 같이 해 먹고 같이 산장에서 잠을 자고 아침이면 이름 한 자 모르고 헤어진다. 기약도 없이 그렇게 무심하게 헤어진다. 불교에서 옷깃만 스쳐도 억겁의 연이 닿아서 만난 것이고 하는데 참 무심하고 매정하게 헤어진다. 산사람들은 그도 나도 우리들은 다 그렇다.

헤어져 매표소를 지나 언제나처럼 낙엽송이 길 좌우에 늘어선 신작로를 따라 오르면서 바라본 천왕봉은 아까 본 천왕봉이 아니었다. 하늘에는 운무가 부옇게 덮이고 있었다. 바람이 일었다. 가득 진 배낭을 고쳐 메고 산행을 시작했다.

지금 이 시간 이곳에서 산을 오른 이는 없었다. 혼자서 그냥 갔다. 내

일은 모두들 출근하는 날이니 지금쯤 산을 내려와 집으로 돌아갈 시간이다. 시간은 어느새 1시 반을 지나고 있었다. 아무래도 천왕봉은 포기하고 장터목으로 올라 세석으로 가야겠다. 그래도 6시쯤 되어야 세석에 도착할 것이니 곧장 장터목으로 오르자.

칼바위 지나 골짜기 돌밭을 오르자 눈이 나왔다. 잘 아는 길이지만 눈덮인 길을 아이젠 없이 걸으니 조심하게 되었다. 그러나 내린 지 얼마 되지 않은 눈길이라 걷기가 편했다. 폭포도 빙벽이 되었다. 온 산 골짜기가 눈으로 백설의 천국을 이루었다. 골짜기 계류도 눈으로 덮여 물소리도 나지 않았고 건너편 산허리도, 바위도, 나무도, 모든 산 것과 죽은 것들 눈에 덮여 하얀 세상으로 있었다.

장터목으로 오르는 길은 가파르다. 가쁜 숨을 들이쉬며 물을 찾았다. 수통엔 물이 없었다. 계곡에서 받으려고 했는데 물이 다 얼고 그 언 얼음 위로 눈이 덮여 버렸으니 물을 어디서 구한단 말인가? 눈이라도 먹어야지 하고 나무다리를 걷는데 어디서 졸졸졸 물소리가 희미하게 들렸다. 다리 아래로 내려가니 얕은 곳으로 맑은 물이 지나가고 있었다. 그래 구하라 그러면 얻을 것이라. 한 모금 마시고 수통에 가득 채우고 장터목 아래 식수장을 지나고 보니 식수장도 얼어서 메말라 있었다.

그러나 올려다본 장터목 정경은 하나의 정원, 임금이 사는 궁전 같았다. 노송에 걸린 눈꽃은, 구상나무에 펼쳐진 지붕에 쌓인 눈은 한 폭의 그림이었다. 산등성이에 앉아 있는 통나무 산장이며 늙어 가는 나무들이며 연한 오후의 운무가 깔린 산 고개의 온화함을 어찌 말로 표현할 수가 있을 것인가?

힘들게 올라온 힘거움이 일시에 가시고 가와바타 야스나리의 소설 속의 《설국雪國》의 그림을 상상했다. 소설 속의 주인공이 되어 설국으로 기차를 타고 들어간 대신에 걸어서 들어갔다.

장터목서 세석으로 가는 설국의 능선에는 바람이 일고 있었다. 능선 눈길은 내린 지 얼마 되지 않은 처녀의 백설이다. 능선에 쌓인 하얀 눈을 밟으며 걸었다. 바람에 눈꽃은 살아 서 있는 부챗살의 나무처럼 단단한 얼음이었다. 거저 경이롭고 황홀하다고 밖엔 다른 표현이 없었다. 키 작은 나무는 작은 키에 넓게 앉아서 꽃을 수놓았고, 키 큰 나무는 큰 키 높이 가지가지마다 깃털 같은 날개의 수를 놓았다.

삼라만상이 눈의 향연을 부르고 다만 산중의 인간만이 아무 눈짐 없이 걷고 있었다. 그러다 보니 어느새 연하봉 촛대봉을 지나고 더 넓은 세석 고원이 아래로 내려다보였다. 그 사이에 내 머리에도 어깨에도 눈썹에도 하얀 눈꽃이 앉았다.

그렇다, 나도 여기서 살면 저 산처럼 나무처럼 눈 속에 묻혀 눈꽃을 피우고 살 것인데, 지나가다 눈보라 맞으니 저 자연이 되지 못하는구나. 장터목에서 동행한 울진의 젊은이는 말없이 뒤따라 왔다.

"선배님 따라오니 빨리 걷지도 않았는데 한 시간여 만에 여길 왔습니다. 무슨 비결이라도 있습니까?"

두 시간 걸릴 거리인데 한 시간여 만에 오다니 참 빨리 걸어왔구나!

비법도 비결도 없다. 그냥 무심으로 걸어올 따름이다. 무심, 무심, 그래 무심無心이다.

무심은 마음이 없는 것은 아니다. 없는 것이 아니고 비우는 것이다. 그릇에 아무것도 담지 않은 것이 무심無心이다.

아마도 오늘 이 산장에는 손님이 거의 없을 것이다. 그러니 천천히 입소하고 여기 취사장에서 더운 기운 식힐 겸 막소주나 한잔하자고 취사장으로 들어갔다. 아무도 없는 넓은 취사장은 커다란 평상 두 개만 한가운데 앉아서 기다리고 방풍이 잘 되어 따뜻하였다. 스웨터를 꺼내 입고 신발 신은 채 평상에 상다리 하고 앉았다.

젊은이가 양주 한 병을 꺼냈다. 백무동에서 기념으로 한 병 샀다는데 같이 마실 사람이 없을까 봐 걱정했었단다. 그래 마서 주마 술인데 이 산중에서 양주고 소주고 얼마나 귀한 술이 아닌가? 제사 음식 김치전으로 안주를 하여 마시고 있는데 부산 사람 한 명이 왔다. 반가워했다. 두 사람 산장에 있는데 우리가 와 주어 다행이라고 했다. 한잔을 권했더니 나머지 한 사람 모서 온다나, 두 사람 다 들어왔다. 이제 네 사람이 평상에 앉았다. 이 큰 산장에 네 사람이 모두였다.

권커니 잣거니 네 사람이 마시니 양주 한 병은 벌써 동이 나고 4홉 소주 한 병이 나왔다. 불을 피워 꽁치 한 캔을 까서 찌개를 끓였다. 숙달된 산중 솜씨로 양파 까 넣고 고춧가루 풀어 끓이니 소주 안주로 일품이었다.

부산객이 어느새 밥을 지었다. 아직 시간이 일러 천천히 해 먹을 심사였는데 그는 배가 고픈 모양이었다. 그 식사로 세 사람이 먹었다. 나는 기다렸다. 다들 그만 먹었다. 그래도 밥이 남았다. 그래서 내가 먹었다. 조기 한 토막 넣고 물 붓고 또 끓였다. 고춧가루 푸니 조기 매운탕이 되었다. 일 인분 밥으로 네 사람이 저녁을 해결하였다.

산사람 만나면 산 이야기뿐이다. 어디로 언제 어떻게 가서 어떻게 지내다 왔다는 산꾼 이야기로 하룻저녁을 보내고 9시에 침구 빌려 그 넓은 산장에 크게 누워 잤다.

눈을 뜨고 시계를 보니 5시였다. 침구를 개고 나서니 5시 반이었다. 오늘은 꿈에도 그리던 남부능선 횡주길이다. 머릿속에 그려진 산행 거리며 시간 계획에 의하며 5시경에 일어나서 떠나면 9시에 청학동, 삼신봉, 12시에 상불재, 3시에 형제봉, 6시에 마지막으로 섬진강물 앞이다. 모두들 자고 있는 산장을 조용히 소리 없이 나섰다.

산장 밖은 어둠 속에 묻혀 있었고 까만 하늘에는 별들만이 머리 위에서 총총 빛나고 있었다.

나는 눈감아도 알 수 있는 세석의 방향을 의심 없이 혼자서 걸었다. 거림 쪽으로 내려가다 쌍계사 방향으로 가다 음양수 만나며 의신이나 대성교로 하산하지 말고 능선 따라 직진하면 남부능선이 계속된다. 그러다 한벗샘 나오면 아침 지어 먹고 삼신봉으로 갈 것이다.

손전등 불빛으로 길을 잡는다. 불빛따라 하얀 눈꽃이 사방에 성곽처럼 쌓여 있었다. 눈 사이로 발자국이 희미한 눈길을 따라 걸었다. 아마도 이 온 산에 이 새벽에 걷는 이는 나 혼자일 것이다.

내려가는 길이니 아이젠을 찼다. 그리고 지금이 출발이고 눈길이니 아주 조심스럽게 길만 보고 걸었다. 수없이 오르내리던 거림 세석간 길이었다. 그러나 어두운 새벽길 눈 덮인 산길을 혼자 걸으니 낯설었다. 그래도 이런 적이 한두 번이 아니니 어려움 없이 지체 없이 내려갔다.

음양수陰陽水에서 물 한 모금 마시려고 보니, 샘에 낙엽이 고이고 맑지 못해서 그만두었다. 지난번에 지나면서 한참 동안 샘 청소를 하고 갔건만 여전히 더러워진 것은 사람의 탓인지 자연의 탓인지 모르나 음과 양의 조화로 이루어진 음양수가 그 기가 다했는지 어찌 이리도 더럽단 말인가? 이런저런 생각으로 길을 따라 내려갔다.

내려가는 경사가 급해 의심이 갔다. 능선을 타야 하는데 혹 이 길이 의

신으로 빠지는 길이 아닌지? 내려가다 다시 올라왔다. 옆길을 찾아도 보이지 않기에 다시 내려왔다. 잠깐 마음이 흐트러지니 길이 헷갈렸다.

계속해서 능선 길이 이어졌다. 갈림길 이정표가 나왔다. 대성교와 삼신봉으로 갈라지는 곳이다. 능선으로 길을 붙잡고 갔다. 이제 길이 없었다. 가끔씩 리본만 보일 뿐 길은 눈에 덮여 버렸다. 어제 이 길로 한 사람이 왔을 것인데 같이 술 마신 한 사람은 쌍계사서 왔다고 했는데 그러면 삼신봉 지나서 왔을 터이고 이 길로 걸었을 것인데 그 사이 바람이 불어 길이 눈에 덮였나?

어둠은 점점 옅어지고 조용한 새벽이 오고 있었다. 뒤돌아보니 건너 촛대봉 아래 산자락과 멀리 촛대봉이 새벽 별빛에 어슴푸레 나타났다. 바람 한 점 없는 고요한 날이다. 능선에 하나씩 나타나는 바위의 형상이 기이했다.

형제가 나란히 서 있는 듯 형제바위며 커다란 거북이가 고개를 하늘로 향해 들고선 거북이 바위 아래, 거림골 낭떠러지가 내려다보이는 바위 위에 앉았다. 거림골 마을의 장명등이 하나둘 보이고 지평선 너머로 공제선에는 하늘이 맞닿아 있었다.

바라다보는 남부능선의 산이며 건너편 산들이 혼자 산속에 앉아 있는 나에게 너무나 조용하고 고요했다.

그리고 따스한 黎明(여명)이었다. 너무나 편안하고 아름다워서 행복했다. 외롭지도 않고 허무하지도 않았다. 삶이 풍요로웠다. 이런 새벽을 맞을 수 있는 기회를 준 신에게 감사하는 마음이었다.

온 산을 다시 둘러보았다. 그러나 그곳엔 아무도 없었다. 오직 나 혼자 온 산을 다 차지하고 있었다. 눈 덮인 산을 30여 분 더 내려와서 바위를 내려섰다. 병풍처럼 북쪽을 막고선 바위 아래로 내려서니 온기가 묻어 나왔다. 배낭을 내리고 어제 먹고 마셨던 배 속에 든 배설물을 처리해야 몸이 깨끗이 정화될 것 같아 낙엽을 손으로 헤치고 작은 구멍으로 배설물을 쏟았다. 이것도 자연이니 산짐승이 먹거나 나무의 거름이 되리라. 자연에 보시하고 일어서니 그렇게 개운할 수가 없고 몸이 가벼웠다.

바위가 길을 막고 선 곳에 왔다. 석문石門이 있었다. 석문을 나와서 몇 개의 바위를 지나 가없는 능선 길을 갔다. 길은 계속해서 경사가 심한 거림골을 바라보며 이어져 있었다.

나는 누워서 바라볼 수 있는 경사진 바위에서 밝아 오는 아침을 바라보려고 앉았다.

노을이 졌다. 저녁노을이 아니라 새벽노을이 지고 있었다. 그 노을 빛 속에 유난히 붉음이 돋보이는 하늘이 있었다.

산과 하늘과 노을을 보면서 나에게 묻는다.

수많이 이가 나에게 물었듯이 왜 산에 그렇게도 열심히 다니느냐고 나에게 물었다.

오늘 나는 그 대답을 알 것 같았다. 많은 이가 물어도 명쾌한 대답을 못 한 질문에 나 스스로 해답을 얻었다. 내가 왜 이렇게 힘들게 또 멀리 위험한 산행을 혼자서 가는지? 이제는 알 것 같다. 대답은 간단했다.

고통을 겪으러 산에 간다.

그렇다 고난과 힘듦이 없다면 벌써 그만두었을 산행이 아닌가?

저 아래 세상의 고통이 너무나 힘들고 감내하기 어려워 그보다 더한 고통으로 극복코자 나는 산에 갔고 또 가고 있다. 그 이상도 이하도 나에게는 아니다.

사방은 고요하고 아득했다. 추위도 바람도 없고 온 산에 나 혼자이고, 이렇게 고요 속에서 아침이 올까? 아침이 오려고 이렇게 고요한 것일까?

해가 떠오를 곳으로 금조金鳥의 붉은 머리털처럼 붉음이 깃을 올리고 번지어 나왔다.

해가 떴다. 해는 지평선을 떠나자 나에게로 마치 유영하듯이 헤엄쳐 다가왔다. 멀리서 작은 해가 살아서 다가왔다. 점점 커져 왔다. 천하는 이제 저 햇살이 지배한다. 저 햇살은 나무도, 눈도, 산도, 물도 만들고 생명을 만들고 우주를 지켜 준다. 그런 해가 하루 한 번씩 아침이면 찾아와 준다. 이는 신의 축복이며 신의 은총이다. 이제 햇살 속에 걸었다.

헬기장을 지나 평지를 걸어 내려가니 한벗샘이었다. 샘물을 길어 쌀을 씻고 밥을 지었다 그리고 찌개를 끓였다.

언 손을 녹이며 더운밥을 먹고 남은 밥은 지고 나서니 한 시간이 벌써 지나고 9시 반이었다. 지금 이 시간이면 삼신봉을 갔어야 했다. 그러나 어쩔 것인가? 지금부터 부지런히 걸어가 보는 수밖에, 어찌 되었거나 저녁 6시까지는 걸어가야 하는 운명인데 이를 어쩔 것인가?

한 시간을 더 걸으니 삼신봉이 나왔다. 아무도 없었다. 오늘은 월요일이니 산행객도 여행객도 없구나. 물 한 모금 마시고 신발을 보니 옆 창이 삐져나와서 발가락이 나올 지경이 되었다. 끈으로 동여맸다. 한결 나았다. 그래도 오늘은 견디어 주어야 할 터인데 지난번에 버릴 것을 아까워서 구두 수선집에서 뒷부분을 수선하고 두 번 신었는데 옆구리가 터졌으니 이제 도리 없이 버려야지.

난 내가 입고 신던 물건을 잘 버리지 못한다. 그래서 신발장에는 헌 구두와 운동화가 여러 켤레 잠자고 있다. 옷도 그렇다. 떨어지면 옷 수선집으로 직접 들고 가서 수선하여 입는다. 그 옷이 새 옷보다 편하다. 그래서 언제나 헌 옷 입기를 좋아한다.

11시에 삼신봉을 출발했으니 2시간이 늦어졌다. 두 시간 늦게 목적지에 도착하면 될 것이니 서둘 것이 무엇인가? 아무 어려움도 늦음도 부질없기에 그냥 걸어갔다.

눈이 얼어 비탈길이 미끄러워 조심스레 걸었다. 길에 눈만 보일 뿐 사람의 발자국이 없었다. 헬기장 이정표까지 한 시간 걸려서 왔다. 배낭을 내리고 사과 한 개를 먹었다.

이제 1㎞ 더 가면 상불재가 나오고 친구가 보내 준 약도를 보고 가야만 했다. 상불재부터는 초행이기 때문이다. 상불재는 사거리다. 능선으로 길이 있고 좌우로 길이 있다. 좌는 청학동으로 우는 쌍계사로 하산한다. 나는 거침없이 아는 길처럼 직진했다. 산죽이 키를 넘고 길은 산죽에 묻혀 보이질 않았다. 고개를 낮추어 아래로 살펴 길을 찾는다. 서서는 길이 보이질 않았다. 산죽 잎에 앉은 눈이 옷섶에 스치어 떨어져 옷이 다 젖었다. 소매로 가슴으로 호주머니로 구멍만 있으면 눈이 들어왔다. 더위에 눈이 시원함을 주었다.

산 고개를 올랐다. 묻힌 길 속에 누군가의 등산화 뒤창이 찍은 자국이 사슴이 남긴 발자국처럼 덮여 있었다. 이 뒤창 자리가 길의 안내가 되었다.

누군가의 말처럼 오늘 내가 남긴 발자국이 뒷사람의 길이 되리라고 했었지. 누군가가 남긴 발자국이 오늘 나의 길이 되고 있었다.

그렇다, 내가 남긴 오늘 이 발자국은 뒷사람의 길이 될 것이다.

상불재 지나서 첫째 갈림길이 나왔다. 우측 길을 버리고 좌측으로 가

투구꽃 피는 산길

랬지. 리본이 붙어 있었다. 산죽은 끝없이 계속되었다. 길이 정말로 없어졌다. 이곳이 얼마나 산중인지 짐작이 가지 않았다. 대밭에서 곰이 나올 것 같았다. 마치 뒤에서 곰이 따라올 것 같다.

소리가 났다. 뒤를 돌아보니 소리가 더욱 크게 들렸다. 소스라쳐 놀란다. 나도 몰래 몸을 움츠리고 앞으로 혼자서 쓰러진다. 돌아보는 순간에 배낭에 닿은 산죽이 더욱 크게 소리친다.

그 소리에 또다시 놀란다. 그러다 배낭이 산죽에 스치는 소리인 줄 깨닫고 놀란 가슴을 추스른다. 이제 놀라지 말아야지 하고 생각한다. 내가 낸 소리에 내가 놀라다니.

얼마를 걸었을까? 어서 산죽밭을 벗어나야지. 산죽이 앞을 막으니 진도가 나질 않았다. 자꾸만 갈 길을 막고 있었다. 그래도 헤쳐 가야지 돌아갈 수는 없질 않는가? 바위가 나오면 길이 없었다. 산죽이 없어졌으니 길이 없어졌다. 사방을 살펴 길을 찾는다. 용케 잘도 길을 찾았다.

작은 산을 오르니 두 번째 갈림길이 나오고 능선이 갈라졌다. 좌로는 시리봉으로 해서 칠성봉 능선이다. 우측으로 들어섰다. 저만치 산 위에 돌탑이 있었다. 무명봉의 돌탑에 앉았다. 건너 칠성봉 능선과 우측의 쌍계사에서 갈라져 올라온 계곡이 있었다. 그리고 가야 할 원강재와 형제봉은 안 보이고 1107봉만 보였다.

돌탑 옆에 누웠다. 하늘이 보였다. 푸르고 깊은 하늘이었다.

바람도 자는 따뜻한 겨울이었다. 정말이지 오늘 이 남부능선에 나 홀로 살아 있는 느낌이었다. 간식을 꺼내 맛있게 먹었다. 1시였다. 점심을 어디서 먹지?

형제봉까지 가서 먹으면 좋으련만 갈 수 있으려나?

돌탑 봉우리를 되내려와 길로 접어드니 이제 능선에 방화로防火路를 만들어 놓았다. 산죽이 제거되어 길을 걷기가 수월하다. 깎아서 다듬어 놓은 능선을 따라, 능선을 따라, 알지도 보지도 못한 길을 그냥 걸었다.

가면 형제봉이 나오겠지 하면서 걸었다. 저 아래로 임도가 보였다. 능선은 임도 우측에 있고 임도를 걸으면 다시 능선을 만나는구나.

그러다 다시 능선으로 올라서야지 산봉우리 바위가 길을 막은 곳에 이르러 좌우로 길이 나왔다. 우측에 임도가 있었으니 우측으로 가자. 돌아나오니 임도가 생겼다. 임도의 끝이었다. 임도에 올라섰다. 임도를 따라 걸었다.

저 아래로 암자가 보였다. 임도에 서서 크게 소리 한번 질렀다. 야호를 외쳤다. 처음으로 소리를 질렀다. 온몸에 기가 다시 충전된 듯했다. 평지 같은 임도를 타고 내려갔다.

사람이 나타났다. 남녀 두 사람이었다. 지팡이를 든 남자 스님과 비구니였다. 반가웠다. 그들도 반가운지 인사를 했다. 스님식으로 두 손을 모아 합장으로 인사를 하고 길을 물었다.

형제봉으로 갈려고 하니 어디로 얼마나 가야 하느냐고 물었다. 스님이 지팡이로 갈 길을 알려 주었다. 비구니가 덧붙였다. 친절하게 웃음을 머금고 덧붙였다. 지난 가을에 능선으로 길을 내어놓았으니 만들어진 능선으로 계속 가면 형제봉이 나온다고 웃는 얼굴이 어여쁘다.

산중 여인이라 그런가 보다. 아마도 저 스님의 여인이겠지. 다정한 부부의 산책길일 것이다. 어디서 왔느냐고 묻기에 아침에 세석에서 왔다니 놀란다. 그러하시면 한 시간이면 충분히 형제봉에 갈 수 있다고 알려 주었다.

한 시간 후면 형제봉이라, 3시면 도착할 수가 있단 말인가?

능선을 따라, 능선을 따라, 사슴을 만나면 사슴과 놀고, 해야 해야 나오느라 김칫국에 밥 말아 먹고 장구 치고 나오느라, 형제봉아 나오느라, 꽹과리 치고 나오느라.

오르는 산비탈에는 눈이 쌓여 미끄러웠다. 아직 난 아이젠을 차고 있었다. 한번 찬 아이젠은 다시는 차지 않아도 될 곳에 가서야 벗는다. 형제봉을 오를 때 혹 얼음이 나오면 다시 차야 하니 벗지 않는 것이다. 벌어진 신발을 동여맨 끈이 풀려 몇 번이고 다시 맸다.

1107봉 바라다보이는 내림길 넓은 방화로防火路 양지에 주저 앉았다. 그동안 참 부지런히 걸었다.

시장기가 나서 배낭을 풀고 버너를 꺼내 불을 붙였다. 그리고 된장을 넣고 멸치도 넣고 양파와 감자를 넣고 끓였다. 찬밥을 국에 넣었다. 된장국밥이 되었다.

시장기를 채우고 재빨리 나섰다. 고개를 오르니 바로 앞에 형제봉兄弟峯이 나왔다. 세시 반이었다. 1115M 형제봉, 악양서 올라온 관광객 3명이 있었다. 반가웠다. 길을 물었다. 형제봉은 1115M 봉우리가 두 개다. 성제봉聖帝峯이라는 표지석이 있었다. 경상도에서는 형님을 성님이라고 부른다. 그래서 마을 사람들은 형제봉을 성제봉이라고 불렀다. 이 성제가 일본 사람이 성제聖帝로 한자를 잘못 표시하여 오늘의 성제봉聖帝峯

이 되었다.

내려다본 악양들이 남녘으로 광활하게 펼쳐져 있었다. 토지의 땅 악양 지리산 정기가 모여 배산덕수配山德水한 땅 악양이 아닌가? 정말 잘생겼다. 풍수적으로 명당인 곳이다. 앞으로 섬진강이 흐르고 뒤로는 지리산 줄기가 막아 주었으니 과연 절경에 명소로구나.

성제봉 철쭉제를 알리는 머릿돌이 나왔다. 사방으로 수만 그루의 철쭉이 완전히 보전되어 있었다. 저 세석의 철쭉도 바래봉의 철쭉도 다 망가졌는데 형제봉의 철쭉은 완전하였다. 길을 따라 그냥 가면 악양으로 빠져 버린다. 능선을 놓치지 말고 두 개의 바위를 보고 가야 한다. 그 바위 사잇길을 지나서 또 큰 바위 하나를 두고 우측으로 돌아 오르면 바위를 오르는 나무 사다리가 나왔다. 그 사다리를 타고 꼭 올라가 보아라. 이 말을 듣지 않으면 그대도 나처럼 후회할 것이다.

갈 길도 멀고 해서 그냥 섬진강을 보고 섰다. 두 개의 능선이 있었다. 그리고 두 능선 모두 섬진강에 몸을 풀었다. 우측 능선으로 내려서니 무덤이 한 기 나오고 두 개의 길이 있었다. 한 곳은 절벽이었다. 천 길 낭떠러지였다.

내려다보니 오금이 다 저렸다. 참았던 소피를 낭떠러지 아래로 쏟고 아이젠도 풀고 이제 묶었던 끈도 풀었다.

이제 신발이 떨어져도 갈 수 있겠지. 등산화는 뒤창도 덜렁덜렁했다. 헤어지고 망가져 걸인乞人 신발보다도 못했다. 그러나 천대하지 말자.

이 신발이 나를 이곳까지 안전하게 모셔 오질 않았던가? 천대하고 멸시하면 언젠가 후회하고 다시 고칠 수 없으니 감사하고 또 감사하라.

우측으로 길이 나 있었다. 리본도 있었다. 내려가니 길이 작아졌다.

투구꽃 피는 산길

그러다 점점 희미해졌다. 골짜기로 빠지는 길이다. 다시 되돌아 올라왔다. 능선 길을 찾으러 살폈으나 길은 없었다.

그럼 내려가 보자. 길은 골짜기의 산사태로 없어졌고 내려가면 저 아래 골짜기로 빠질 뿐이었다. 지금 여기서 골짜기로 빠지면 절대로 안 된다. 아마도 오늘 집으로 돌아가긴 글렀다. 차라리 악양으로 가는 먼젓번 갈림길로 되돌아가더라도 철수하자.

왔던 길을 십여 분 올랐다. 보았던 바위 봉우리 그 나무 사다리를 타고 올랐다. 그리고 내려다보니 길은 바위 남쪽으로 석문石門 사이로 해서 좌측 능선으로 이어져 있었다.

이 길을 보긴 했으나 바위를 양쪽으로 돌아 만나는 길이라고 착각을 했다. 내려갔다 올라오길 두 번을 했으니 여기서 30분은 지체를 했구나. 그래도 길을 찾았으니 기뻤다. 바위 사이로 조심스레 지나니 능선이 이어졌다. 되돌아 올라갔던 바위를 올려 보았다.

천 길 낭떠러지가 바로 신선봉이었구나. 바위 봉우리의 장대함과 우뚝 섬이 웅장하고 거대하여 목을 곧추세운 독수리의 얼굴이었다.

내가 저기 바로 머리 위에서 여길 내려다보았구나. 그럼 그곳에 있었을 때에는 내가 신선봉에 있는 줄도 모르고 앉아 있었구나.

여기서 바라보니 누가 알려 주지 않았어도 척 보면 신선대로 알겠구나.

이제 길을 바로 찾았으니 부지런히 걷자. 그러자 발은 벌써 알고 뛰어가고 있었다. 바위를 돌고 흙길을 가로질러 자꾸만 내려갔다. 작은 봉우리에 오르니 섬진강 물이 눈앞에 나서고 강바람은 산 아래서 올라왔다.

바위를 타다 철 사다리를 타고 그러고 보니 시간은 어느덧 5시를 넘겼다. 알맞게 시동이 걸려 몸은 흔들림 없이 가볍고 배낭도 이제는 가벼워졌다. 그러나 발은 약간 풀린 듯, 아직은 걸을만했다.

섬진강 나룻터가 보이는 전망대에 올랐다. 바람이 드세어 오래 있지 못했다. 그러나 섬진강의 얼음물과 백사장 그리고 건너 광양 땅의 백운산이 바라다보이는 확 트인 곳이다.

봉화대에 올랐다. 5시 20분이었다. 길 떠난 지 12시간이 지났다. 그렇지 이렇게 뛰어가는데 발이 풀리지 않는 것이 이상하지? 이런 발을 주신 부모님께 감사했다.

돌아봄도 없이 지나쳐 내려가니 길보다도 발이 푹푹 빠지는 소나무 숲속 길이 뛰기 좋았다. 통천문通天門이 나왔다. 쳐다보니 사람 발자국은 보이나 사이로 지나갈 것 같지 않아 바위 위로 돌아갔다. 내려서서 통천문으로 들어가 보니 한 사람은 충분히 다닐 수가 있었다.

고소대에 서니 바람은 더욱 드세고 깎아 세운 바위 위로 오르다 그만두었다.

용트림을 한 강은 구례에서 지리산을 감싸고 흘러 여기 하동까지 그물길을 이었고 이제 그 물길은 세력을 다하여 남해 바다로 젖어들었다. 그리고 나도 이제는 그 여정의 마지막 길을 재촉하고 있었다.

고개를 오르니 고분을 답사한 깃발이 꽂혀 있고 발굴터 흔적이 여기저기 흩어져 있었다. 축조한 산성이 나왔다. 성곽 위로 올라섰다. 성 위로 걸어 내려갔다. 아마도 이 길은 내가 걸어가야 할 산행로는 아닐 것이다.

그러나 여기까지 와서 고소산성을 살피지 않으면 언제 다시 오려나? 옛 성의 흔적은 거의 보이질 않고 새로 쌓은 성만 차분하게 있었다. 서쪽 아래에 성문이 있었던 자리가 나왔다. 경사가 심해 미끄러지면서 내려왔다.

능선의 좌측으로 악양으로 빠지는 길이 자꾸만 나왔지만 나는 고집스레 능선을 따라 걸었다. 그래야 저 섬진강으로 빠져들 것이 아닌가?

마침내 고분군, 아니 공동묘지가 나왔다. 수많은 하산 길을 버리고 왔더니 공동묘지가 능선 위에 있었다. 소위 명당이라는 것이 산의 정기가 이어져 내려온 곳, 그러니 맥이 끊이지 않고 氣가 모이는 곳이 명당이니 이곳이 명당 터인 것이다.

장군 묘 네 기가 나란히 있고 지리산의 정기를 받겠다고 여기 수많은 죽은 자가 누워 있었다.

벌써 하늘은 어스름이 내려와 어둑어둑해지고 강바람이 윙하게 지나가니 월하月下의 공동묘지는 아니더라도 으스스했다. 어서 이 길을 벗어나자.

그러나 능선은 버릴 수가 없었다. 마침내 길고 긴 대장정 남부능선의 끝자락 섬진강 국도 변에 내려섰다.

여섯 시 반이 지났었다. 어둠만 강변에 웅크리고 있으며, 나를 반기는 것은 바람과 홀로 서 있는 소상낙원이라는 화강암 자연석으로 새긴 표지석이었다. 여기가 악양면 평사리 외둔마을이구나.

강물이 흐른다. 큰 산 사이로 휘감아 돌고 돌아 섬진강이 흘러내린다. 이 강물의 근원은 장수 임실에서 섬진강 댐으로 흘러들어 임실의 마암분교 김용택 시인의 마을을 지나고 구례로 내려와 지리산 서부 지역 골짜기 물을 담아 여기까지 흐른다.

맑고 고운 어머니 젖가슴 같은 섬진강물이 어둠에 묻혀 천고의 세월과 동족상잔의 한을 품고, 남부군의 한을 품고 흐느끼며 흐르는 것 같아 어찌하여 바라볼 수가 없었다.

허위허위 저 강물에 손 한번 담그러 100리 길을 걸어왔건만 무심한 강물은 어찌하여 돌아누워 저 혼자 울고 있는 모습이구나!

아! 마침내 그 길고 긴 열세 시간의 대장정의 막이 내리고 빈 국도엔 어둠과 바람만이 아무 일도 없었듯이 지나가고 있었다. 강바람이 매서웠다. 산 위보다도 강바람은 더욱 스산하고 추웠다. 그러나 그 바람을 맞서 서 있는 나는 감격에 겨워 돌아갈 생각도 들지 않았다.

어디로 어떻게 가야 하지? 아주 낯선 곳에 혼자 떨어진 이방인처럼 그냥 국도 변에 한동안 서 있었다. 이따금씩 차들이 씽씽 지나갔다. 혼자 서 있는 나를 아무도 알아주지도 않고 누구 지나가는 행인이 있어야 오늘 내가 걸어온 길 자랑이라도 할 터인데 불행히도 아무도 없었다.

그러다 보니 7시가 되었고 지나가는 1톤 트럭이 세워 주었다. 하동까지 부탁한다니 어디서 어떻게 왔느냐고 물었다. 다시 한번 혼자냐고 물었다.

그는 쌍계사 골짜기 의신마을 운해 산장雲海山莊에 산다면서 정말 대단하다고 감탄을 했다. 다음에 의신 올 기회가 있으면 꼭 한번 들러 이야기 좀 나누고자 했다. 그도 산이 좋아 산에 산장 지어 놓고 사는 산사람이라고 했다.

하동에 내려 할매 재첩을 찾았으나 할매는 없었다.

주차장 근처에서 재첩국에 맛있는 저녁을 먹었다. 정말 시원하고 맛있었다. 얼굴이 달아올랐다. 돌아오는 버스 속에서 차창을 내다보니 고속도로에 여전히 분주히 차량이 오가며 세상만사는 그대로 움직이고 있었다. 어제 세석에 올라 오늘 새벽에 길 나서서 13시간을 걸었는데 잠도 오질 않고 피곤하지도 않았다.

오늘은 술도 한잔하지 않았다. 어서 집에 가서 따뜻한 물에 몸 담그고 시원한 맥주를 마시고 싶었다. 목적을 달성한 환희가 가슴 가득 밀려왔다.

누가 산에 왜 가냐고 물으면
그냥 웃을까?
그래 전에는 대답이 궁하여 그냥 웃었다.
이제는 알았다.
산은 고행苦行이다. 고통을 극복하려는 고행이 있기에 간다고 나는 자신 있게 말하리다.
인간사 고통 없는 곳이 어디 있으랴!

2000. 2. 9.

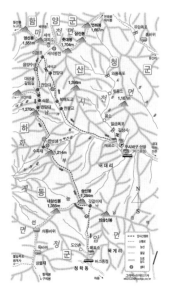

지리산 남부능선 지도 1

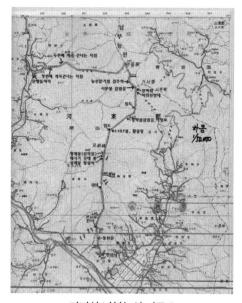

지리산 남부능선 지도 2

투구꽃 피는 산길

5. 지리산 종주기(소리개 산악회)

성삼재에서 대원사까지

2001. 6. 16. (토)-2001. 6. 17. (일) 1박 2일

비가 온다.

60년 만의 가뭄이 해결되는 비가 억수같이 쏟아진다. 비가 오니 어둑어둑하여 졸음이 쏟아지는 월요일 아침에 지난 주말 지리산 종주 산행이 꿈길처럼 영사기 돌아가는 소리로 내 앞에 펼쳐진다.

사천 1공장 소리개 산악회 일행 21명은 윤 사월 해 길다 꾀꼬리 우는 음력 스무 닷새 뱀사골 입구를 지나 구례 성삼재에서 아침 9시에 군장 검사를 마치고 회장님의 인사 말씀과 산행 대장님의 안전 수칙을 듣고 출발을 했다. 삼천리강산에 가뭄이 깊어 강호는 병이 깊었을 것이라는 예상과는 달리 푸른 유월은 파란 하늘 아래, 깊고 푸른 지리산은 그곳에 있었다.

노고단 산장을 지나 노고단 고갯마루까지 오르는 돌계단에는 햇살이 빛나고 있었다.

땀을 훔치고 내딛는 발끝에 가볍게 닿은 노랑나비 한 마리.

아차 하마터면 내 발길에 깔릴 뻔한 저 생명 하나. 나폴 나폴 나비는 팔랑이는 가랑이 사이를 날아 통나무 담을 넘어 들풀 속으로 사라진다. 노고단에서 돼지평전으로 이어지는 길은 사방이 훤히 트인 휘파람 불며 걷는 산책길이다. 능선에는 고운 풀밭이 끝없이 이어지고 이름 모를 풀 꽃들이 피는 유월. 노란 원추리꽃은 아직 피지 않았다. 7월이면 필까? 내 기대는 아무리 찾아도 보이질 않았다. 아직 꽃대도 아니 올라왔다. 그러나 유월의 지리산 능선에는 하얀 꽃 산 목련이 피어 그 향기가 지리산 산자락을 다 덮고 있다. 산 목련은 함박꽃나무라고도 하며 꽃이 먼저 피고 잎이 피는 목련과 달리 잎이 나고 꽃이 피는 목련과의 산 나무이다. 팁 하나 드리면 북한의 국화가 바로 이 함박꽃나무이다.

임걸령 너럭바위에 앉아 남쪽의 펼쳐진 산의 군락을 본다. 왕시리봉 산줄기와 피아골 골짜기가 눈 아래 산산 골골을 손가락 펼쳐 만든 모습들이다. 지리산 종주능선에서 비껴 앉은 반야봉에서 건너다보이는 천왕봉도 큰 손 한 뼘이면 잡힐 듯 보이는 시야가 풋향기 나는 토마토처럼 싱싱한 빛나는 오전 11시. 삼도봉에서 점심을 먹었다. 김밥 도시락이다. 4인 1조인 우리 조는 백척간두 진일보하면 바로 황천행인 바위 끝 아슬아슬한 명당자리에서 묵은 김치로 먹었다. 소주 한잔으로 목에 기름을 치고 식사를 하는 이제 내일이면 쉰이 되는 뱀띠 네 명이 한 조가 되었다.

뱀사골 산장이 있는 화개재를 쉬지도 않고 지나서 토끼봉을 오르는 오르막길이다. 그래, 산이 그냥 민민하면 무슨 산이냐! 산이라면 힘도 들고 숨도 가쁘고 땀도 나야지 산이지! 바랑을 메고 삿갓을 쓴 스님 한 분이 내려가신다. 합장으로 인사하고 나니 점심에 마신 소주 한잔에 내 속에 잠든 신바람이 슬슬 동한다. 〈방랑 김삿갓〉 한 자락을 부르니 따라오는 일행의 박수 소리로 모두 한마음이 된다. 그래, 오늘도 나는 산길을 걷는 나그네이다. 술 한 잔에 시 한 수로 떠나가는 이삿갓이다.

토끼봉에 오르니 토끼봉 아래 칠불사가 생각이 났다. 쌍계사가 있는 화개동천의 목통골이다. 토끼봉이란 이름은 천왕봉에서 보면 12간지의 묘 자 방향이라 토끼 묘를 따서 지은 이름이다. 오전까지 마치 가을 날씨를 연상케 하던 서늘한 기온도 바람은 사라지고 후끈한 무더위가 숲에서 나와 길을 막는다. 모두들 지고 온 물통을 비우면 다음 식수가 공급되는 곳을 묻는다. 물이 좋긴 연화천이지 좋지. 산장 뜰에 그냥 펑펑 쏟아지는 자연수가 흐르는 곳. 마당이 넓고 자연 조경이 잘 된 곳. 아직은 돌담으로 지은 산장이 남아 있는 곳이 바로 연화천 산장이다. 그러나 그 펑펑 홍수처럼 쏟아지는 연화천의 물 대롱도 예전같이 쏟아지지 않았다. 얼음같이 찬물에 손수건을 적셔 목에 감고 주목이 간간이 살아남은 산장을 뒤로하고 오늘의 종착지인 벽소령을 길을 재촉했다.

형제봉 근처 봉우리 너럭바위에 누워 하늘을 바라보아라! 마치 하늘이 천장처럼 가까이 보이는 곳. 달이 뜨면 야구장 조명처럼 밝아 바위의 잔주름이 손바닥처럼 보이던 곳. 지리산 10경 중 하나인 벽소 명월을 볼수 있는 곳이 바로 이곳이다. 산이 깊어 인가가 머니 등불이 비치지 않고 하늘이 맑아 달빛이 좋은 곳이다. 어느 해인가 팔월 추석날 여길 와서 우연히 이 바위에서 바라본 달이 너무 좋아 산장에 가기 싫어 하염없이 누워서 달빛을 즐기던 시절이 있었다. 그땐 이 지리산에 한창 미쳤을 시절이었다. 시간이 허락하면 그냥 가고 가고 또 가던 지리산 이백 리 종주

길이었다.

지리산 종주 이야기가 나왔으니 그 길이를 짚어 보면 이번 우리처럼 노고단에서 시작하여 천왕봉을 지나 중산리까지 가면 종주를 했다고 할 수 있다. 다음은 구례 화엄사에서 천왕봉을 지나 산청 대원사까지 걸으면 완주를 했다고 할 수 있다. 그리고 태극 종주라고 하는 지리산 종주가 있다. 이는 철쭉이 좋다는 남원의 인월 바래봉이 있는 덕두산에서 산청 웅석봉까지 마치 S 자로 보이는 코스를 걷는다면 태극 형상의 태극 종주가 되는 것이다. 아마도 3박 4일은 잡아야 갈 수 있고 텐트 잠을 자야 하니 일반인은 좀 어려운 산행이다.

벽소령에 하오 5시에 도착을 했다. 연화천에서 못 온 낙오병이 있었다. 전화 연락을 해 보니 종주가 어려워서 연화천 산장에서 자고 다음 날 하산할 거라며 일행의 완주를 위해서 결단을 했다는 충정 어린 알림이 왔다. 이런 해 긴 봄날 일찍 산장에 도착하여 한담을 즐기긴 나로서는 처음 있는 일이다만 일행이 좋고 벗이 좋고 또 술이 좋으니 여장 풀고 꽁치 통조림 끓여 놓고 한잔 빨잔다. 좋지! 내 이런 일이 생길 줄 알고 4홉들이 소주병을 꽂아 왔지. 중년의 아저씨들 술발이 얼마나 센지 게 눈 감추듯 병을 비워 버린다.
벽소령 통나무 산장 마당 식탁에 앉으니 화계 섬진강에서 불어온 바람이 함양 마천으로 넘어가다 나를 만난다.

바람이 묻는다
나 더러 어디서 와서 어디로 가느냐고?

날 아는 체 한다

나도 널 안다고

바람이 지나가며 한마디 한다

다음에는 이 산의 나무가 되어서 만나자고

인당 산장 사용료 5,000원에 모포 한 장에 1,000원씩을 주고 통나무집 이 층 산장에서 잤다. 침상이 넓어 칼잠은 아니 잤지만 코 고는 사람들 사이에서 별 불평 없이 잤다. 잠자리가 바뀌면 잘 못 자는 사람들이 있 다. 코 고는 사람까지 곁에서 자니 잠을 못 잔다고 불평이 대단하다. 피 곤도 하고 내일 또 산행을 해야 하니 잘 자고 싶은데 환경이 도와주질 않 으니 성화가 나는 건 이해가 된다. 그러나 어쩔 것인가. 모두 같이 자야 하고 또 코 고는 사람도 체질적으로 모르고 고는 일인데. 내가 산에 다니 면서 터득한 진리는 아무리 불평하고 요령을 찾아도 묘안은 없다는 것 이다. 술 한잔 마시고 먼저 자 버리는 방법 외는 없는데 그런데 신경이 예민한 사람은 일쩍 잠이 안 온다는 데 비극이 있다.

다음 날 5시에 깨어 물을 끓여 산행용 간이식인 햇반으로 간단히 아침 을 먹었다. 끓는 물에 넣고 15분가량 신나게 끓이면 밥이 된다. 참 간단 하고 편리하고 맛도 괜찮다. 모두들 아침을 먹고 대열에 합류를 하여 6 시 30분에 여명을 뚫고 벽소령을 넘었다. 하벽소령에서 상벽소령 가는 길은 바위가 성벽을 쌓고 그 아래 산책로를 걸어가는 듯 따스한 화계동 천을 내려다보며 걷는다. 길섶에는 야생화가 피고 꽃밭에는 꽃 명찰을 달아 두었다. 쑥부쟁이, 모시대, 비비추, 미역취, 수리취….

덕평봉 칠선봉을 지나는 길은 장터목에서 천왕봉 다음으로 아름다운 하이라이트 코스이다. 봉봉이 우뚝하고 산세가 장엄하여 거침이 없고 기상이 빼어나다. 아름드리 구상나무가 자태를 뽐내고 지나온 종주능선의 길이 실뱀처럼 흐물흐물 흘러간 길에 반야봉 똥꼬가 살짝 비껴 앉은 산자락에는 지나가는 흰 구름 띠가 구름다리를 그리고 있었다.

영신봉을 올라서 키 낮은 철쭉 아래 지난 4월 하순에 낙남정맥 종주를 마치고 기념으로 달아 둔 리본을 찾아 내 호주머니에 든 리본과 맞추어 하나 더 달았다. 山我라는 내 이름이 든 리본 두 개, 하나는 낙남정맥인 낙동강의 정기를 담고 나부끼고, 또 하나는 지리산 노고단 종주능선의 정기를 담고 나부낀다. 반야봉 똥꼬를 배경으로 기념사진 한 장 찍고 빈 속이 싸해지는 양주 한 모금을 했다. 각설이처럼 지나가는 과객들이 마시는 술 얻어서 마셨다. 아! 그 맛이란 공짜 술에, 산정에서 마시는 양주 한잔 맛이란! 적당한 용어 머리에 없음.

세석의 광활함을 뒤로하고 산장은 멀어져 갔다. 천왕봉이 가까워지고 노고단은 자꾸 멀어져만 갔다. 마른 땅 위로 한 마리 지렁이가 기어 나왔다.

"어딜 가려고 하니?"

꿈틀꿈틀 지렁이 춤을 춘다. 나뭇가지에다 지렁이 다리를 걸어서 풀 속에다 밀어 넣었다. 지렁이만큼 땅을 기름지게 하여 식물에게 유익한 동물도 흔치 않다. 풀꽃 세상 만들기란 단체에서 풀꽃상을 주는데 이는 자연에게 주는 상인지라 이번에는 바로 지렁이가 수상자로 선정되었다고 했다. 잘 선정했구나. 이 넓고 푸른 사천 하늘도 한번 받도록 추천을 해야 하는데.

일요일이라 세석에서 천왕봉 코스에는 사람들이 많다. 내려오는 사람, 올라가는 사람, 북에서 온 사람, 서에서 온 사람, 어제 온 사람, 오늘 내려가는 사람, 쉬는 사람, 걷는 사람, 젊은 사람, 늙은 사람, 아줌마, 아가씨, 아저씨, 할아버지, 어떤 이가 수영복 같은 팬티 차림으로 지나간다. 아무리 이해를 하려도 이건 아니다. 트렁크 팬티이지만 심하다. 한마디 할까 하니 저만치 가 버리고 만다. 아무렴 두고 볼 일이지. 병꽃이 길가에 지천으로 피었다. 라일락 같은 향기와 모양을 가진 꽃도 만발하였다. 이젠 철쭉은 다 지고 비비추가 봉우리를 달고 키를 올리고 있다. 장터목까지 가는 길은 하늘이 열린 곳이다. 오늘은 더운 날이다. 어깨에 축 처진 배낭을 메고 덜렁덜렁 터벅터벅 걸어가니 누가 날 보고 배낭끈을 댕겨 매어 보란다.

내가 배낭을 메고 가는 줄 아시오?
내가 배낭에 이끌려 간다오!
헌데 내가 어찌 배낭을 고쳐 메겠소.

고사목이 장승처럼 서 있는 제석봉을 지나고 하늘로 통하는 문 通天門을 올라 드디어 하늘 아래 제일봉 천왕봉 바위에 올랐다. '한국인의 기상 여기서 발원하다'라고 새긴 정상석에서 단체 사진을 찍고 휴대폰 통화가 되는 곳이기에 정복의 기쁨을 전하는 통화 소리가 산정을 메우는 소란한 곳이 되었다.

우리는 예정보다 두 시간 이상 빨리 왔다. 지금 시간이 1시이니 이왕 내친김에 중산리 코스를 버리고 대원사로 하산하기로 했다. 그렇다면 중봉을 지나 취밭목 산장으로 가면 산길이 한적하고 원시림이 좋은 곳이니 그 방향으로 안내했다. 아름이 넘는 주목들이 살고 있는 길, 생태계가 온전하여 야생동물이 사는 곳, 밀림 같은 넝쿨 식물과 정말 고사목이 죽어 가는 곳이 바로 중봉 하봉 가는 길이다. 취밭목 산장에는 산장지기 민 형은 산장에 없고 백구인 치순이가 날 알고 반긴다. 생선을 못 먹는 개, 짖지 않는 개, 그래도 산길이라면 어디로 따라나서는 길잡이 개, 치순이다.

여기 모인 스무 명의 소리개 산악회원들은 훌륭하였다. 어제와 오늘 백 리가 넘는 거리를 20시간을 소요하여 걸었다. 후미에 처지는 사람도 없고 부상병도 없이 잘 걸었다. 힘이 펄펄 남는 사람이야 없지마는 대원사 유평리까지 무사히 하산을 했다. 대원사 여승의 목탁 소리를 들으면 막걸리 곡차에 목을 적셨다. 한잔 술에 거나해져 트럭의 화물칸에 오 분 대기조 출동하는 병사처럼 실려 대원사 공용 주차장까지 내려오면서 못다 푼 신명을 군가로 불렀다. 긴 윤 사월 해는 어느덧 넘어가고 하룻밤 이틀간의 지리산 종주는 끝이 났다. 산을 내려오면서 발을 끌며 내려오는 여학생이 있었다. 어린 학생인데 내가 뭘 도와줄 수 없나 하고 아무리 생각해도 이십 년 내 산 경력에 생각나는 경험이 없었다.

내 해 준 말은 겨우 이 말이었다.

"산길은 누구나 처음부터 끝까지 한 발 한 발 자기 발로 걸어가야 하는 길이다. 아무도 도와줄 수 없고 도움을 받을 수도 없는 인생길과 같다.

포기하지 않고 희망을 가지고 인내로써 걸어가야만 하는 나의 길이다."

2001. 6. 18.

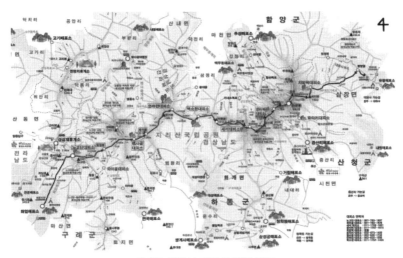

지리산 화엄사 대원사 종주 지도

산행 시간 기록

일시 2001. 6. 16.

8:40 성삼재

9:40 노고단

10:14 임걸령

12:40 삼도봉(점심 식사)

14:30 토끼봉

16:10 연하천 산장

17:20 벽소령 산장 도착(1박)

2001. 6. 17.

6:40 벽소령

7:20 선비샘

9:10 세석 산장

10:53 장터목 도착(점심 식사)

12:30 통천문

12:45 천왕봉 도착

13:30 중봉

15:00 치밭목 산장 도착

15:37 무재치기폭포

17:30 유평리

투구꽃 피는 산길

6. 사는 동안 이틀

지리산 여행

2002. 6. 29. (토)-2002. 6. 30. (일)

6-1. 떠나기

결국 나는 산으로밖에 갈 곳이 없었다.

산을 한동안 도외시하고 마치 어디에 빠진 사람처럼 얼빠져서 산 것 같았다.

그래 다시 산을 가자.

산이야말로 나를 보듬어 안아 주고, 지친 심신을 치료해 주고, 아픔 마음을 달래 주고, 거친 내 숨소리를 잠재워 주고, 흔들리는 가슴을 붙잡아 줄 곳이라는 걸 알기에 나는 결국 장마가 남해안에 상륙하여 오후부터 비를 내릴 것 같은 흐린 하늘을 머리에 이고 산행을 결심할 수밖에 없었다.

산행 준비물.

참으로 중요한 사항이다마는 이미 숙달된 조교 모양으로 내 차량 트렁크에는 배낭과 등산화 그리고 등산복들이 다 준비되어 있었다. 다만 일박

이상을 산에서 잔다면 먹어야 할 식량만은 그때마다 준비를 해야 했다.

점심을 간단히 식당에서 먹을까 하다 산행을 하면 기력이 소진할진대 싫어 보신탕이나 한 그릇 먹고 가자 싶어 갔더니 한여름 제철 만난 탕집에는 손님이 가득하다. 허나 나처럼 혼자 와서 보신탕 한 그릇만 먹고 일어서는 사람은 없었다.

산에는 아직 가지도 않았는데 이렇게 보신탕 먹느라고 앉아서 땀을 흘리었다. 시원하게 한 그릇을 맛나게 먹고는 대형 슈퍼에서 라면과 햇반(끓는 물에 넣으면 흰쌀밥이 되는 간편한 밥) 그리고 양파, 감자, 김치, 참치 캔과 소주를 사서 배낭에 넣으니 배낭 배도 내 배마냥 한가득해져 기분이 좋았다만 하늘은 어찌 우중충충 비라도 한 차례 내릴 기세로 장마 기운이 번져 왔다.

일기 예보도 남부 지방에 비가 온다고 했으니 산에는 비가 오긴 올 것이다. 그래도 이렇게 흔들리는 마음이 생길 때에는 오직 우직한 마음과 초지일관 초발심으로 밀고 나가야만 나중에 후회하지 않는다는 확신이 있기에, 이런 여름비는 산길을 걸으면서 맞는 것도 그렇게 잘못되는 일도 아니기에 나는 시외버스 간이 정류소가 있는 진주 개양으로 차를 몰고 갔었다.

개양 골목길 어디에 주차를 하고 하동 가는 버스를 기다리니 마음이 한결 가벼워졌다. 혼자 가는 여행이란 게 바로 이렇게 순간 생각에 거슬리는 것이 없기에 좋은 것이다. 이제부터는 간다는 결정은 내가 했지만 모든 주위의 상황이 나를 이끌고 갈 것이다. 차 시간이 결국은 내가 도착하는 시간을 결정해 줄 것이고 내가 오늘 어디에서 잘 것인가도 결국은 시간과 여건이 인도할 것이니 나는 별로 계획을 세울 것도 없고 머리를

투구꽃 피는 산길

굴릴 일도 없는 것이다. 어차피 미래는 흘러가는 작은 운명의 끈에 이끌리고 말 것이다.

하동 가는 버스에 올라서니 토요일 오후인지라 빈자리가 몇 없을 정도로 가득하였다. 식후 식곤증이 밀려오는지 사르르 낮잠이 밀려와서 눈을 감고 잠이 들라고 했는데 통로 건너 아이가 심하게 우는데 젊은 새댁은 아이 울음보다 크게 아이를 채근하며 안절부절이었다.

나는 웬만하면 그냥 참으며 잠을 청하는데 아이의 울음이 너무도 애절하여 곁눈으로 힐끗 보니 아이를 안고 흔들고 하는 품이 아이를 그냥 괴롭히는 모양이다. 새댁 옆에도 혼자 가는 젊은 아주머니가 앉아서 쳐다만 보고 있는데 부채를 들고 있었다. 나는 참으로 딱하여 곁에 앉은 아주머니 보고 부채로 아이를 좀 시원하게 해 주라고 청을 하자 설마 아이가 더워서 울겠냐 싶은 표정이었다.

아이 울음소리를 오랜만에 들어 보는 것 같았다. 나도 젊은 날 우리 아이들 집에서 키우면서 이런저런 경험을 하게 되었다. 아이가 울면 난 참으로 난감했었다. 말을 못 하는 아이는 결국 울음으로 자기를 표현하는데 키우는 부모는 왜 우는지 울 때마다 긴장하여 그 원인을 생각하게 되었다. 나는 아이를 키우면서 터득한 몇 가지 지혜를 발견하게 되었다. 아이가 우는 이유는 대개 세 가지 정도의 이유를 갖고 있었다. 하나는 배가 고프면 운다. 이건 아주 달래기 쉽다. 우유를 먹이거나 젖을 물리면 된다. 헌데 젖을 물려도 계속 울면 젖이 부족하거나 양껏 젖이 나오지 않기 때문이다.

다음은 아프면 운다. 아이가 아파서 울면 참으로 딱하다. 어디가 아픈

지 알아야 하고 어떻게 낮게 할지도 신출내기 아이 엄마로서는 황당한 일이다. 하여간 경험 많은 할머니가 계시면 얼마나 다행인지 모를 일이기도 하다.

그리고 마지막으로 아이는 잠이 오면 운다. 잠이 들기 전에 잠투정을 부리는 것이다. 잠이란 게 어른도 마찬가지지만 잘 수 있는 여건이 마련되어야 자는 것이다. 잠자리를 말하는 것이다. 시원하고 편하고 조용하고 건드리지 않아야 하는 것들이다.

이런 간단한 사유가 모두인데도 부모는 아이가 울 때마다 아이가 우는 이유를 모른 채 아이만 채근을 해 댄다. 울지 말라고 말이다. 울지 않을 조건을 만들어 주는 데는 인색하며.

조금 전까지만도 잘 먹고 잘 놀던 아이가 갑자기 울어 댄다는 아이어머니의 투정을 듣고 보니 아이는 잠투정을 부리는 것이다. 부채를 부쳐 주고 등을 두드려 주니 아이는 금세 잠이 들었는지 조용해졌다. 내가 이런 생각을 깨우치기까지는 아이 울음에 대한 나의 난감함과 그 애태움이 있었던 과거의 경험이 나에게는 가슴 아픔이 되었기에 아직도 그 기억이 이렇게 생생하고 아이 울음에는 마치 내 아이가 울어 대는 듯 나도 모르게 안절부절하는 내 작은 가슴 때문이기도 하다.

진교, 하동에서 진주로 유학을 온 학생들이 많은 모양이다. 교복을 입은 학생들이 태반이었는데 진교라는 작은 지방에 도착하니 승객은 반이나 내리고 버스는 바로 하동으로 떠났다. 하동, 섬진강, 송림과 재첩국이 유명한 고장. 섬진강을 따라 은어처럼 올라가니 하동 버스 정류장에 닿았다. 나는 구례 가는 버스 시간을 챙겨 보니 버스는 10분 전에 떠났고 다음 버스는 4시 20분이었다. 그러니 지금부터 1시간 10분을 기다려야

투구꽃 피는 산길

했었다.

　구례서 성삼재 가는 마지막 버스는 5시라고 정류장 벽에다 종이에 매직 글씨로 적혀 있었다. 4시 20분 버스를 타야 하고 또 구례서 5시 성삼재 버스를 타자면 하동에서 구례까지 40분만에 가야 가능한 일이었다. 터미널 장의자에 널브러져 다리를 뻗고 앉았다. 내가 할 수 있는 방법은 별로 떠오르지 않았다. 선잠을 잔 탓인지 목이 말랐다. 캔 음료를 하나 뽑아서 마시며 또 존다. 오직 졸거나 머리를 비우거나가 나의 전부인 양.

　그래 승용차를 두고 나서니 이처럼 머리를 비울 수가 있구나 그리고 눈도 이처럼 마음껏 쉬게 할 수가 있구나. 차를 버리는 일도 삶을 살찌게 하는 방안이구나. 가능한 차를 버리고 살아 보자! 버스가 한 대 밀려 들어오는 것이 정류장 창가로 비쳐 보였다. 악양, 쌍계사, 그럼 저 차는 화개를 지나갈 것이다. 혹시 화개 가서 구례 가는 버스를 먼저 탈 수도 있을 것이고 혹시 구례까지 가는 승용차가 태워 줄지도 일단 가는 길목인 화개까지 먼저 가서 기다리자!

　나는 매표소에서 화개까지 표를 끊었다. 화개 가는 길 악양은 예나 지금이나 이름난 고을이었다. 섬진강 허리를 더듬어 오르다 배밭이랑 한 자락 한 자락씩 오지랖에 싸안고는 보랏빛 자운영이 봄날 한철에 피고 진 자리에는 철 늦은 개망초가 흐드러지게 피었다. 이제는 섬진강도 버리고 머리를 지리산 자락으로 돌려 큰 들머리를 골짜기에다 박고는 밀고 들어서면 하동 땅 악양 평사리 최참판 댁 주인공인 서희 아씨가 살았다는 고을로 간다.

　골짜기가 얼마나 너르고 큰지 한번 들어가면 한철은 먹고살아야 나올 듯, 나는 지난여름 언젠가 악양 어디 명당이 있나 싶어 골짜기 마지막 마을인 중기, 덕기까지 차로 올라서도 마음이 안 차서 마침내 차를 골짜기 마지막 비포장도로에 세워 두고 산길을 타고 회남재까지 걸어서 올라간 적이 있었다. 회남재까지 한 시간 남짓 걸어 올라가니 산 너머로 산들이 첩첩이 싸이고 그 산속에 아름다운 산마을이 보였다. 이토록 산을 넘어 재에 올랐으면 고을이나 들이 나와야지 또 산이 나오고 산 가운데 마을이 있다니.

하도 신기하고 기특하여 이 방향에서 잡아 보고 저 방향에서 훑어봐도 아는 마을 같지 않고 내가 그동안 그렇게도 열심히 아니 가 본 곳이 없는 지리산 골골 산산에 마치 귀신에 홀린 듯하여 지형을 살펴보니 아, 여기가 바로 저 유명한 청학동 산자락이 아니던가. 그 청학동 중에서도 가장 마을 생김이 뛰어난 곳이 바로 묵계 중에 원묵계라 그러면 저곳이 저 산줄기가 내가 지난번에 낙남정맥 종주를 하던 그 봄날 걸어갔던 길이구만 싶어 반갑기도 하고 반하기도 하였던 악양 땅 회남재인지라. 버스 차창으로 내려다보니 또 다른 한 시절 악양 들판이 신작로에 가을날 코스모스가 한도 끝도 없이 피었던 자리인지라 눈이 자꾸 가고 맘이 그만 차에서 내리려 하니 어찌 내가 악양 땅에 다음에 살 것도 같은 기분이 그날은 들더란 말이다.

버스는 중기 덕기 마을까지는 안 가고 악양 면소재지에서 돌아서 이제는 형제봉 아래 들길을 지나서 내려오는데 곁에 앉은 젊은이들 하는 말이 참으로 때는 때이더구만. 그네들 친구끼리 하는 말인데 저녁에 하동 가서 월드컵 3, 4위전을 거리 응원을 하면서 보자는 것이다. 토요일 오후이고 평일 날은 도회지 학교에 다니는지라 시골집에 와서 오랜만에 친구랑 어울려서 구들막 지고 자지 말고 화끈한 도회지 뭐 하동도 도회

투구꽃 피는 산길

지도 아니지만 그래도 그 골짜기에서는 도회지라 붉은 악마들 입는 붉은 옷 입고 운동장 마당에 모이면 어릴 적 초등학교, 중등학교 시절에 이웃 마을 숙자, 미자, 분이, 정이라도 만난다면 대한민국이 이기든 형제 나라 터키가 이기든 무슨 상관인가 한마당 어울려 놀면 그만이지. 그네들은 휴대폰으로 친구들을 불러내더니만 저녁 약속을 아직 집에도 들어가지 않고 정해 버렸다. 참 젊은이는 좋다. 처자식 부모형제 안 먹여 살려도 되는 저 나이가 좋다.

악양 형제봉을 바라보니 산세가 여간 아니다. 독수리머리 형상의 바위도 여전히 건재하고 저 산길을 달려 내려온 남부능선 80리길의 마지막인 소상공원도 그 겨울날의 차가운 강바람은 오간 데 없고 논배미 벼가 살랑살랑 휘날리는 6월의 마지막 날의 모습이었다.

이야기가 이리도 삼천포로 빠진다면 산에서 논 이야기할 때쯤에는 기력이 다 빠져서 쓰지도 못하고 주저앉지 싶어 이제부터는 중간에 있었던 이야기는 쭉 빼고, 차는 시간이 되니 쌍계사 입구인 화개 장터 주차장에 도착을 했고 나는 매표소에서 표를 사지 않고 구례 가는 차가 혹시 날 알고 태워 주려나 하면 길거리의 여인처럼 지나가는 승합차나 승용차에게 손길도 보내고 눈길도 보냈지만 호객 행위는 아무나 하는 것이 아니었다. 정말로 절실하면 난 10분 이내에 차를 세워 탈 수 있는 나름대로 능력은 있지만 그날은 믿는 구석이 있어서 느긋하게 태워 주면 타고 안되면 하동서 출발한 구례 가는 4시 20분 버스가 올 터이니 하며 몇 분을 기다리다가 그냥 매표소에 돌아왔다.

화개 매표소에는 창문만 열려 있었지 아무도 없었다. 나는 매표소 여 달이 작은 창문으로 들여다보며 기웃기웃해도 표 파는 아가씨인지 아줌마인지는 보이지 않았다. 나도 그다지 조급하지 않아서 그만 주위를 살피며 딴전을 피워 보다 엉거주춤한 자세로 돌아가지도 못하고 그렇다고 불러 보지도 못하면서 서성이니 휴게소 장의자에 앉았던 대여 살쯤 되어 보이는 치마를 이쁘게 차려입고 머리를 단정하게 빗어 뒤로 묶은 서희를 닮은 여식이 쪼르르 매표소 안으로 들어서더니 나를 맞는다. 하도 반가워서 이렇게 얼굴을 들이대어 안을 들여다보니 창가에 낮은 선반 위에 행선지별로 표를 묶은 다발이 줄을 지어 있었다. 구례까지 차비를 보니 1,600원인데도 잔돈이 없어 만 원을 꺼내 주자 일단 거스름돈을 세어서 작은 창을 통해 내어 주고는 종이 다발 중에 구례라고 청색 도장이 찍힌 빛바랜 누리끼리한 표 한 장을 찢어서 말없이 내어놓았다. 하도 귀엽고 정갈하고 행실이 단정하여 자꾸만 최참판 댁 서희의 모습이 눈에 잡히어 왔다.

하동서 온 구례가는 버스는 2시간 반 전에 부산을 출발한 버스였다. 버스 안에는 나처럼 월드컵이고 장맛비고 상관없이 산을 탄다고 노고단으로 가는 등산객들이었다. 버스 기사에게 성삼재(노고단 가는 버스 길목의 재 이름) 가는 버스를 타야 한다고 말을 하자 그는 염려 말라고 하며 하동, 화개, 구례 이야기를 들려준다. 차가 떠나기 전에 화개 매표소 직원인 듯한 여자가 승객의 수를 확인하였다. 그녀는 노고단 가는 버스 시간과 이 차가 구례 도착하는 시간을 알려 주는데 내 눈썰미에 잡히는 모습이 있었다.

그러니 지금부터 십 년도 지난 일이다. 그때도 지리산에 철쭉이 피고 진 이맘때의 초여름이지 싶다. 산청으로 해서 덕산을 지나 거림골을 타고 지리산 세석에 아침에 올라 당일로 의신마을이 있는 대성골로 내려와서 지나가는 차량을 얻어 타고 내려오니 하루해가 빠지는 지금 시간쯤이었을 것이다. 나는 여기 화개에서 하동을 거쳐 진주로 나가야만 했었다. 그 긴 여름날 하루 동안 걸었으니 배는 또 오직 고팠을까! 허나 버스 시간에 쫓겨 뭘 챙겨 먹지도 못하고 거의 빨치산 구보하듯 뛰다시피 내려온 산길이었다.

화개 정류소 매표소 안에는 간이식당이 같이 있었다. 물론 지금은 사라지고 없지만 그 시절에는 매표를 하면서 밥도 팔고 그렇고 그런 시절이었다. 지금도 시골 동네 앞 매표소는 가겟집에서 같이 운영하는 것을 볼 수 있다. 하여간 그날 우리는 그 매표를 하는 아가씨와 우리 산길 이야기도 하면서 막국수 한 그릇을 말아 달라고 해서 아주 맛있는 국수를 먹은 기억이 난다. 애호박을 총총 썰고 멸치 다시 맛을 잘 우려낸 따끈한 국물을 양껏 마시면서 내 평생 국수하면 화개가 생각날 정도로 맛있는 여름 국수를 먹은 기억이 되살아나고 그 아가씨 모습이 다운 로딩이 되는 것이었다. 허나 너무도 오래되고 한번 지나가며 본 모습인지라 그리고 오늘 본 사람은 아무리 살펴보아도 너무 나이가 든 것도 같아 혹 하며 기사에게 물어보니 아닐까 다를까 바로 십여 년 전부터 저 자리에서 버스표를 팔고 있다는 것이다.

그럼 그렇지 그렇다면 인사나 하고 올걸…….

참으로 정이 많은 아가씨였는데. 기사 아저씨 말로는 아직 미혼이란다. 혼기를 놓치고 그냥 오는 버스 가는 버스 맞이하고 바래다주고 하며 한평생 살 모양이란다. 고향도 바로 그 동네 화개 장터이라지.

내 버스는 어화둥실 두둥실 푸른 산기슭을 따라 강물을 거슬러 올라 북으로 올라갔다. 굽이굽이 강물은 산 무덤을 짓누르고 올라서 간다. 건너 산은 광양 백운산 자락이다. 강물에 비치는 섬진강 다합마을에 매화꽃이 피고 진 자리에는 푸른 청매실이 알알이 영글고 있을 터이고, 호남 정맥의 마지막 자락인 백운산도 지금쯤은 한쪽 다리는 섬진강에 담그고 한쪽은 광양만에 잠기어 한시름 놓고 쉬는 철이리라. 운조루 입구가 보였고 그 골짜기로 올라서면 좌우에 산줄기가 높게 성곽을 이룬 곳이 나온다. 바로 문수리 골짜기이다. 여수, 순천 빨치산들이 모여든 문수골이며 토벌대와 격전의 현장이 바로 이 골이다. 노고단에서 양 갈래로 갈라져 내린 이 골짜기에는 아직은 태초의 비경이 잠들어 있는 지리산에 몇 안 남은 원시 비경인 곳이다.

구례, 전남 구례는 경남 하동과 비교되는 고장이다. 섬진강을 낀 지리산 산자락의 고장이고 아직은 도회지 때가 덜 묻은 고장이기도 하다. 하동이 갯가 마을이라면 구례는 산간 마을이다. 갯가의 물산이 하동에서 올라오고 산골의 물산이 구례에서 내려와 화개에서 만나는 날이 화개장이 서는 날이다. 섬진강이 물산의 물류를 담당하는 교통로였다.

구례 군내버스를 갈아타고 돌담으로 집을 단장한 구례 옛 마을을 지나니 깊은 골짜기 입구가 나와서 창밖을 내다보니 바로 화엄사 골짜기이다. 버스에는 몇 아닌 승객이지만 천은사를 지나서 노고단 가는 길목인 성삼재로 우릴 태우고 올라갔다. 붉은 소나무가 그 허리를 한껏 뽐내는 산자락을 이리 돌고 저리 돌아 산을 기어 올라서니 해발 1100M라고 쓴 표지판을 지나고 또 산마루를 얼른 올라서니 1200고지도 지나 버린다. 저 눈 아래 구례마을 들판이 내려다보이고 암자 하나가 숲속에 오두

투구꽃 피는 산길

으로 앉았다. 하늘은 구름을 모아 비를 한 차례 내릴 모양인지 구름이 바삐 산마루를 휘잉 넘어가 버린다. 깊은 산에는 소나무가 주종을 이루지 못하는데도 이곳은 소나무 수해가 아름다운 곳이다. 나는 지리산 종주 능선인 성삼재 남쪽 마루에 서서 구름이 흘러내리는 산 아래를 쳐다보며 마음의 끈을 놓아 본다. 세상에 맺힌 연을 잠시나마 끊어 보았다. 바람이 눈앞을 스치며 내 영혼을 감싼다. 나는 그냥 놓아둔다. 아니 버려둔다. 오직 내버리는 것이 나에게 최상이요 목적인지라 버리고, 놓고, 허물어지고 싶다.

성삼재에서 노고단으로 오르는 길은 2㎞ 남짓 포장도로이다. 비비추도 꽃대를 올려 학 머리 모양으로 머리를 숫구처 올린다. 수림이 청정한 여름의 숲은 답답하지 않고 서늘하다. 하얀 꽃을 머리에 올린 산딸나무가 흰 잎사귀 모양으로 피었다. 네 조각의 꽃잎을 바람개비 모양으로 깃을 세우고 계절을 노래하듯 피었다. 여기저기 짙은 잎 사이로 잎사귀보다 작은 꽃을 피우는 함박꽃나무 흰 꽃은 가히 군계일학이다. 이 계절에 최고의 산꽃은 저 함박꽃나무 흰 꽃이다. 나는 꽃의 모습이 좋아 꽃 사진을 찍었다. 사람이 꽃보다 아름답다고 하지, 허나 산에 오면 산꽃이 사람보다 아름다운걸…… 나는.

나는 혼자이다. 여기 올라가는 사람들 내려오는 사람들 모두가 쌍쌍으로 다닌다만 나는 언제나 혼자이다. 혼자이기에 나는 생각을 할 수 있고, 그 생각이 모여서 이런 글을 만든다. 지나고 보니 언제나 혼자서 다닌 후에는 글이 나왔다. 그러나 동행을 한 후에 쓴 글은 그냥 여행기이거나 산행기이거나 산길의 답사 여정을 적은 단순한 글일 뿐이다. 그래서 혼자 다니는 여행은 다소 외롭지만은 그 보상은 충분함을 나는 안다. 나는 혼자이지만 사실은 혼자가 아니다. 저 산에 피고 지는 꽃들과 푸른 나뭇잎과 바위며 들꽃이며 노래하며 흐르는 개울물이며 저 혼자 바위 사잇길을 쪼르르 움직이는 다람쥐들이 다 내 친구요 벗이다. 항상 누구와도 벗을 할 자세가 되어 있는 나는 삼라만상의 자연물이 언제 어디서나 만날 수가 있기에 나는 혼자 여행을 산행을 하는 것이다.

산안개가 커피 잔 넘치듯이 아래로 흘러내린다. 운해가 아름답다고 이름이 난 곳이지만 아마도 안개가 걷히면 비가 올 것이다. 산길 도로를 따라 물이 내려오다 길을 건너 능선을 소문도 없이 넘어 버린다. 아니 이러면 아니 되는데. 이 능선이 무슨 능선인 줄 알고 말도 없이 숨 한번 안 쉬고 넘어 버린다냐? 백두산에서 뻗어 내린 백두대간이란 말이야! 헌데 아무리 봇물 같은 도랑물이지만 산의 북쪽으로 내려갈 물을 남으로 돌려 화엄사 골짜기로 보내 버렸다. 내 짧은 생각으로는 들이 큰 구례에는 물이 부족하고, 달궁으로 해서 임천강으로 흘러가면 결국은 낙동강까지 갈 것이니 물도 고생이고 사람도 고생이니 일찍이 맘잡고 빠른 길로 돌려놓았지 싶으나, 어찌 하늘이 하는 일을, 자연이 하는 일을 사람이 해치울 수가 있단 말인가?

산새도 따라오면서 재잘재잘 장단을 맞추어 날아 주었다. 길은 가끔씩 숲으로 지름길이 있으나 이제는 목책으로 길을 막아 버렸다. 아예 도로로만 갈 수 있도록 정리를 한 것이다. 서늘한 기운이 평원을 감도는 노고단 산장에는 색색으로 차려입은 등산객들이 식기를 들고 들랑날랑 거리고 간의 의자에 앉은 남녀들은 얼굴 가득 웃음이 넘쳐 나는 산장의 저

투구꽃 피는 산길

녁 풍경이 예나 지금이나 사람은 가고 풍경만 남은 것일까. 산안개는 저쪽 노고단 산정에서 솜 타래 풀려 오듯 밀려 내려왔다. 손전등도 없고 비가 올지도 모른다는 생각에 2시간 정도 더 걸어가면 되는 뱀사골 산장까지의 여정을 접고 산장지기를 만나 산장 자리를 예약했다. 칼잠을 자야 할 정도로 좁은 침상 한 칸을 배정을 받아 놓고 모포 4장을 빌렸다. 침낭을 지고 오는 사람도 있고 여름에는 모포 2장 정도 빌려 자면 되는데 나는 춘하추동 4장이 기본이다. 설명은 생략하고 내가 한 번씩 챙겨서 하는 일들이 있다고만 알길 바란다.

침상에 모포를 펴서 자리를 정해 놓고 취사장으로 가서 밥을 짓기 시작했다. 모두들 남녀 집합하여 밥을 짓고 있었다. 둘 아니면 셋 그리고 넷, 나만 혼자. 밥을 지어 혼자 먹어? 그럼 나 먹으려고 밥을 짓는 거지? 에잇 굶고 말아? 좀은 처량해서 울컥하는 심정이 밀려오나 어디 이게 한두 번이었더냐 싶어 쌀을 씻고 양파를 벗기고 총각김치를 덤성덤성 썰어 놓고 참치 한 캔을 따서 쏟아 놓았다. 코펠에 짓는 밥이지만 내 산밥하는 실력은 가히 수준급이다. 허기사 그만큼 실습을 했으면 그 정도야 하지만 나는 물 조절, 불 조절, 양 조절 다 일품이다. 앞서 온 일행은 벌써 찌개를 끓여 놓고 소주를 양은 식기에 부어 마시고 있었다. 나도 술 욕심이 생겨 무김치 하나를 듬성 베어 물고는 세라스 컵에 산 소주 한 잔을 가득 부었다.

이렇게 산장의 저녁 파티는 열리고 있었다. 내가 혼자 찬술을 부어 마시자. 내 뒤에서 밥을 짓던 사내가 날 불렀다. 같이 먹자는 거였다. 그도 혼자 온 모양이다. 취사장 중간 식단에 우리 둘을 중심으로 혼자 온 사내들이 한둘씩 모여서 집단을 이루었다. 이리서 온 사람, 군산서 온 사람, 구미서 온 사람, 경기도 시흥서 온 사람 그리고 사천에서 온 나. 이제부터 이 사나이들이 펼치는 기고만장한 세상 사는 이야기를 들려 드릴 것이니 하룻밤에도 만리장성을 쌓은 이유를 들어 보시라.

여기서 잠깐 노고단 산장의 취사장 모습을 먼저 설명을 하고 가야겠다. 산장 취사장이란 대개 산장 건물과는 별도로 별채로 지어 화재 위험도 막고 취사장에서 불 피우고 냄새 피우는 것을 취침하는 공간과 분리시켜 놓았다. 산장 취사장에는 출입구에 문이 없다는 것이 공통이다 그리고 돌로 지었으며 건물 내 사방으로 조리대를 허리 높이 정도로 올려 벽을 바라보고 버너를 올려서 취사를 하게 되어 있다. 예전에 이곳은 노천에 식수가 솟아나는 자리에 자연스럽게 취사장이 되었던 곳을 이제는 수도 시설도 설치하고 전기도 넣고 실내 가운데는 통나무 의자를 놓아 가운데 놓인 식탁을 중심으로 둘러앉아서 식사를 하면 이야기를 할 정도로 용도 있게 만들었다. 내가 들어설 때 즈음에는 서너 명 정도 듬성듬성 자리를 잡고 있었는데 쌀을 씻고 버너 불을 붙이고 양파 하나를 깎아 작은 코펠에 담아 놓고 참치 캔을 따서 밥이 지어지면 올릴 준비를 하는 사이에 사방 벽을 바라보고 취사 준비를 한다고 서 있는 사람이 부지기수가 되었다.

얇은 코펠 밥을 지을 때는 물 조절과 불 조절에 달인이 되어야지 밥이 설익지도 않고 눌러붙지도 않는다. 일단 산에서 밥을 끓이자면 밥물이 좀 넘치는 걸 감안하여 물을 여유 있게 잡아야 하고, 물에 불은 쌀이 아닌 점도 감안해야 하니 물은 넉넉하다 싶을 정도로 채운다. 그리고 일단

센 불로 밥솥 뚜껑이 들썩거리다 마지못해 떨어질 정도로 불을 올린 후에 다시 불을 낮추고는 뚜껑이 열리지 않도록 적당한 무게의 물건을 올려놓아 밥물이 빠지지 않게 해야 한다.

그리고 이제부터는 시간 싸움이다. 우리 쌀밥은 아무리 바빠도 시간이 되어야 밥이 되지 불만 올린다고 기구가 좋다고 되는 것은 아니다. 물에 불은 쌀이라면 또는 압력밥솥이라면 다소 빨리 되긴 하다만 어쩔 수 없는 노릇이다. 그래도 난 산에서 지어 먹는 밥맛은 아주 아주 고소하고 달짝지근한 맛을 잊을 수가 없다. 밥을 짓다 자주 밥솥을 열어 보면 안 된다. 쌀이 설익을 뿐더러 밥의 기운이 빠져서 아주 못 쓰는 밥이 되기 때문이다. 한두 번 정도로 그쳐야 한다. 그렇다고 안 열어 보면 정말로 물이 얼마나 남았는지 가늠이 안 되는 노릇이다 왜냐면 밥물이 먼저 넘쳐 나왔기 때문에 남은 물 양이 얼마인지 열어 봐야 정확하기 때문이다.

이때 물이 대개 모자라는 경우가 있다. 만약 모자란다 싶으면 물을 밥솥에다 보충을 해 주고는 불을 다시 세게 올려 준다. 뜸을 드린다고 하지, 쌀이 퍼지도록 시간을 주어서 밥 알갱이에 심이 빠지도록 하는 작업을, 그러나 정말로 밥이 엉망인 상태는 밥알에 힘이 하나도 없이 찰근찰근한 기운이 없는 밥일 것이다. 이는 뜸을 들이는 동안 밥솥을 열어 두었거나 밥솥 뚜껑이 힘이 없어 김이 저절로 빠진 상태에서 일어나는 현상이니 뚜껑을 자주 열어 보거나 힘이 빠지지 않도록 돌멩이로 뚜껑을 잘 닫아 두는 일도 사려 깊게 관찰해야 할 일이다. 정말로 잘 짓는 밥이란 정성과 시간과 경험이 복합적으로 작용해야 함을 강조하고 싶다.

세상의 일이란 어느 것 하나 그렇지 않은 일이 없지마는 조선 사람 주식으로 먹는 밥이란 氣를 먹는 것이라고 말하고 싶다. 밥에 뜸이 들기 시작하면 솥에서 나는 김의 냄새로 쌀알의 상태를 가늠할 수 있다. 처음에는 쌀 내음이 나다가 나중에는 구수한 밥 내음이 나는 걸 알 수 있다. 코펠 솥은 바닥이 얇은지라 금방 눌어 버리는 수가 많으니 아까도 이야기했지만 불 조절은 가히 환상적으로 해야만 3층 밥을 면할 수 있다는 말이다.

만약에 불 조절, 물 조절에 실패하고 작은 솥에 밥의 양이 많았다면 밥하는 도중에 편법을 써야 한다. 아래쪽의 쌀은 타고 중간의 밥은 퍼지고 위의 쌀은 아직 생쌀인 경우 이를 3층 밥이라고 하는데 이때는 지체 없이 물을 더 붓고 코펠을 뒤집어서 버너 위에 올려야 한다. 그러니 뚜껑이 불 위에 닿게 하고 솥 바닥이 하늘을 올려서 덜 된 밥이 아래에서 불을 많이 받도록 해서 아래위 균등하게 불과 물의 조화를 받도록 해야 하나 한 번 버린 밥은 다시 잘 짓기란 깨어진 쌀독을 다시 세워 쌀을 담는 일처럼 간단하지 않다.

김이 무럭무럭 올라오는 밥솥을 곁에 두고, 찬 소주 한 잔을 막 컵에 부어 놓고는 마른 입안에 군침이라도 돌린 후에 마실 요량으로 슈퍼에서 사 온 시큼한 총각김치 비닐 포장을 열고, 길이 방향으로 네 갈래로 나눈 한 갈래를 젓가락으로 학 주둥이 호리병에 집어넣듯이 미끄러지는 걸 어찌어찌 해 가며 힘과 정신을 가다듬어 김칫국물이 뚝뚝 펼쳐 놓은 하얀 밥그릇에 떨어지는 걸 아쉬워하며 한 입 냉큼 베어 물었다. 새큼하고 알싸한 무우 맛이여!
김이 풀풀 나는 따뜻한 새 밥을 한술 퍽 퍼서 입에 넣고 한입에 다 넣지 못하는 통무우 한 가닥을 베어 물면 따뜻한 밥과 찬 무우의 조화는 정녕 궁합이 아니고는 맞출 수가 없는 일이다.

이제 찌개거리가 든 작은 코펠에 얼큰하고 간이 든 음식으로는 이 무우밖에는 없는 고로 나는 사정없이 무우 서너 개를 집어내어 두어 토막씩 칼집을 내어서 아직 불길이 화끈한 버너에 올려 두고는 소주잔을 막 드는 순간.

6-2. 붉은 악마

누가 뒤에서 부르는 소리가 들렸다.

"혼자 자십니까? 여기 고기 안주랑 소주 한잔 같이 하시지요."

가운데 노바다야끼 주점의 스테인리스 식탁을 두고 통나무 하나에 걸터앉아 버무려 온 양념 불갈비를 알루미늄 호일 위에 올려놓고 나를 부르는 나보다는 젊고 잘생긴 혼자 온 사내였다.

나는 남은 소주병과 술잔을 들고 술상이 좋은 사내 곁으로 자리를 옮겼다. 고기가 채 굽히지도 않았는데 지은 밥은 퍼지지도 않았는데 반주로 시작한 술이 몇 순배 돌았다. 그 사이에 식탁 맞은편 자리에도 라면을 끓이고 소주잔을 기울이는 사내들이 앉았다. 양념 돼지고기가 굽히자 구미서 왔다는 김씨라는 그 사내는 라면꾼들에게 내어놓았다. 라면꾼을 말할 것 같으면 일행이 세 명이었다. 헌데 그들이 사는 고장은 각기 달랐다. 나중에 이야기하겠지만 정말 산꾼에 돼지 수육을 삶아 내던 머리에 하얀 수건을 올려놓고 날라리 손가방을 가는 줄에 걸어서 목에 걸었는데 가방은 허리에 붙어서 걸을 적마다 엉덩이 한 짝에서 액세서리처럼 덜렁거리던 사내는 이리에서 모 중학교 과학 선생님이었다.

다른 두 명 중 한 사람은 전북 군산에서 직장을 다닌다는데 붉은 악마 응원단처럼 붉은 티에 붉은 스카프까지 매고는 마치 망둥어 맨얼굴 모양으로 어색한 웃음을 지었지마는 마음이 여려서 남의 앞에 말도 잘 못 붙이는 사람이었다. 나중에 안 일지만 그날 저녁에 마신 보배 소주 25도 막소주 한 되를 지고 온 사람이었다. 그는 어제 회사에 돌아와서 내가 찍은 사진을 컴퓨터 메일로 보냈더니 답장을 두 번이나 보내면서 혹 군산에 오면 낚시터가 좋으니 꼭 연락하라고 인연을 중히 여긴다고 했다. 그를 보면 사람은 보기와 속은 사뭇 다름을 알 수가 있다.

　나머지 한 사람은 성은 고씨였는데 그도 붉은 티에 스카프를 머리에 감고 그 큰 몸짓이며 목소리며 장중을 장악하고도 남는 스케일 큰 사내였다. 뒷병 소주를 술잔이 작다고 통조림 캔에다 부어 마시던 사람인데 그는 경기도 시흥에서 왔다. 그러니 이 작은 곳 남원과 구례 땅에 붙은 노고단 산장에는 멀리는 경기도 시흥부터 경북 구미, 전북 군산, 이리 또 나는 경남 사천에서 온 사람이니 팔도강산 유람 안 가고도 팔도 사람 다 만나서 팔도 사투리를 다 앉아서 듣는 곳이다.

　소주 뒷병이 어느새 반이나 줄어 가자 돼지 수육을 삶아 내던 이리 과학 선생님이 술 좀 아끼라고 안달을 낸다. 그는 술이 아까운 이유가 바로 자기가 삶아 낸 돼지 수육과 먹어야 한다는 것이 이유였다. 그는 배낭 속에서 비닐 포장이 된 돼지 삼겹살을 또 꺼내 놓았다. 통 살코기로 진공 포장한 생고기라고 했다. 그러면서 먼저 익혀 낸 고기를 식탁인 스테인리스 식탁 바닥에 올려서 듬성듬성 썰어 보니 마치 철판 요리 집에서 종업원이 손님 보는 데서 요리 칼 솜씨를 보이는 것 같았다. 고기에는 돼지 냄새가 전혀 안 나고 살은 쫄깃쫄깃하며 담백하여 소주 안주로는 참으로 안성맞춤이었다. 생고기에 진공 포장으로 통고기를 지고 온 성의도 가히 일색이지만 고기 삶을 때 같이 넣은 부속물을 보고는 참으로 음식

　　　　　　　　　　　　투구꽃 피는 산길

의 달인인 줄 알았다.

깨끗하게 다듬은 통생강, 통마늘 그리고 생 된장을 삶은 물에 풀어야 한다는 것이다. 이때 물맛을 봐서 간이 될 정도로 풀어야 한다. 그리고 잊지 말고 대파 한 쪽을 넣으라는 것이다. 마지막으로 고기 4㎏에 일회용 커피 하나를 챙긴다. 진공 포장을 해야 여름날 산행 길에 네댓 시간은 소요될 터이니 필수 사항이고 냉동 돼지고기가 아니라 생고기를 사야 한다는 것도 잊지 않는 그의 강의였다.

산행을 다니면서 여러 음식을 산에서 다 먹어 보았다. 생선회도 아이스박스에 담아서 먹어 보았고 삼겹살도 불판에 구워 먹었다. 물론 돼지 수육도 지고 가서 먹어 보았다. 그러나 산에서 직접 바로 삶아서 먹어 보긴 처음이다. 따끈하고 김이 술술 나는 수육을 산중에서 소주랑 같이 마시는 맛은 가히 일미였다. 살코기보다는 이런 삼겹이 비계가 붙어서 더욱 맛을 돋굼을 먹어 본 사람만이 아는 체험의 산물이다.

무슨 복숭아 캔 통인지 꽁치 캔 통인지를 술잔으로 들고 마시던 시흥의 통 큰 남자는 저녁 시간이 무르익자 축구 이야기에 열을 올렸다. 여기서 8시까지만 마시고 숙소로 가서 텔레비전으로 튀르키예와의 3, 4위전을 보자는 것이었다. 붉은 티까지 입고 산을 온 사람이니 가히 붉은 악마임이 틀림없으나 과연 술꾼이란 관전에 연연하지 않는다는 사실을 나는 이미 알고 있었다. 전라도 쭈꾸미가 이야기 밥상에 올랐다. 실로 쭈꾸미의 대가도 다름 아닌 과학 선생님이었다. 변산반도 아래 곰소라는 작은 어항이 있는데 쭈꾸미 계절인 3, 4월에 가면 쭈꾸미 한 마리에 200원씩 한다는 것이다. 그러니 돈 만 원이면 서너 명 술안주 걱정은 없다는 것이다.

산 쭈꾸미를 굵은 생소금에 살살 문지르면 빨판에 묻은 갯벌과 모래가 씻기어 나오면 팔팔 끓는 물에 잠깐 담가 꺼내면 살이 빨갛게 익는다는 것이다. 그러면 머릿속에 먹통과 알통이 살살 씹히는 것을 초고추장에 듬뿍 찍어서 소주 한 잔과 어울리면 가히 따를 맛이 없다는 그 식도락에 대가는 과연 무엇을 하는 사람일까 하며 그의 이야기를 듣고 있었다. 쭈꾸미가 살이 오르는 6, 7월에는 약으로 먹는 사람들이 서해안 곰소로 찾아온다는 것이다. 쭈꾸미 먹통이 어디에 좋다고는 하는데 잊어버려 말해 줄 수는 없고 다만 이제는 서해안 고속도로가 생겨서 쭈꾸미 값도 옛말이 되었고 그 맛도 이제는 예전과 같지 않지만 그래도 서해안 갯벌에 나는 곰소 쭈꾸미는 별미임에는 틀림이 없을 것이다.

마치 주방장처럼 머리에 하얀 수건을 이고 돼지 수육을 썰며 먹는 강의를 하는 저 모습에 요리의 달인 같아 한번 더 놀라서 내가 그의 직업을 물었다. 그러자 시흥에서 온 통 큰 남자가 주방장 친구의 직업을 들고 평을 하기 시작했다. 조선 천지에서 가장 편하고 쉬운 직업이 바로 학교 선생님이라는 것이다. 그중에서 과학 선생이란 것도 알고 보면 너무 편하고 쉽다는 것이다. 바로 과학 선생님이 쭈꾸미 강의를 한 사람이라면서 마냥 먹고 노니 모르는 게 없다는 것이다.

"그러면 선생 중에 제일 쉬운 과목이 뭔 줄 아셔요?"

우리들은 고개를 갸우뚱거리자 바로 나오는 대답이 참으로 재담꾼이었다. 평생 한 번 외우면 퇴직할 때까지 절대로 변하지 않는 과목이 바로 세계사 과목이란다. 역사 과목도 쉽지만 세계사는 거의 절대로 변치 않는 스토리라는 것이다. 그다음이 수학과 과학이란다. 입시 전형은 해마다 바뀌곤 하지만 수학 공식, 과학 공식 해마다 바뀌지 않는다 아니 절대

투구꽃 피는 산길

로 바뀌질 않는다. 참으로 수학 선생님들 그 요술 같은 마술 같은 트릭에 우리 학생들은 속았다는 것이다. 수학 선생이 수학 문제를 어렵게 풀면 그리고 천천히 생각하며 풀면 학생들에게 인기가 없다는 것이다.

어차피 선생님도 매년 하다 보니 푸는 과정을 생각하여 풀어서 쓰는 것이 아니라 하다 보니 외워져서 잘잘 저절로 적어 간다는 것이다. 학생들 머리로 풀어서는 절대로 못 따라올 정도로 재빨리 풀어 칠판에 답을 딱 적어 내야만 우리 선생님 최고가 되는 길이다. 우리들은 선생님 아이큐에 탄복을 하여 입을 딱딱 벌리곤 했지만 매년 되풀이하는 과정이라 저절로 익혀진다는 것이다. 그리고 2학년 과정의 선생님이 진도 잘 나간다고 3학년 과정 설명하고 자빠졌으면 그 학교 3학년 선생님은 뭘 먹고 사나 말이다.

그러자 한 사람이 이렇게 되물었다.

"그러면 가장 가르치기 어려운 과목이 무엇이요?"

그러자 단숨에 그 풍채 좋고 통 큰 남자는 선생님도 아니면서 선생님 앞에 두고 하는 말이

"그야 도덕 과목 하고 국어 과목 선생님이지요."

난 도무지 이해가 안 되는 답이었다. 어찌 국어와 도덕이 어렵다는 걸까? 우리나라 학생치고 한국어 모르는 사람 없다는 것이다. 그러니 아는 한국어 한국말로 가르치니 가르칠 것이 없고 가르쳐 본들 아이들이 우아하고 탄성을 지를 일이 없다는 것이다. 아이들에게는 알 듯 모를 듯한 부분이 있어야 하는데 국어, 도덕을 어찌 어렵게 말하면서 알 듯 모를 듯 가르칠 수가 있단 말인가? 나는 입을 딱 벌리고 말았다. 그의 말은 명언이었기 때문이었다.

이 이론이 사실이고 아니고는 아무 상관이 없다. 다만 좌중에서 웃고

동조하고 즐거워하는 데는 최고의 안주거리임에는 틀림이 없었다.

산장 숙소에서는 축구 관전을 하다 쉰다며 취사장 술판으로 들리는 사람들 말에 의하면 우리나라가 3골이나 먹고 한 골 겨우 넣어서 패색이 짙다고 하였다. 붉은 악마 옷을 입은 그들은 술이 거나해지니 내 말처럼 역시 술이 축구보다 좋은 것은 사실이었다. 이야기가 훨씬 흥겨운데 자리를 박차고 일어날 기색들이 아니었다. 10시가 넘어서 먹다 남은 각자의 그릇들을 챙겨 넣고는 나도 취사장을 빠져나와 침상으로 가서 자리를 잡았다.

지리산 관리공단에서 관리한다는 지리산 산장의 모습이다.

관리공단에서 관리하기 전에도 지리산에는 산장이 있었다. 여기 노고단에도 저기 세석고원과 장터목에도 돌집으로 지은 산장이 있었다. 그때는 나라에서 몇 년 단위로 개인에게 불하를 하여 관리하도록 하였고 이용료는 나라에서 결정하여 받으면서 관리하는 산장 주인이 있었다. 군대식으로 침상이 건물 내부에 중앙 통로를 두고 좌우에 있고 이 층을 올려 남녀 구분으로 사용하게 했다. 지금은 그 돌집 산장은 다 헐어 버리거나 취사장 정도로 사용하고 통나무로 현대식 건물을 지어 전기, 난방, 전화 시설까지 갖춘 알프스 휴양지의 호텔 모습의 산장이다마는 사실 모양만 호텔이지 사용을 해 보면 난민 수용소나 별반 다르지 않다.

그 이유는 일단 일 인용 침상 면적이 군인 관물 칸으로 한 사람 몫을 하듯이 한 칸인데, 누우면 곁에 사람 어깨가 닿을 정도로 좁다. 그러니 몸부림을 친다거나 팔다리를 조금이라도 움직이면 사정없이 곁에 사람을 깨우는 꼴이 되니 신경이 날카로운 사람은 잠을 자기가 힘든 곳이다. 밤새 들랑거리는 사람, 곁에 사람과 이야기 주고받는 사람, 피곤하여 코

216   투구꽃 피는 산길

를 고는 사람, 술 냄새 마구 피우고 방귀를 붕붕 소리 내어 뀌는 사람, 시도 때도 없이 손전등을 켜고는 부시럭거리는 사람, 위층에는 여자들이 사용하는데 소곤거리는 소리가 바로 아래 들리는 줄을 모르고 무슨 소리를 했는지 킥킥거리며 잠을 잘 생각은 도무지 하지 않는 사람, 화장실에 다녀오는지 담배를 피우고 오는지는 모르지만 신발을 질질 끌며 머리맡이 상그럽게 하는 사람.

누가 정하였는지 위층은 어느 산장을 가나 여성용이고 아래층은 남성용이었다. 이는 산장 규칙에 있었는지는 모르나 예나 지금이나 어느 산 어느 산장을 가도 마찬가지였다. 헌데 아무래도 산장은 아래층이 나은 것 같다. 소리도 위로 올라가고 냄새도 위로 올라가고 열기도 위로 올라간다. 그러니 여러 가지 잡기들은 위로 올라가니 위에 자는 사람에게 피해가 많을 것이기 때문이다. 내리락 오르락 하기도 위층이 불편하고 단지 가며 오며 자는 모습을 보이지 않는다는 점 때문에 위층을 여성용으로 하였지 싶다. 순전히 나의 생각이긴 해도.

이런 산장에서 하룻밤을 잔다는 것은 여간 인내가 없고는 어렵다. 그러나 산장은 사실 호텔이나 여관이 아니다. 명분은 대피소이다. 허나 지금 국립공원 관리공단에서는 대피소로 운영하는 것이 아니라 수익 기관으로 사용하고 있다. 일단 지리산에도 아직 몇 개의 개인이 운영하는 산장이 있는데 이곳들은 하룻밤 숙박 요금이 3,000원인데 관리공단 산장은 5,000원이다. 그들 말에 의하면 이 금액은 겨우 채산성을 맞추는 금액이라고 하는데 대피소에서 자는 사람을 어찌 채산성 운운할 수 있단 말인가?

또 하나는 산에서 야영을 금지하고 있다는 것이다. 물론 일부 개방된 야영장이 있긴 하나 세석 산장 주변은 철쭉 군락을 보호한다는 명목으로 일체의 야영을 금하고 있다. 그러니 산에 온 사람은 모두 숙박을 할 것이면 산장에서 자야 한다는 것이다. 모포 한 장에 1,000원씩이나 받고 그러면서 등산객의 편의를 도모한다는 명목으로 여러 가지 일용품이며 식품들을 팔고 있다. 내 생각으로 산에 등산 오는 사람에게 무슨 식품을 판단 말인가? 결국 사 먹는 사람은 남은 쓰레기를 생산할 것이고 쓰레기는 산 아래로 운반하겠지만 자연을 보전하고 환경을 보호한다면 자질구레한 음식 식품들은 판매를 하지 않았으면 한다. 지고 올라올 줄 모르는 사람은 지고 내려갈 줄도 모르는 것이 이치이다.

약간은 피곤했던 탓인지 나는 머리를 침상에 눕히는 순간 잠이 들어버렸다. 잠자리가 바뀌면 쉽게 잠을 못 자는 내가 그날은 일어나니 4시가 넘었다. 저기 몇 사람 건너 코 고는 사람이 누워 있는 모양이다. 혹은 일찍 떠날 사람이 배낭을 챙기고 시간을 소곤거리고 있었다.

나는 일찍 떠날 요량이었다. 아무래도 5시에는 떠나야지 아침은 어제 남은 밥을 챙겨서 아침 먹는 시간에 맞추어 가다가 먹기로 하고 눈만 비비고는 빌린 담요를 반납하고 취사장에 두었던 식기들을 챙겨 넣고는 배낭을 지고 일어섰다. 아침 열차로 구례역에서 내려 올라온 사람들이 마당 벤치에 앉아서 날이 새기를 기다리고 있었다.

6-3. 내가 산에 가야지

꼭 10년이 되었구나.

노고단 산장의 새벽은 10년 전 모습 그대로이었다.

그러니 1992년이구면, 내 나이 마흔을 기념한다면서 당일 종주를 기획

하던 그해 40대 산(설악산을 20대 산이라면 지리산을 40대 산이라고 함)을 4월 4일 당일 종주에 성공하던 그해 산행, 그리고 이제 강산이 변한다는 10년의 세월을 보내고 다시 지리산 종주산행을 하게 된 것이었다.

산은 하나도 변치 않았고 산길도 십 년 세월에 변한 것이 없었다. 여기 오는 산사람은 가고 오고 사라졌을 것이다마는 저 하늘에 번져 오르는 雲海도 그날 아침에 번지던 운해였고, 저 바람, 저 나무, 저 풀, 저 돌무덤, 저 이정표 그리고 이 산길도 그때 걸었던 그 길이리라. 아직 산꾼들의 배낭들은 일어서지 않았고 머리에 끈을 동여매고 산 조끼 차림으로 산 아래에서 번져 오는 산안개를 바라보며 산행 길을 그려 보는 듯하였다. 나는 물통에 물을 채우고는 아직은 줄지 않은 배낭을 거뜬히 메고는 약간의 산 오름길을 산새 앞장세우고 노고단 이정표 갈림길에 올랐다.

여기가 1500고지이고 가야 할 봉오리가 1600 정도이니 오르내리는 고도는 100M 남짓한 높이를 올랐다 내렸다 하는 길이다. 산길은 주로 산등성을 타고 가니 사방으로 조망이 뛰어나고 등성이 바람으로 나무보다는 들풀이 주로 자라니 들꽃이 지천을 이루는 곳이기도 하다. 돼지령까지 가는데 여기저기 함박꽃나무의 하얀 꽃들이 푸른 잎새 사이에서 얼굴을 내밀었고, 새벽 기운이 산을 덮고 있으니 산 기운에 힘이 들지 않았다. 아침 길 걷는 품이 농촌 사람들 여름날 아침에 밭고랑 매는 일처럼 하루 일 다 하는 듯 길은 성큼성큼 줄어들고 있었다. 허나 가야 할 길이 얼마이던가? 오늘 하루는 진종일 걸어야만 갈 수 있는 길이, 10년 전처럼 천왕봉까지 걸어가겠다는 각오는 처음부터 없었지만 가는 곳까지는 가 보리라 하며 부지런히 걸었다.

내가 산길을 걷는 스타일은 완보이다. 절대 앞서 빨리 걷지 못한다. 그러나 결국에는 뒤지지 않고 걸을 수 있는 비법이 있다. 가령 올라가는 길, 내려가는 길, 평지 길, 이렇게 나누어서 볼 때, 절대 평가치로 본다면 나도 올라가는 것이 어렵고 내려가는 길이 쉽다. 허나 남과의 비교하는 상대 평가치로 본다면 나는 올라가는 길이 쉽고 잘 걷는다 그리고 다음은 내려가는 길이고 가장 뒤떨어지는 것이 평지 걷는 것이다. 참으로 상식으로 이해가 안 되기도 한 부분이다. 어찌 평지가 어렵다고 하는가? 허나 동료들과 걸어 보면 난 평지에서는 추월을 당하고 오르막에서 잡아 낸다. 그러니 심장과 장딴지 근력이 강하다고 보아야 할 것이다. 그래서 평지를 걸을 때 사람들은 날 보고 어실렁 어실렁 흔들며 가다 말다 하는 사람 같다고 한다. 그리고 오르막에 들어서면 거의 쉬지 않고 마루까지 같은 속도로 올라가고 마는 것이다.

아무나 되는 일은 아닐 것이다. 언젠가 아우 호칠이를 대동하고 이 길을 따라 종주를 한 적이 있었다. 성삼재에서 노고단으로 도로를 따라 올라가면서 나는 호칠이를 저만치 앞세우고 뒤따라 올라갔었다. 아마도 내가 거드름을 피우느라고 그런 줄 알았을 것이다마는 나는 내 체력으로 열심히 올라가는 중이었던 것이다. 그러나 나중에 토끼봉을 치고 올라가면서 앞서 걷던 호칠이를 지나쳐서 먼저 올라갔었다. 따라오던 호칠이는 그만 지쳐서 결국은 내가 한참을 토끼봉에서 기다리자 나타났었다.

걷는 길들이 익숙하고 아는 길이었다. 이 길을 많이도 다녔구나. 모르긴 해도 10번은 더 지났을 것이다. 들꽃들이 피었다. 노루오줌풀, 꿀풀, 비비추, 범꼬리, 까치수영 형형색색 갖은 풀들이 이 평원 같은 돼지령에 자란다. 돼지령은 상당히 긴 산정 평원이다. 산돼지가 자주 올라와서 놀고 간다는 곳이라 돼지령이다. 영이라면 산고개인데 고개 길이가 길다

보니 능선 같은 평지가 30여 분 계속되는 지리산의 야생화의 천국이다. 철이 좀 일러서 그렇지 7월 하순 8월에 오면 원추리가 많았던 곳이다.

노고단에서 한 시간여 걸려서 임걸령에 왔다. 임걸령에는 임걸샘이 있다. 주능선에 이런 샘이 있는 곳은 저기 선비샘 정도인데 사실은 임걸 샘이 더욱 능선에 있는 샘이다. 임걸령 너럭바위에는 어디서 언제 올랐는지 아니면 여기서 야영을 한 일행인지 십여 명이 아침을 먹고 있었다.

임걸샘은 마치 어느 산사의 고요한 아침 샘가처럼 맑고 아름다운 물이 물 대롱을 타고 흘러서 돌 항아리에 넘쳐흘러 나무 홈통의 물길을 타고 가다 물 구유에 한 번 더 고였다가 땅으로 흘러내리도록 멋진 배치를 하였다. 누가 언제 했는지 모른다만 이리 높은 산에 돌 항아리를 지고 올라왔으며 나무 대롱과 구유는….

참으로 아름다운 사람의 향기가 절로 배여 나온다. 아무래도 임걸령에는 그 옛날 임걸이란 산 거인이 살았던 곳이지 싶다. 나는 지고 온 노고단 물은 버리고 임걸샘에서 아침을 머금고 솟아나는 물을 물통에 다시 받고는 눈도 안 씻었든 얼굴을 이제서야 나무 구유에서 떨어지는 샘물로 닦았다. 내 다 알고 이런 곳에서 세수하려고 미루어 둔 일이다 싶어 새삼 내 지혜에 감탄을 하고는, 허기사 게으름이라고 아니하고 지혜라고 생각하니 기분이 좋아지기에 이런 일도 사람 생각하고 마음먹기 나름이구나 싶었다.

그래 또 가자 갈려고 나선 길인데 어쨌든지 걸어 보자. 이 발이 부르트나? 저 길이 모자라나? 아침 식전이라 물로 배를 채우고는 시계를 보니 6시 반 아직은 아침을 먹을 시간이 아니었다.

이제 길은 숲길이었다. 소나무가 늙어서 가는 길을 막고 쉬어 가라고 붙잡는다. 벌써 주저앉아 지체할 수는 없다. 돼지령에서 잠시 햇살이 비췄는데 여기는 아직 어둑어둑하며 산 이슬이 잠방이에 젖어 들었다. 아무래도 오늘은 날이 개이지는 않을 것 같았다. 지금이 6월 말이면 햇살 비치는 여름날 뙤약볕보다야 이렇게 흐린 날이 걷기도 좋고 땀도 덜 나는 날이다. 너무도 산 그림이 청정하고 푸르렀다. 휘파람새 울음이 나를 따라오며 울어 댄다. 내가 즐겨 부르는 휘파람새의 휘파람 소리.

어느새 노루목 삼거리에 성큼 다다랐다. 노루목 풍광은 수해와 산중의 자태가 아름다운 곳이다. 삼거리에서 남녘을 바라보니 산 산 산 산들이 화선지 뒤에, 그 뒤에 산 산들의 그림이 접혀 펼쳐지는 산중 동양화 화폭이었다. 구상나무와 잣나무 바위 사이에는 노란 돌 양지가 돌 틈에서 꽃을 피운다고 정신이 없다. 내가 다가가서 곁에 앉는 줄도 모르고 꽃 향기 피운다고, 가는 6월이 아쉽다고, 바쁘다고, 곁눈 팔 시간이 없다고, 여기도 한 무더기 저기도 한 무더기 돌 속에 피어난다.

여기 삼거리에서 임걸령 포수가 임걸령에서 쫓아오면 노루는 천왕봉으로 달아나지 않고 좌측으로 산을 보고 오르면 바로 반야봉으로 가는 길목이었다. 그래서 임걸 포수는 달아난 노루를 기다리며 쉬는 곳이 노루목이다. 목이란 길목이란 우리말이 아닌가?

이 능선에서는 한 시간이나 가면 또 고개나 마루나 갈림길이나 재미있는 쉼터가 나오니 여기에서 길 걷는 일은 걸을만하다. 나그네가 많은 철에는 여기에 둥글레 약차를 오고 가는 사람에게 팔던 곳이 바로 노루목이다. 그러고 보니 댓잎 같은 잎사귀를 땅에 붙어 자라는 둥글레꽃이 잎사귀 아래에 연한 미색의 초롱을 조랑조랑 달고 피어나는 철이 바로 지금의 지리산 종주 길이다.

휴일의 산에는 사람들이 분주하다. 천왕봉으로 가는 사람만 있는 것이 아니다. 천왕봉 쪽에서 노고단으로 오는 사람도 있다. 지금 그들은 백소령이나 연화천 산장에서 지난밤을 보내고 마지막 코스인 이곳을 지나가는 사람들이다. 그들은 오늘은 대개가 노고단을 거쳐 하산을 하는 사람들이고 나처럼 노고단에서 천왕봉으로 가는 사람이라면 오늘 밤은 산중 어느 산장에서 하루를 더 묵고 가는 사람들이 많을 것이다. 왜냐면 내일은 월요일이지만 임시 공휴일이라 쉬는 날이기 때문이다.

화개재를 지났다. 화개재는 뱀사골에서 올라오면 뱀사골 산장 위에 있는 재 이름이다마는 이름은 하동의 화개 이름을 따서 화개재가 되었다. 그러니 남으로 하산을 하면 의신마을을 지니고 쌍계사를 지나 화개까지 가는 재이다.

8시가 되었다. 벌써 3시간이나 걸었다. 아직 아침 식전이니 배가 고파왔다. 그래 배가 좀 고플 때 진도를 팍팍 내어야 한다. 밥을 먹고 나면 걷기가 힘이 들기 때문에 그리고 밥을 먹은 후 오르막을 오르는 일은 좋지 못하니 지금 배가 고프더라도 화개재를 지나 토끼봉까지 올라가자! 1시간 거리지만 오르막에 자신이 있는 나는 30분이면 갈 수 있을 것이다.

역시 오르막이 좀 지루했지만 30분 만에 제법 높은 곳인 토끼봉을 올랐다. 반야봉에서 묘卯 자 방향으로 앉은 봉우리라 토끼봉이다. 사람들은 토끼같이 생겼느니 토끼가 사느니 하는데 그렇지 않다는 것이다. 토끼봉에서 아침을 준비했다. 아침 식사는 어제저녁에 먹다 남은 밥을 역시 남은 찌개에 거지 탕처럼 뒤섞어서 들고 왔었다. 왜냐면 찌개 국물이 쏟아질 염려가 있기에 밥에 말면 쏟을 염려가 없었다. 나는 재빨리 버너를 피워서 비빈 듯 말은 듯 국밥을 데웠다. 그러고는 깍두기 무김치를 꺼내서 어썩 어썩 베어 물고는 제법 많은 양의 참치 찌개 밥을 먹고는 맑은 물 천하제일의 명물인 임걸령 약수로 커피 한잔을 가볍게 끓여서 마시고는 저 아래 칠불사 절을 향해 시원하게 바지를 크게 내려놓고 쏟아 버렸다.

"아하 시원타! 칠불사 스님들아, 내 오줌 맛이 과연 천하의 자연인의 자연수가 아니냐!"

"산에 가면 내 정도면 나무, 돌, 구름 같은 자연이다. 아무 잡티가 없는 몸이니 염려 말고 염불이나 열심히 하시게!"

산에 절이 여기 저기 있는데 그 연유를 이제 살펴보니 바로 이것이구나!

산은 절 덕 보고
절은 산 덕 보고.

퍼뜩 이 생각이 들었다.

산에는 절이 있으니 사람들이 절에 와서는 산도 보고 간다 말이다. 그리고 절은 산에 있으니 산에 오는 사람은 온 김에 절 구경도 같이 하고 가더라 말이다.

"두칠아 그 무슨 말이고? 말도 아닌 걸 말이라고 하는 것 같다."

이런 질문을 하는 사람이 있을 줄 안다.

"참 선문답도 모르나?"

선문답이라 하기 전에 어제 내 구례에서 군내버스를 타고 노고단으로 가는 도중에 지리산 관리공단 관리사무소 앞에 버스가 가다가 서 버리는 것이라. 그래서 전에도 그런 적이 있는데 이 놈들이 어쩌나 국립공원

투구꽃 피는 산길

입장료만 받나 아니면 천은사 문화재 관람료도 같이 받나 어쩌나 하고 보니 역시나 한꺼번에 다 받아 처먹는 것이 아닌가? 에잇 호랑 말코 같은 놈들아, 이 차가 노고단 가는 차이고 천은사 입구를 경유는 한다마는 천은사 가는 사람은 한 사람도 없는 등산객들인데 어찌 값은 다 받아 처먹노?

그들이 하는 말이 지금 법이 그렇다는 것이다. 그럼 절에만 가는 사람은 어쩌나? 하니 절에만 가는 사람도 일단 여길 통과하면 두 가지 다 내야 한다는 것이다.

그러니 사람들아, 내 말이 이해가 가지!

절은 산 덕 보고, 산은 절 덕 보고.

마 할 수 없지, 길게 싸움질해 보았자 여기 계신 직원들은 나처럼 항의하는 사람들과 날이면 날마다 싸움질하는 프로들이고 나는 수년에 한 번씩 싸움하는 아마추어이니 괜히 달려들었다가는 한 방에 날아가는 한 방 부루스가 될 터이니 아무 소리 말고 돈 다 내고 말았다.

내가 먹고사는 내 사무실 책상 유리판 아래는 지리산 산 지도가 칼라판으로 들어 있다.

나는 지리산 능선과 골짜기 골짜기를 그림으로 표시된 등산로를 다 다녀 보았다. 그리고 그냥 산줄기를 타고 마음으로 하루에도 몇 번씩 오르락내리락 이 골 저 골을 다니곤 한다. 언제 보아도 마음 흐뭇하고 지겹지 않는 곳이기에 내가 들어가 살고자 한다.

허나 산이 좋으면 평지가 없고, 물이 좋으면 햇살이 모자라고, 조망이 좋으면 아늑하지 못하고, 기암이 많으면 흙이 모자라니 내 욕심을 채울 곳이 정녕 있기나 한지 모르겠다. 깊은 산중이면 사람이 없고, 사람이 많으면 복잡하고 시끌벅적하니 이게 있으면 저것이 모자라고 저것이 있으면 이것이 모자란다 말이다.

허나 가긴 가야 하니 하나를 얻기 위해서 하나는 버려야 하는 이치이니 조만간 결정은 할 것이다.

하여간에 지금 어디까지 걸어왔더라 다시 책상 위 지도를 살펴보자. 칠불사 절 위의 봉우리 토끼봉에서 아침을 먹었구나. 9시에 출발하여 연하천 산장까지 약간 내려가는 듯하는 평지 길이었다. 숲길이었다. 연하천이 가까워져서 명선봉을 올라서니 산의 훼손을 막자고 원목으로 다리 계단을 숲길에 놓았다. 좌우로 온갖 산나물들이 이제 꽃대를 올릴 준비를 하고 있다. 여름이 오기도 전에 가을을 준비하는 이 산의 식물들이다. 하늘은 흐리고 기온은 서늘하여 별로 힘드는 줄 모르고 걸었다.

잎사귀 넓은 곰취가 보이더니 잎새가 나비를 부르는 붉은 조끼를 입은 듯 잎들을 엮은 나무들도 있었고 바람에 쓰러진 함박꽃나무에도 돌바닥에 기대어 하얀 꽃을 피웠다. 꽃이 필 때는 아무리 상황이 힘들어도 꽃은 피워야 하는 것이다. 사람도 그 시기가 오면 놓치지 말고 행하여야 한다. 저 꽃을 보라. 저 나무를 보라. 때 놓치고 말면 한 해 그냥 보내야 한다는 걸 알고서 할 짓 다 하지 않느냐. 토끼봉에서 연하천 산장까지 한 시간 반 걸리는 거리를 한 시간 남짓하여 왔었다.

언제 와도 연하천의 뜰에는 사람 소리로 왁자지껄하였다. 연하천이란 물이 난다는 곳이니 샘물로 목을 축였다. 그리고 참외를 깎아서 곁에 앉은 사람과 나누어 먹었다. 여름철 산행에는 적당히 갖고 다닐 과일이 참외 외는 없다. 사과가 좋긴 하나 겨울 과일이고 복숭아는 아직 철이 일러 나오지 않았고 수박은 무겁고 토마토는 무른 과일이라 운반이 용이하지 못하고 오이는 내가 좋아하지 않는 과일이다. 그래서 여름에는 참외, 겨울에는 사과를 찾는다.

고관대작의 뜰 같은 연하천의 마당에는 오래된 주목들이 정원수로 자란다. 돌로 지은 산장 앞마당에는 맑은 산중 샘이 솟고 너른 뜰에는 주목이 여기저기 자라나는 곳이어서 예전에는 주목나무 아래서 자리를 펴고 식사를 하고 한숨 잠을 자고 가던 곳이기도 하다만 지금은 산장 앞 야외 식탁에서 비좁게 앉아서 밥을 먹고는 일어나야 한다. 그 너른 마당에는 주목을 보호하기 위해 주목 보호 울타리를 쳐서 마당이 없어졌기 때문이다. 오고 가는 사람들이 모두 쉬는 곳이니 천왕봉 쪽에서 올라온 사람은 다리 계단을 밟고 올라가야 하고, 나같이 천왕봉 쪽으로 가는 사람은 주목 울타리 사잇길을 따라 내려가야 했었다. 어김없이 올라온 사람은 올라가고 내려온 사람은 다 내려가는 것이다. 한 사람도 어김없이 자기 갈 길을 찾아서 지나갔었다.

벽소령까지는 두 시간 거리이다. 허나 그리 높은 곳을 올라가지 않고 약간 올랐다가 내렸다가 올랐다가 하면 가는 코스이다. 아무래도 이 종주능선에서 조망이 좋은 몇몇 코스 중에 하나가 바로 여기이다. 제일인 곳은 천왕봉에서 장터목 가는 연화봉이고 다음은 우리가 가야 할 벽소령에서 세석고원 가는 능선이고 그리고 지금 우리가 앞으로 지나야 할 형제봉 코스이다. 바위 두 개가 산정능선에 서 있는 형제바위를 지났다.

비가 가늘게 부슬부슬 내렸다. 아이가 반대쪽 방향으로 걸어왔다. 박수를 쳐 주고 칭찬을 하였다. 아이는 무표정인데 아이 아버지가 반가워하며 좋아했다. 아, 저런 것이 바로 부모 마음이구나. 남녘으로 내려다보는 조망이 좋은 너럭바위에 자리를 잡고 앉았다. 나는 능선 종주를 하면 항상 앉았던 자리에 앉는 습관이 생겼다. 길을 익혔으니 다음에는 어디가 나올 것이라는 걸 생각하고 그 자리가 나오면 꼭 쉬어 갔다. 대개가 조망이 좋은 바위에 배낭을 벗어 놓고 마음을 걸어 놓고 무심으로 산 건너 하늘을 바라보는 것이다. 무얼 생각하고 무얼 고민하고 그런 일이 아니다. 그냥 바라볼 따름이다. 편안하고 아름답다고 느끼니 마음이 평온해진다. 이런 맛 때문에 산행을 하지 싶다.

오늘의 화두는 이것이었다.

내가 산을 가야지,

어찌 산이 날 찾아오겠는가!

이처럼 평범한 말이 입에서 맴돌아 나왔다.

실로 제법 오랜만에 지리산 종주에 나서니 이런 것도 배우고 깨닫는구나 싶어 재빨리 수첩을 꺼내어 문장을 적어 두었다.

가랑비에 옷 젖는다고 등산복이 젖는 것이 아니라 산이 다 젖고 있었다. 산이 젖으니 나무도 젖고, 바위도 젖고, 풀도 길도 젖어 드니 이제 걸어가는 내 발도 젖더라. 젖은 발로 젖은 길을 걸어가니 미끄러지기도 예삿일이 되더라.

노부부가 정처 없는 길을 걸어가고 있었다. 아저씨는 손잡이가 굵은 우산을 혼자 받쳐 들고 아주머니는 비옷을 입었다. 앞서니 내가 좀 쉬다 가면 뒤서거니 하며 외길인 산길을 갔었다. 먼저 걷던 내가 길 곁에 걸터앉기 좋은 바위자리에 아름드리 나무 하나를 등짐으로 기대고 만사 시름 놓고 세상에서 제일로 편한 자세로 내리는 비를 맞고 앉았다. 하염없이 내리는 비를 맞고 앉은 길손은 김소월의 〈왕십리〉를 척 한 수 거침없이 읊었다.

　　비가 온다
　　오누나
　　오는 비는
　　올지라도 한 닷새 왔으면 좋지

　　여드레 스무날엔
　　온다고 하고
　　초하루 삭망朔望이면 간다고 했지
　　가도 가도 왕십리往十里 비가 오네

　한 호흡에 주르륵 빗줄기같이 척 외고 있노라니 그 부부는 마냥 넋을
잃고 내 앞에 우산대를 접고 턱하니 서서 바라본다.

　　웬걸, 저 새야
　　울려거든
　　왕십리 건너가서 울어나 다오
　　비 맞아 나른해서 벌새가 운다

　　천안天安에 삼거리 실버들도
　　촉촉이 젖어서 늘어졌다데
　　비가 와도 한 닷새 왔으면 좋지
　　구름도 산마루에 걸려서 운다

그 아저씨 저 빗소리처럼 처량하게 읊어 대는 나를 유심히 바라봐 주는데 더욱더 흥에 젖어, 노래 부르듯이 읊어 대는 나를 보고 하는 말이
"방랑 시인 김삿갓 같소이다."
이러는 것이 아닌가?
이 아저씨 보아라. 내가 이처럼 듣기 좋아하는 소리인 줄 어찌 저리 잘 알고 나를 기쁘게 하는 것일까? 나는 떠나가는 아저씨를 뒤따라가며 노래 한 자락을 불렀다. 비 맞아 나른해져서 내 기분에 빠져 불렀다.

죽장에 삿갓 쓰고 방랑 삼천리
흰 구름 고개 너머 가는 객이 누구냐?
열두 대문 문밖에서 걸식을 하여도
술 한잔에 시 한 수로 떠나가는 김삿갓

오가는 사람들이 내 노랫소리에 비 맞아 나른함을 잊기나 하듯이 따라 부르기도 하도 손뼉을 치기도 하였다. 산중에 빗소리에 도인이 되어 가고 있었다. 지고 온 술이 다 떨어졌구나. 할 수 없는 일이다. 안 마시고도 마신 척하며 사는 것이 산길이다. 흥도 오르고 배도 부르고 비도 오는 날이니 한 곡 더 부르고 말지. 참 누가 불러 달라고 청을 한 것도 아닌데 내 흥에 내가 겨워 〈진주난봉가〉를 한 수 불러 보았다. 오랜만에 부르니 가사가 아물아물해도 익혀 가며 새겨 가며 불렀다.

울도 담도 없는 집에서 시집살이 삼 년 만에
시어머님 하시는 말씀 얘야 아가 며늘아가
진주 낭군 오실 터이니 진주 남강 빨래 가라

　　　　　　　　　　　　　　투구꽃 피는 산길

진주 남강 빨래 가니 산도 좋고 물도 좋아
우당탕탕 빨래하는데 난데없는 말굽 소리
옆눈으로 힐끗 보니 하늘 같은 갓을 쓰고
구름 같은 말을 타고서 못 본 듯이 지나더라

흰 빨래는 희게 빨고 검은 빨래 검게 빨아
집이라고 돌아와 보니 사랑방이 소요 터라
시어머니 하시는 말씀 얘야 아가 며늘아가
진주 낭군 오시었으니 사랑방에 나가 봐라

사랑방에 나가 보니 온갖 가지 안주에다
기생첩을 옆에 끼고서 권주가를 부르더라
그것을 본 며늘아가 건넌방에 물러 나와
아홉 가지 약을 먹고서 목매달아 죽었더라

이 말 들은 진주 낭군 버선발로 뛰어나와
내 이럴 줄 왜 몰랐던가 사랑사랑 내 사랑아

화룻 객정은 삼 년이요 본댁 걱정은 백 년이라
내 이럴 줄 왜 몰랐던가 사랑사랑 내 사랑아
어화둥둥 내 사랑아

어느덧 벽소령 고개 마루 위에 앉아 있었다.
벽소령 산장 마당 나무 식탁에는 점심을 먹는 사람들로 붐비고 있었다.

이왕 길게 써 나가는 것이니 떡 본 김에 제사 지낸다는 말이 있듯이 벽소령에 온 김에 벽소령을 소개나 하고 가자.

지리산 종주능선의 중앙부에 높은 고개 마루가 있다. 아마도 6.25 동란과 그후 공비 토벌 시절에는 이 산중을 넘는 벽소령 관통 도로가 개통되었을 것이다. 물론 지금도 흔적은 남아 길은 빤하다만 차량이 오르내리지는 못한다. 벽소령의 남쪽은 유명한 화계동천이 흘러가는 곳이다. 화계동천이란 쌍계사를 지나, 화개장터 앞으로 해서 섬진강으로 흘러간다. 그러니 지리산에서 가장 큰 골짜기인 화계동천 골짜기를 이룬 곳이고, 북으로는 마천 삼정리까지 가면 바로 백무동과 만나는 곳에 이르게 되는 곳의 산고개가 벽소령이다.

화계골에서 마천골까지 무려 35㎞에 이르고 종주능선의 가장 낮은 고개이지만 1350M의 높이라니 가히 지리산은 지리산이다.

물론 나는 화계골에서 의신마을을 지나 벽소령으로 올라도 와 보았고, 마천골에서 삼정을 지나 벽소령으로 올라도 와 보았다. 양쪽으로 내려도 가 보았다.

허나 여기 벽소령에 산장을 지을 곳은 못 된다. 헌데 왜 산장을 근자에 와서 지었는가 하며 지리산을 국립공원 관리공단에서 관리하면서 연하천 산장과 세석 산장 사이에 거리가 너무 멀다는 것이다. 등산객들이 밤을 새울 곳이 둘 사이에 필요한데 산장이란 게 어디나 짓기만 하면 되는 것이 아니다. 평지가 있어야 하고 물이 있어야 한다. 산 아래로 접근하기가 좋은 곳이어야 한다. 그래서 궁여지책으로 여기 벽소령에 짓고 말았다. 허나 지리산 벽소령에는 샘이 없다. 그래서 좀 아래에 샘을 파고 펌프로 산장까지 끌어올리지마는 등산객은 물을 받으러 한참을 내려가야 하는 불편함이 있는 곳이고 산장 건물이 산 고개 마루에 위치하여 바람을 맞고 있다.

집이란 바람받이면 안 되는 이치인데 이걸 고려하지 않고 편리한 데로 짓고 말았다. 최근에 지었던 고로 통나무로 크고 웅장하게 잘 지었다. 주변 편의 시설도 잘 꾸려 놓았다. 하지만 오래 갈 산장은 아닐 것이다. 바람이 이다지도 불어 대는 곳에 얼마나 견딜까?

벽소령 명월이 지리산 10경 중에 하나이다.

사방팔방으로 도무지 민가의 불빛이라고는 비쳐 오지 못하는 심심산골 산정이니 달이 좋은 날은 명월이 밝아 푸르스름하게 비쳐 명월의 아름다움을 흠뻑 느낄 수가 있는 곳이기도 하다. 3년 전에 호칠이랑 둘이서 추석 즈음 태풍이 지난 후 이곳을 밤 11시경에 지나게 되어서 참으로 아름다운 밤하늘의 보름달 바로 벽소 명월을 보게 된 기억이 살아난다.

지금은 낮이고 비가 부슬거리니 달은 상상도 하지 못하는 지경에 이르렀다. 그러나 언젠가는 또다시 벽소의 명월을 보게 되리라. 나는 일기를 관찰하고 달의 움직임에 유난하니 말이다.

12시 반이니 점심을 먹고 나서는 편이 나을 것이다. 마당 식탁에도 비가 내리니 건물 일 층 취사장으로 자리를 옮겨 준비해 온 햇반을 끓는 물에 데워서 점심으로 해결하였다.

비는 계속 오락가락 거렸다. 비를 맞은 사람들은 오늘 길을 접고 산장에서 머물 작정을 하는 사람도 있었다만 나는 아직도 어디까지 갈 것인가를 정하지 못하고 있었다. 실로 가는 데까지 갈 것이다 하며 가는 길이었다. 비가 오면 다들 걷기를 포기하고 하산을 하든지 숙소를 정해서 쉬는 편이 현명하나 난 여기서 그만둘 의향은 조금도 없었다.

적어도 세석까지 가든지 아님 장터목을 가게 되면 내일 천왕봉을 올라서 하산하게 되는 것이다. 비가 오지 않았다면, 손전등이라도 준비되었다면 아마 혼자서 힘이 좀 들더라도 늦더라도 천왕봉을 올라서 당일로 중산리로 하산을 할까도 생각을 했었다.

아침 5시부터 지금 1시를 넘었으니 무려 8시간을 걸었다. 여기서 남은 거리는 난 모른다. 얼마나 가면 되는지는 몸이 안다. 얼마나 걸어왔는지 거리는 난 모른다. 허나 몇 시간을 걸었고 얼마나 걸었는지 몸의 측량으로는 안다. 이미 산에, 거리에, 모양에 내가 적응이 된 것이다. 그래서 가면서 시간을 잰다거나 거리를 알고자 하지 않는다는 것이다. 거리보다 정확한 몸의 척도로 이미 익히고 있는데, 쉽게 말하면 감이 다 오는데 말이다.

벽소령에는 상하 벽소령 두 개의 고개 마루가 있다. 상벽소령에서 하벽소령까지 20여 분이 걸리는 거리이다. 나는 이 길을 무척이나 좋아한다. 일단 평지에 길이 넓다. 길 아래로 화계동천이 시작되는 의신골이 보이고 성곽 같은 벽소령의 긴 고개 언덕이 막고 있는 길이다. 추운 겨울에도 이곳을 지날 때면 따뜻한 봄기운이 몸을 녹여 주는 곳이고, 정말로 봄이면 오만가지 봄꽃이 제일 먼저 피어나는 곳이기 때문이다. 마치 옛날 옛적에 산골 나무꾼 아저씨가 지게 지고 넘어 가던 고개 같아 인정이 묻어 나오는 길이었다. 지금은 그 길가에는 키 크고 잎 넓은 가지 연한 나무들이 젖은 나뭇잎을 흔들며 마중을 나와 손짓을 하는 듯하였다.

무심, 무심, 무심으로 오직 걸어갈 뿐이다. 산길을 걷는 가장 큰 수확은 오직 걸어가는 일에만 몸과 마음을 맡기는 일이다. 사랑하는 사람들

투구꽃 피는 산길

도 잊고, 보고픈 사람도 잊고, 정든 사람도 잊고, 마음 준 사람도 잊고 그냥 걸어갈 뿐이다. 그래서 난 홀로 산길을 걷는가 보다.

내 노랫소리도 빗소리에 묻히고 오가는 사람도 이제는 뜸하였다. 선비샘을 지나 덕평봉, 칠선봉 구간은 지리산 종주구간 중에 가장 험난하고 산속 깊은 곳이다. 깊다는 말은 민가에서 근접하기가 멀고 험하다는 말이다. 여기서는 민가로 갈려면 두어 시간 걸려서 세석으로 가든지 아니면 걸어온 벽소령으로 되돌아 나가든지 해야 한다. 벽소령까지 한두 시간, 벽소령에서 의신이나 삼정까지 또 2시간 이상은 소요되는 위치이다. 여기서 하산을 하는 일이 생긴다면 적어도 앞으로 4시간은 잡아야 민가에 도달한다는 결론이다.

바위를 돌고 줄사다리를 잡고 오르고 철 계단을 몇 개나 올라야 하는 곳이기도 하다. 허나 그런 산속이기 때문에 산이 보여주는 웅장함과 비경은 말로 형언하기 어려운 아름다운 곳이다. 혹 저기 설악산의 기암절벽을 상상하시지는 말기를 바란다. 지리산은 둥글고 펑퍼짐한 흙산이라고 했다. 설악산이 마르고 날카로운 아버지 같은 산이라면 지리산은 허리 굵고 엉덩이 큰 어머니 같은 산이다. 펑퍼짐하게 내려앉은 길고 넓은 형상의 산자락이 펼쳐지는 아름다움을 그려 보기 바란다. 산줄기 줄기, 산골짜기 짜기들이 어쩌면 이다지도 조화를 이루고 변화를 이루어 모나지 않고 밋밋하지 않고 올망졸망 굽이를 만들었을까. 칠성봉 바위 끝에 오늘은 앉을 수가 없었다. 빗물이 바위에 물 기름칠을 해서 잘못하여 미끄러지기라도 하면 그만 수십수백 길 아래 수해로 떨어질지도 모를 일이다. 해서 철 사슬을 잡고 여름비에 목을 축이는 나무들의 환호성을 오늘은 내 목소리 대신 들어야 했다.

비상용으로 준비해 간 1,000원짜리 비닐 비옷을 입을까 말까 하며 비를 맞고 걸었다. 빗줄기가 굵어지기 시작해서 꺼내 입어 보니 그냥 맞고 가는 편이 마음 편할 것도 같아 다시 벗어 넣고는 땀줄기를 빗줄기에 태워서 흘려보냈다. 벗은 몸 말리는 것이 젖은 옷 말리는 것보다 여름에는 쉬운 노릇이다. 사람이 이처럼 뜸한 건 저쪽 세석에서 오는 사람도 산장에서 머물고 이쪽에서 가는 사람도 벽소령에서 머물기에 비오는 날 산길에는 인적이 더욱 드문 셈이다.

나도 이제 마음을 정해야겠다. 여기서 한 두어 시간이면 세석에 도착할 것이다. 그러면 4시경이고 천왕봉을 간다면 7시가 넘어야 하고 다시 중산리로 하산을 한다면 10시경이 될 것이다. 비만 오지 않는다면 이 몸 부서지기야 하겠나 하고 가겠다마는 아무래도 진주로 그냥 돌아가고 싶었다. 그래, 거림으로 가자! 거림골 세석상회 형님이 편찮으시다는데 난 아직 문병도 못했지 않는가. 그리 마음을 정하니 마음이 점점 바빠지기 시작했다. 나는 천천히 걸을 수가 없었다. 거림서 진주 가는 막차 시간도 어찌 되나 싶기도 하였고 해서 이제부터 속도를 내서 걸었다.

영신봉 자락으로 올라서니 평원 한 자락이 발 앞에 머문다. 풀밭에는 숲길과 사뭇 다른 풍광이다. 풀밭은 시야가 좋다 그리고 바람이 불어온다. 풀밭은 꽃이 핀다 그리고 내가 풀보다 키가 크다. 풀밭은 걷고 싶지 않고 구르고 싶다. 풀밭은 산보다 하늘이 크고 넓다. 나는 산속의 고원을 이룬 세석 같은 풀밭을 좋아한다. 지리산 능선에는 드물지만 이런 곳이 몇 곳이 있다. 고원처럼 아름다운 만복대, 하봉 아래 웅석봉 가는 왕등재 습지, 제석봉 고사목 지대의 평원, 그리고 마지막으로 노고단 분지이다.

투구꽃 피는 산길

내가 지금 이 풀밭을 기억해 내면서 수십 초 동안 지리산 종주능선을 왔다 갔다 왕복해 버렸다고 한다면 여러분 믿겠는가? 난 방금 그 길들을 순식간에 다 기억해 내면서 걸어간 것이다. 아니 날아간 것이다. 이건 걸어도 날아도 불가능한 것이니 무어라고 해야 하나 그러나 마음으로는 가능하지 말이다.

영신봉 아래는 낙남정맥 종주 길이 오롯이 보였다. 세석평원을 보호하는 나무 말뚝이 오케이 목장의 담처럼 막아 두었지만 나는 마음만 먹으면 들어갈 수도 있고 길도 찾아서 내려갈 수 있다만 이슬 맺힌 풀잎들이 내 잠방이를 적실 걸 생각하니 그만두고 평원이 넓어서 산장이 더욱 아름다운 세석 산장의 나무 식탁에 앉아 평원의 그림을 본다. 시네마스코스 입체 화면이 두 눈으로도 모자라는 시각으로 꽉 찼다.

초목이 푸른 산중 풀밭에 비가 내린다. 아아… 아름다움에 목이 메인다. 눈이 시리다. 저 빗물 속에 녹아들고 싶다. 그리고 아름다운 세석의 맑은 물이 되어 나무의 식수가 되어 나무가 되고 싶다. 난 나무가 되고 싶은 사람이다. 나는 죽어 다시 태어난다면 꼭 나무로 태어나고 싶다. 그리고 이 지리산 산중에서 오래 오래 죽지 않고 사는 외롭고 우뚝 선 굴참나무가 되고 싶다.

6-4. 귀향

세석 산장 샘터에는 벌거벗은 장정들 여럿이 목물을 하고 있었다. 빗속에 목물이라 빗물로 씻는지 샘물로 씻는지, 샘물이 무척 차가울 것이다. 군대 팬티 같은 메리야스 사각 팬티 하나만 걸치고 물싸움을 하며 샘터가 시끌벅적하였다.

갑자기 저들로부터 강한 기운이 느껴졌다. 그들의 젊음과 기백이 전이되어 왔다.

"멋지다. 야!"

치던 장난을 멈추고 고개를 돌려 웃음을 지어 주었다.

"보기 좋단 말이다."

"아… 예. 감사합니다."

다시 물 소금 장난을 치며 웃고 뛰고 소리치며 놀고 있었다.

샘터에서 흘러내리는 작은 물고랑에 억새 푸른 잎새가 가느다란 손가락을 길섶으로 떨어뜨리고, 좁은 폭 잎새에는 보석같이 영롱한 진주 이슬을 알알이 달고 있었다.

바람이라도 불면 굴러떨어지고 말 것 같은 이슬들, 손 한번 스치면 툴툴 구르고 말 것 같은 이슬들이지만 결코 그리 쉽게 떨어지지는 않는다. 그리 쉽게 떨어질 몸이라면 이렇게도 아슬아슬하게 풀잎 한 자락 끝에 매달리지도 못했을 것이다.

철쭉꽃이 환상으로 피는 세석에는 지금은 꽃은 다 지고 화전 같은 잎들이 비에 젖어 고개를 조금씩 아래로 내리고, 겨울에 눈 두엄을 이고 섰던 구상나무는 짧은 머리 물에 감고 나온 바늘 잎새를 뽐내고 서 있었다.

삼라만상은 다 계절이 주는 은혜를 입고 살아가고 있다. 지금은 오직 눈 오고 바람 불던 긴 겨울의 외로움을 다 잊고 여름비가 주는 생명수의 은혜를 누리고 살아갈 뿐이다. 샘물이 개울물이 되고, 개울물이 냇물이 되고, 냇물이 계곡물이 되고 있는 이 산중에는 봄날 울던 뻐꾸기는 또 따라 울던 휘파람새는 어디 가고 빗소리만 개울물 소리만 산중을 울리고 있었다. 산을 내려가는 골짜기 길은 대개 돌을 딛고 내려가야 한다. 흙

산이지만 골짜기에는 돌로 이어져 있다. 돌계단을 얼마나 딛고 내려가 야 할까? 묘하게도 이런 돌의 연결로가 길이 되었다.

세석 산장에는 절터가 있었다. 탁영 김일손의 《두류기행록》에는 세석 의 영신봉에서 대성골로 내려가는 길목에 영신암이라는 절이 있었다고 되어 있다. 《선인들의 지리산 유람록》에 의하면 이륙, 김종직, 김일손, 남효온, 조식 선생 등이 있으며 그 당시 산행의 길잡이는 스님이었으며 머무는 산장은 산중의 절간이었다. 그리고 선비들은 여러 하인들을 데 리고 쌀을 지고 놀이패, 소리꾼을 앞세우고 행차를 하였던 것으로 나와 있었다.

허나 지금처럼 산골마을까지 차로 올라가는 것이 아니니 천왕봉을 올 라갈 요량이면 덕산까지는 민가가 있어 쉬이 접근이 되나 덕천강을 따 라 중산리까지는 말이나 도보로 가야 하는 길이니 지금 중산리에서 천 왕봉 오르는 시간에 비하며 훨씬 어렵고 먼 길이었다. 중산리에도 마을 이 있는 것이 아니라 절이 있었고 또 법계사도 있어 가다 묵어 갈 수가 있었다. 그 선비들은 지방 관아의 수령들이니 스님에게는 상전이라 밥 을 짓고 찬을 올리는 일에 결코 소원함이 없는 산행 행차를 했다. 그런 후에는 지고 온 쌀을 시주로 남기고 또 산을 올랐다고 되어 있었다.

5시를 넘으니 골짜기는 어둠이 짙어지고 있었다. 날이 흐리고 숲이 짙 은 골짜기이니 그런가 보다. 나는 버스 시간이 머리에서 떠나지 않았다. 오늘 진주로 나가야 하는데, 비 맞은 옷과 몸을 씻어야 하는데, 그러면서 거의 뛰다시피 거림 방향으로 걸었다.

내 특유의 산길 걷는 방식으로 걸었다. 나는 몸의 힘을 거의 다 뺀다.

지고 가는 배낭이 가벼워졌으니, 하산하는 길은 내리막길이니 힘을 빼고도 내려갈 수가 있다. 그리고 산길이란 게 곧은 길이 아니라 좁은 꼬불꼬불하고, 발을 디딜 곳을 보며 내디뎌야 한다. 크게 보면 내려가지만 발자국 발자국을 올려 디디어야 할 때도 있고 옆으로 내딛어야 할 때도 있는 것이 산중의 하산하는 산길이다. 헌데 이런 걷기 어려운 길을 뛴다는 것은 힘을 넣고는 불가능하다. 그래서 힘을 거의 빼고 흐느적 흐느적거리며 흔들며 걷는다. 내 몸 흔들림의 중심을 흔들리는 배낭이 잡아 주기도 한다.

배낭을 몸에 꼭 맞게 메지 않는다. 그래서 계속 배낭은 배낭대로 흔들리며 내려온다. 그러나 배낭이 저 혼자 제 맘대로 흔들리는 것은 아니다. 내 몸의 중심에 매달려 흔들기 때문에 내가 한쪽으로 갑자기 기울어지면 배낭은 반대 방향에서 붙잡아 주는 역할을 하기도 한다. 사람들은 내 이런 배낭 멘 모습을 보고 힘이 들겠다든지 불안정하게 보인다든지 충고를 하기도 한다.

그러면 난 이렇게 대답을 하곤 했다.

"사람이 배낭을 메고 가지만 나는 배낭이 날 달고 갑니다."

무슨 우스갯소리를 한다 싶겠지만 나는 실제로 이런 배낭 덕으로 안 넘어지고 쉽게 산을 내려간다.

올라오는 사람도 없고 내려가는 사람도 보이지 않는 거림 골짜기를 한 30여 분을 내려왔을 즈음에 혼자 터벅터벅 내려가는 중년의 사나이가 있었다. 걸음의 속도는 나에 비하면 느린 것 같으나 보통 이때쯤 하산하는 사람들의 속도로는 늦은 편도 아니고 어깨에 멘 배낭의 크기와 산행 차림으로 보기로는 그리고 이 시간 혼자 하산할 정도의 사람이라면 산

투구꽃 피는 산길

행에는 자신이 있는 사람 같았다. 그러나 걷는 모습은 힘들어 보이고 지쳐 있었다.

나무다리 하나를 건넜다. 다리 아래로 골짜기 불은 물이 물소리를 내며 상어의 흰 이빨처럼 물보라가 뒤집히며 일어나고 있었다.

"진주 나가는 막차 시간을 아십니까?"

"여름이니 좀 늦게라도 있지 않겠어요."

그는 아는 사람처럼 말했다.

"6시 전에는 내려가야 막차를 타지 싶습니다."

나는 확실하지는 않으나 거림골을 잘 아는 처지라 감으로 그리 생각이 되었다.

실은 6시 막차를 탈 요량으로 이리 바삐 내려가고 있는 것이다.

"그럼 내려가시면 승용차가 있습니까?"

하고 다시 내가 물어보자 그는 서울서 왔으며 내일 귀가할 거라고 했다. 어제 저녁 대원사로 와서 유평마을에서 자고 새벽에 출발하여 여기까지 왔다는 것이다. 내가 그 코스를 걸어 봐서 잘 안다. 꽤 먼 산길이다. 적어도 약 25㎞는 걸어와야 하는 길이다. 자고 내일 서울 간다면 오늘은 피곤하니 세석에서 자고 내일 출발해도 되는 일인데 힘들어하면서 내려가는데 혼자 생각하였다.

나는 갈 길이 바빠서 먼저 가겠노라고 하며 앞서 걷기 시작했다. 그러면서 뒤를 자꾸 쳐다보게 되는 것이다. 그는 금방 저만치 뒤떨어지고 있었다. 앞서 가던 나는 그가 다시 내 뒤까지 올 때까지 기다렸다가 이 길은 다녀 보았는지 물었다. 그는 초행이라고 했다. 날은 이제 곧 어두워질 것이다. 그리고 길은 초행이고 지금 시간에 지나는 사람은 없을 것인데 몸은 지치고 난 그를 두고 먼저 내려가는 발걸음이 떨어지지가 않았다. 나는 그만 그를 데리고 내려가기로 마음을 먹었다. 할 수 없지 이것이 나에게 주어진 오늘의 길인걸.

그는 산꾼이었다. 나이는 엇비슷하지 싶은데 모습은 나보다 더 먹어 보였다. 설악산에서 고생한 이야기며 지리산에 야생 곰이 산다며 호랑이도 산다고 했다. 지리산 호랑이는 사람이 키우다 놓친 호랑이라 사람을 해치지는 않지만 왕시리봉 자락에는 있다는 이야기며, 하봉 아래 광점리로 해서 얼음골로 1970년대 초반에 올라갔는데 그때는 길을 몰라 나무꾼을 앞세워서 올라간 적도 있다고 하니 그는 오래된 산꾼이었다.

그는 왠지 세석 산장에서 자는 것이 싫어서 내려온다고 했다. 그리고 거림 골짜기 길이 초행이지만 비에 젖고 젖은 몸으로 사람들과 부대끼여 산장 잠을 잔다는 것이 싫어 혼자 야영을 할 생각이라고 했다. 산 아래에서 야영을 한다니 막차와는 상관이 없는 사람이었다.

나는 마음이 그래도 바쁘니 자꾸 앞서서 걷는다. 날이 저무니 날 보고 먼저 가라고 하지는 못하고 부지런히 뒤따라 걸었다. 한 시간이나 내려오니 물길이 넓어지고 하늘이 열려 있었다. 길가 너럭바위에 걸터앉았다. 그와 나는 어제 오후에 산에 들어가서 그는 천왕봉 동쪽 대원사 코스로 올라서 왔고 나는 천왕봉 서쪽 노고단 코스로 왔으니 둘이 걸어온 길을 합하면 지리산 종주 길이 되는데 그도 나도 내일이 남았건만 적당히 그만두고 하산하는 이십 년 이상 된 산꾼들이었다.

우린 한 시간여 둘 다 지친 몸을 이끈 노병이 되어서 이야기하며 산길

투구꽃 피는 산길

을 걸어 내려왔지만 이름 한 자 얼굴 하나 제대로 기억 못 하고 헤어지고 말았다. 산에 가서 만나고 헤어지는 사람은 이런 경우가 대부분이다. 나와 그가 동행하다 사고를 만난다면 우린 내 부모형제처럼 그를 도우며 구할 것이다. 그러나 거기에는 아무런 조건이 없다. 우리가 운전을 하다 사고를 만난다면 사람을 구하는 일에 내 일처럼 달려들지는 않는다. 허나 산길에서 그런 일이 생기면 누구든지 자기 일이 되는 것이 산행이고 산꾼이다.

인간은 자연 속에 살아야 더욱 자연스러운 인간적인 인간이 되는 길이다. 산에는 인간 세상처럼 계산하지 않는다. 산에는 어차피 자연 속에 존재하는 나를 발견하게 된다. 산에서 인간이란 자연 속에 사는 하나의 작은 존재에 불과하다는 것을 느끼게 되어 있다.

우리의 삶은 유한하다. 저 자라나는 나무 하나의 생명보다 연약하고 짧은 것이 인간의 삶이다. 그리고 존재의 수도 저 나무의 수보다도 작다. 비바람 눈보라가 치면 저 나무 한 그루보다도 견디며 살기 어려운 존재가 바로 인간이다. 아무것도 아니다. 정말 아무것도 아닌 인간이 천상천하 유아독존이란 말만 만들어 떠들고 있다. 그러니 정말 존재다운 존재가 되려면 존재의 실체를 제대로 알고 그 던져진 존재 속에서 존재하는 존재로 살다가 가는 것이 바른 삶일 것이다.

내가 오늘 가진 것이 과연 내 것일까? 내일도 나의 것이고 백 년 후에도 나의 것일까? 그리고 오래전부터 나의 것이었을까? 우리가 내 것이라고 갖고 소유하는 것들은 다 빌려 쓰는 것들이다. 내 것이란 아무것도 없다. 하물며 이 거죽 같은 몸뚱이도 빌려 쓰고 있는데 내가 가진 것이 무엇 하나 있을 수 있단 말인가.

우린 어느덧 거림골 마지막 자락을 알리는 수백 년 되는 노송이 바윗길에 서서 골짜기를 내려다보는 곳에 섰다. 우린 골짜기의 마을과 민박 산장들이 보이는 어스름 저녁의 산골마을 정경을 내려다보며 긴 산행의 여정을 접는 마무리 시간임을 말은 없어도 알고 있었다.

관리소 매표소 직원이 낯익은 사람이었다. 반가워서 악수를 하고 버스 시간을 묻자 지금이 6시이고 5시 50분에 출발했다고 한다.

그래 차라리 잘된 일이다. 어차피 세석상회 형님 문병은 가야 하니….

동행한 서울 산꾼은 근처 야영장에서 잔다고 했고 많이 지쳐 보였다. 내가 더욱 지치게 만들지는 않았는지 모르겠다. 세석에서 내려오는 거림골과 촛대봉과 연화봉에서 내려오는 도장골 물이 쌍계를 이루어 여기 거림마을에서 만난다.

장마가 온다기에 떠난 지리산 이틀간의 짧은 시간이 이토록 길고 먼 산길 이야기가 되었다.

우리가 살면서 이틀은 순식간에 사라지고 마는 시간이다.

헌데 산을 가 보면 우린 정말 하루에도 멀고도 아득한 길을 걷는다. 그리고 수많은 이야기와 생각을 하면서 살 수 있는 시간이다.

힘들고 어려우면 어려운 만큼 우리에게는 다른 보너스를 주는 것도 바로 사람 사는 일에는 있다는 것이다. 그래서 나는 사는 일이 힘들고 어려우면 그냥 떠난다.

산은 언제나 그 자리에서 날 기다려 준다. 산의 품에 나를 집어넣으면 산은 나를 포근히 아늑하게 그리고 언제나 넉넉하게 안아 주고 가르쳐 주고 일으켜 주고 치유를 해 준다. 언제나 그랬듯이 지금도 그러하고 앞으로도 그럴 것이다.

산, 산, 지리산.

말없는 산에는 언제나 넓고 깊은 산자락이 있어 나는 행복하고 그래서 산속으로 들어간다.

2002. 7. 12.

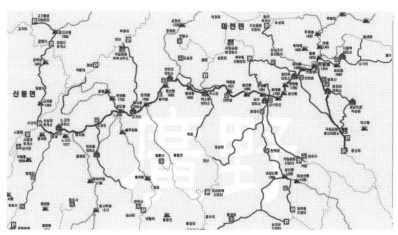

지리산 종주 지도

7. 23시간 무박 지리산 종주기

<u>성삼재에서 새재까지</u>

<u>(쉰 살 쉰 몸에서 쉰 냄새 풍기며 23시간 비 맞고 걷다)</u>

<u>2002. 9. 14. (토)-2002. 9. 15. (일)</u>

지리산,

내가 지리산을 다닌 지 이십 년도 더 지났다.

그런 지리산을 아직도 다니고 있다.

사람들은 산을 두고 당신은 왜 산에 오르느냐는 질문을 주고받는다.

산이 거기 있기에 산을 오른다고 하지만 나는 그렇지 않다.

산이 좋아 오르고, 산은 오르기도 하고 내려가기도 하지만 또 올라가기 때문이다.

그렇게 다닌 지리산에 대하여 한두 번 쓴 산행기도 아닌데 또 산행기를 쓰자니 내심 말이 아니긴 하다만 이번 지리산 산행에 대한 감회는 남다른 데가 있기 때문이다.

지난 여름 휴가를 받고 보니 전국의 명승고적지는 인산인해라 마땅히 갈 곳이 없어 그나마 조용한 산길을 찾았다. 하루 저녁은 지리산 취밭목 산장에서 묵고 다음 날 아침에 천왕봉을 향했는데, 그 시간에 천왕봉에서 내려오는 사람을 만났다.

나는 산장에서 올라가는 길이고 그들은 산의 정상인 천왕봉을 지나서 내려오는 사람이었다.

사람들은 산에서 만나면 "안녕하세요? 수고하십니다. 거의 다 와 갑니다." 이런 인사를 주고받는다.

천왕봉에서 내려오는 사람 중에는 나이가 지긋한 중년의 아저씨들도 있었다. 나는 단순한 생각으로 천왕봉 근처인 장터목 산장에서 자고 일찍 떠난 모양이구나 했다.

"어디서 주무시고 오시는지요?" 하고 내가 물었다.

"잠을 못 자고 오는 길입니다."

"어디서 출발하셨는데요?"

"노고단에서 출발하여 여기까지 온 겁니다."

"언제요?"

"어제 저녁 6시경에 출발하여 밤새 걸어 여기까지 온 겁니다. 얼굴이 사람 모양이 아니지요? 저 아래 대원사 근처에 목욕탕이 있는지요?"

"덕산까지 가셔야 공중 목욕탕이 있습니다. 철야 산행을 하셨다니 덕산 가는 길에 여관이나 모텔이 있을 겁니다."

사람들을 보내고 생각하니 그들은 지리산 종주 산행을 당일로 했단 말이었다.

산을 잘 타는 사람은 당일로 노고단에서 천왕봉까지 와서 중산리로 하산하는 종주를 하지만, 야간을 이용하여 천왕봉에서 대원사까지 완전 종주를 하는 사람이 있다는 사실을 안 것만으로도 나에게는 충격이었다. 이미 지나가 버린 그 사람들이 대단하다는 생각이 들었다.

이십여 년을 지리산을 다닌 나, 산이라면 아직은 웬만한 사람에게 뒤지지 않는다는 개인적인 자부심을 갖고 있는 나는 그만 놀라움과 새로운 사실에 한참 동안 그 사람들의 말이 정말일까 하는 의심마저 들었다.

　꼭 10년 전 내 나이 마흔 되는 해, 지리산을 다닌 지 십 년이 지난 해, 종주만도 여러 번 하였던 그때, 나는 당일 종주의 꿈을 이루어 내었다.

　노고단 산장에서 자고 새벽부터 걷기 시작하여 일몰을 천왕봉 정상에서 보고 중산리마을로 내려오니 밤 9시였다. 새벽 5시에 출발하여 16시간 동안 걸어서 하산을 한 적이 있었다. 그때는 그 사실만으로도 나에게는 대단한 자부심이었다. 헌데 어느 누구에게도 들어 보지 못했던 대원사까지 무박 당일 종주는 지리산의 능선을 잘 아는 나로서는 실로 경이로운 사실이었다.

　그래, 내 눈으로 보고 들은 사실이야! 기회가 오면 도전을 해 보리다. 그동안 좀 더 열심히 산행을 하여 몸을 만들어서 도전하리다. 저 사람들이 해내는 일인데 나도 할 수 있을 거야! 아니 꼭 하리다. 더 나이 먹기 전에, 내년 여름이면 좋겠지. 야간에 걷는 일은 밤이 짧은 여름철이 기온도 낮아 걷기 좋을 거야! 이런 생각을 했었다.

　지난주 중에 오랫동안 연락이 없던 아우 장화가 전화를 해 왔다. 아우는 지난 수년 동안 나와 영남 일원의 산들을 다닌 오랜 산 동료이다. 전화가 없던 아우가 전화를 한 이유는 안부를 묻고 내 건강이 좋아졌다면 가을이 왔으니 산행을 하자는 제안이었다.

　토요일은 오전 근무를 하니 일요일 일찍 출발하도록 전날 저녁 사천으로 와서 나와 같이 자고 지리산으로 가자고 했다.

　그 말을 듣는 순간, 그렇다면 그 일을 해 보자!

몸을 만들고 기다릴 것도 없이 이미 이십 년을 산 다니면서 만들어져 있는 몸, 차라리 한 살이라도 더 먹기 전에 시행하는 것이 나은 일이다.

나는 아우를 오는 토요일 진주 개양에서 만나기로 하고, 그날이 오길 기다리며 남은 며칠을 일찍 잠을 자는 일밖에는 별다른 준비가 없었다.

2002년 9월 14일 토요일. 12시 퇴근 시간에 맞추어서 회사 근처 보신 탕집으로 갔다. 산행 전에 배 속을 든든히 해 두는 것이 요령이다 싶어 보신탕 한 그릇을 비우고, 할인 마트에서 야간 등산 시에 밤새 사용할 손 전등용 건전지 두 벌을 더 샀다. 그러니 예비용 손전등까지 두 개를 준비 하고 이미 장착된 것까지 모두 4조의 건전지를 준비하였다. 이번 산행에 서는 산에서 취사를 하지 않는다는 원칙으로 했으니, 이제 세 끼 김밥을 사면 되는 일이다.

등산양말에 등산화를 신고 등산복으로 챙겨 입었다. 가능한 짐은 줄 여야 했다.

성삼재에서 대원사까지 산길로 50㎞에서 60㎞ 거리이다. 그것도 잠을 안 자고 걷는 일이다. 시간이 문제가 아니라 완주를 하느냐가 더욱 중요 한 일이었다. 그리고 산장에서나 중간에 비박을 하지 않는다. 여벌로 내 의 한 벌과 추위를 대비하여 방풍용 재킷을 넣고 배낭을 들어 보니 취사 도구가 없는 탓에 한결 가벼웠다.

김밥 아주머니는 내일 아침까지 김밥을 보장하지 못한다고 했다. 여 름 날씨에다 지금이 겨우 낮 2시인데 내일 아침까지 김밥이 상하지 않는 다는 보장은 불가하단다.

"얼음주머니를 하나 넣어 주세요."

김밥 일 인분에 이천오백 원 하는 걸 팔면서 친절한 아주머니는 냉장고에서 얼음이 된 페트병을 하나 넣어 주었다. 물통이 하나 들어 무거워지긴 해도 저녁이 되면 얼음은 녹을 것이고 산에는 기온이 내려가니 저녁에 버리면 되는 일이었다.

창원서 승용차로 오는 아우의 위치를 확인하니 마산을 지나 남해 고속도에 진입하였다.

목감기 기운이 남아서 약국에서 아스피린 한 판을 사 넣었다. 나는 해열에는 아스피린으로 넘기는 체질이다.

사천에서 진주 개양까지 가는 길에 차창에 빗방울이 지고 있었다. 지금 비가 오지만 산에 비가 올 것인지 안 올 것인지는 산에 가 봐야 아는 일이다.

산도 위치에 따라 오는 곳도 있고 안 오는 곳도 있는 일이니, 비가 오는 일과 우리가 산행으로 걷는 일과는 상관이 없는 일이다. 비가 오고 안 오고는 산행을 가느냐? 마느냐? 하고는 무관한 일이었다. 나도 아우도 언제나 그렇게 산행을 해 왔다. 그리고 그 경험들이 일기 예보를 보고 판단하는 것보다 낫다는 것이고, 그런 일에 의견 조율을 하는 것보다 차라리 떠나 버리는 것이 현명한 일이었다.

아우가 개양 버스 정류장 근처에 차를 두고 정류장에 도착하여 채 2분도 안되어 하동행 버스를 탔다. 하동까지 한 시간, 하동서 구례까지 한 시간, 버스 연결 시간이 얼마나 될지 모르나 하동서 구례 가는 버스를 4시경에 타면 5시 10분에 출발하는 성삼재 막 버스를 탈 수가 있다.

버스정류장에서 7개월 만에 만난 우리는 포옹을 했다. 서로의 얼굴을

투구꽃 피는 산길

바라보며 한참을 반가워서 어쩔 줄을 몰랐다. 아우는 언제나 카우보이 모자를 썼고 나는 앞 챙이 있는 모자를 썼다.

사람들은 건강을 위해서 산행을 시작하는 경우가 있다. 처음에는 대개 그러하다. 그러나 산에 정말 매료되면 건강을 위해서는 두 번째나 세 번째의 목적이 되고, 산이 좋아 산에 가고 산에 가야 마음이 편안해지기에 산행을 한다. 정말 건강만을 위한다면 몇 시간을 차에서 시간을 소비하는 장거리에 산을 택할 이유가 없기 때문이다. 집에서 가장 가까운 산을 가면 되는 일이다. 그리고 운동이 목적이라면 적당히 걷고 내려와야 되는 일이다.

그러나 산에 혼이 빠지면 그렇게 되지 않는다. 내 몸과 산을 동화시켜서 하나로 만들고 싶은 욕망을 갖게 된다. 땀이 온몸을 적시고 체력이 소진하여 정신력으로 올라가는 경우도 있다. 무거운 배낭을 한가득 지고 발걸음을 옮겨 산을 향해 오르는 것은 자신의 인내심을 키우고 산의 꼭대기에 올라서 배낭을 내리고 다리를 풀고 앉아 산 아래를 내려다보는 형언할 수 없는 감회 때문에 그렇고, 이루어 냈다는 성취감 또한 뺄 수 없는 일이기 때문이다.

하동 가는 버스에 오르자 아우는 빈자리를 찾아서 앉았다.

나도 맞은편 옆자리에 배낭을 놓고 혼자 앉았다. 헌데 오랜만에 만났는데, 좌석도 남았는데 각자 배낭을 끼고 따로 앉을 일이 아니라, 나는 아우의 배낭을 내 자리로 옮기고 아우 곁으로 갔다. 그리고 그동안 못다 한 우리들의 이야기를 한 시간 동안 풀고는 동행하지 못한 모 씨 아우 흉도 한껏 보면서 희희낙락거리며 하동으로 갔었다.

하동에 도착하니 10분 후에 출발하는 구례행 버스가 우릴 기다린 듯
이 대기하고 있었다.

하동서 구례 가는 길은 실로 우리나라에서 몇 안 되는 아름다운 길이다.

서울 사는 사람들은 북한강을 따라 춘천 가는 경춘가도를 아름다운 강
변도로라고 하지만, 지리산과 광양 백운산을 끼고 모래톱을 쌓고 흐르
는 섬진강을 한 번이라도 와 본 사람이라면 자연의 아름다움은 경춘가
도에 비할 바가 아닐 것이다.

각설하고, 버스는 하동 배밭을 지나고 악양 들 평사리를 지나서 화개
장터가 있는 쌍계사 입구에 도착할 무렵에 잠깐 잠이 들었나 보다.

그래, 아름다운 길은 아름다운 사람만이 다닌다. 그리고 아름다운 사
람이 다니는 길은 아름다운 길이 된다. 그래서 이 길을 지나는 우리는 아
름다운 사람이고 아름다운 길이다.

자다 깨다 어느새 구례 버스 터미널에 도착하였다. 진주에는 오던 비
가 하동 구례에는 오지 않았다. 허나 하늘은 흐려 있었다. 배낭이 젖으
면 짐이 무거워지니 배낭 커버를 하나씩 샀다. 그리고 이미 두 번이나 사
용한 일천 원짜리 일회용 비옷이 배낭에 있기에 이제 330원짜리 일회용
비옷이 되었다. 비가 온다면 이 비옷이 비를 막아 줄 것이다.

성삼재 가는 군내버스에는 운전사와 우리 두 사람이 전부였다. 앞자
리 양쪽으로 나란히 앉아서 화엄사를 지나서 노고단 가는 성삼재로 버
스는 출발하였다. 천은사 근처에서 버스는 정차를 했다. 또 문화재 관람
료와 지리산 국립공원 입장료를 내란다. 이제는 이 문화재 관람료 때문
에 진절머리가 나서 만 원권 한 장을 주고는 아무 말 없이 주는 대로 거

투구꽃 피는 산길

스름돈을 받고는 운전기사에게 메모용 백지를 구하니 가진 용지가 없다고 했다. 운전석 위에 엽서 몇 장이 꽂혀 있었다. 아마 교통 불편 신고용 엽서이지 싶지만 두 장을 꺼내서 호주머니에 넣었다. 산행 중에 떠오르는 글귀가 생기면 단어라도 적으면 기억하기 쉽다. 꼬불꼬불 성삼재로 오르는 길에는 보랏빛으로 수수밥 같은 싸리꽃이 피었다. 해발 일천 고지를 넘으니 완연한 가을이다.

1300고지 성삼재에서 1500고지인 노고단까지 자동차가 올라갈 수 있는 포장도로이다. 허나 차량 출입은 통제가 되고 있었다. 저녁 6시가 되기 10분 전이다. 노고단으로 올라가는 사람보다 내려오는 사람들이 많다. 대개는 저녁에 노고단 산장에서 자고 내일 아침에 산행을 할 사람들이다. 허나 우리에게 산장이란 게 의미가 없는 날이었다. 산장의 숙소가 필요하지 않고 추위를 피해 비를 피해 밥을 먹을 수 있는 취사장이 필요한 날이었다.

얼기설기 화강암을 반듯이 깎아서 박은 도로를 밟고 오르는 길섶에는 가을꽃들이 여기저기 보였다. 여름 꽃들은 다 지고 이름 모르는 가을꽃들이 길 마중을 나왔다.

"이런 이쁜 꽃들을 길가에 심었구나!" 하고 아우를 보고 말하자.

"심다니요? 저절로 자란 것들이지요."

"저절로 자란 것이 어디 있나? 다 하나님이 심은 것이지."

"허 참. 내가 못 이긴다니까. 맞아, 성님 말이."

화엄사에서 올라오는 코재를 지나 차가 올라가는 길이니 이리 꼬불 저리 꼬불 돌아서 2㎞를 한 삼십 분 걸려서 노고단 산장 취사장으로 직행했다.

취사장에는 한참 식사를 마련하는 산꾼들이 가득하였다.

우린 가장자리를 두고 중앙 식단에 둥근 통나무 의자를 하나씩 차고 앉아서 김밥을 꺼내 김치랑 밥상을 차리면서 아우가 "라면이라도 하나 끓일까요?" 했다.

그냥 옆집에 찌개 끓는 냄새가 구수하니 먹고 남으면 얻어나 먹자.

이런 농담 삼아 진담 삼아 했더니 그 말을 들은 이웃집 아가씨는 찌개가 끓자마자 한 그릇을 선뜻 내어놓았다. 훈훈한 참치 찌개를 얻어서 김밥으로 저녁을 마치고 커피 한잔을 끓여 마셨다.

지난 여름 월드컵 4강전이 있던 날, 산행 온 초면의 사람들과 돼지 수육으로 소주를 마신 기억이 있지만 오늘은 떠나야 했다. 수통에 물을 채우고 취사장을 나서니 사방은 이미 어둡고 가랑비가 내리고 있었다. 손전등을 켜고 노고단 정상을 향해 돌계단을 오르는 길에는 휘끗 휘끗 불빛에 빛나는 등불이 서너 걸음마다 길가에 꽃 초롱을 밝혀 들고 마중을 나와 있었다.

불빛에 화사한 구절초가 한창이었다. 그 흰빛이 불빛에 불 밝히니 밤이 아니면 연출할 수 없는 광경이었다. 꽃들도 밤에는 잠을 잘까? 안 잘까? 그러나 오늘 저녁에는 이 구절초들은 내가 올 것을 알고 잠을 잘 수가 없을 것이다. 사계절을 기다려 이제야 제철 만나 피는 구절초인데, 어찌 아쉬워서 잠을 잘 수가 있단 말인가? 구절초들은 꽃 무더기로 피어서 어두운 길을 밝혀 주었다.

구절초 등불 켜고

님 마중 나온 꽃들아

투구꽃 피는 산길

밤이 깊어도

새악시 초야 같은 밤

어찌 잠을 오랴!

임걸샘 물소리

하늘에는 빗소리

밤새워 걷는 나그네

목마름을 축여 주네

8시 30분 아우 장화는 빗속에서 담뱃불을 붙이고

나는 젖은 통나무 담 기둥에 기댄 채

걸어가야 할 길을 셈하다 그만두었다.

어차피 산길은 거리를 걷는 것이 아니라 시간을 걷는 것이다.

언제나 예상한 시간이 되어야 그 자리에 가는 일이 산길을 걷는 일이다.

임걸샘이 있는 임걸령은 샘이 있어 야영장이 있었는데 관리공단에서 야영을 금지하여 등산로 외는 통나무 울타리로 막았다. 밤이라서 그렇지 바위에서 내려다보는 섬진강 쪽은 풍광이 좋고 바람받이가 좋은 곳이기도 하다. 저기 멀리 광양 쪽 불빛이 가닥 가닥으로 솟아오르고 있었다. 허나 비를 맞고 마냥 서 있을 수도 없는 일이라 노루목으로 오른다.

임걸령을 출발한 지 한 시간이 걸려 저녁 9시 반에 노루목 삼거리에 도착했다. 어디가 바위고 어디가 나무 아래이고 어느 쪽에 길이 있고 밤인들 낮 같은 내 감각이 경이롭기까지 하다.

나는 비가 덜 맞은 나무 아래에 앉아 과일 한쪽을 나누어 먹었다. 아우는 쉬는 곳마다 담뱃불을 붙이고 그 사이에 나는 멍하게 어둠을 응시하는 짐승 한 마리가 되어 가고 있었다.

내가 들고 가던 손전등도 어느새 희미해져 다시 새 배터리로 갈아 끼웠다. 불빛이 환하여 마치 낮같이 밝았다. 빗줄기가 드세지 않아 옷이 젖는 줄 몰랐다. 그러나 돌을 밟고 오르내리는 곳은 불빛에 의존하여 미끄러지지 않도록 조심스레 발걸음을 옮겨야 했다.

불빛을 따라오는 사람들이 있었다. 그들은 저녁에 노고단까지 가는 사람들이었다. 텐트를 치고 야영을 하는 사람도 있었다. 그들은 스스로 반달곰 관찰하러 나온 사람이라고 했다. 지리산에는 야간 산행이 금지되어 있어 서로가 자신의 신분을 밝혀 증명하려 하는 모양이었다. 반가운 인사를 나누고 우린 그냥 밤길을 걸어가는 사람들이요 하니 조심하라고, 그러나 길을 잃으면 불빛 신호를 보내고 아마 자기 일행이 여기로 오고 있는 중이니 가다 만날지도 모른다고 일러 주었다. 야간 산행을 하면서 갑자기 나타나는 사람이 가장 놀라워하는 일이다. 그래서 걸어가면서 사전에 이야기 소리를 내기도 하고, 신발에 종을 달아 종소리를 내기도 하고, 라디오를 켜고 걷는 사람도 있다. 오늘 같은 날에는 누구나 불을 켜고 걸어오기에 사전에 사람이 있다는 걸 미리 감지할 수 있었다.

뱀사골계곡으로 내려가는 갈림길인 화개재 평원에 도착했다. 적막만이 산에 가득했다. 산장은 능선에 있지 않고 계곡으로 한 10분 내려가야 하기에 불빛도 보이지 않았다.

화개재를 지나면 토끼봉으로 오르는 오르막이 시작된다. 한 30분 땀을 흘리며 올라야 하는 길이다. 별로 땀 흘릴 일이 없는 지금 때를 만났구나 싶어 쉬지 않고 걸었다. 그러나 언제나 속도는 줄여서 천천히 걸었다. 만약에 이 정도의 배낭 무게로 보통 나의 능력으로 걷는다면 훨씬 빨리 갈 수 있으나 우리는 밤새워 걸어야 하고 내일도 몇 시까지 걸어야 할지 모르는 거리가 남았다. 마라토너의 가장 아이디얼한 속도는 처음부터 마지막까지 일정 속도로 뛰는 것이다. 경쟁을 하는 것도 아니요, 시간을 정한 것도 아니니 오늘같이 비가 오고 날씨가 좋지 않은 날 그리고 야간에 걸어갈 때는 오직 하나 힘이 있다고 다 소진하지 말고 아껴야 한다. 아낄 때 아낄 줄 아는 사람만이 완주와 승리를 할 수 있기 때문이다. 아직 힘이 철철 넘치는 아우는 일부러 뒤에 세웠다. 먼저 앞서서 걸어가면 아니 따라갈 수가 없는 둘만의 산행이니 내가 앞서서 속도 조절을 하였다.

30분이면 오르는 토끼봉을 15분이 더 걸려 10시 45분에 도착했다.

잠시 소원하던 비가 다시 내린다. 사방이 훤한 봉우리에 오르면 비가 더욱 옴을 안다. 헌데 비는 오지만 구름 속에 비치는 달빛 줄기가 바다에서 일출을 시작하기 전에 빛의 띠를 두른 듯 지평선에 내린 구름 띠 위로 빛줄기가 올라오고 있었다. 어쩜 하늘이 개고 있을지도 모른다. 그러면 달이 나올지도, 운이 좋으면 비가 그치고 달빛을 받으며 갈지 모른다는 생각이 일순 들었다.

산정바위에도 비가 젖어 있으니 비옷이 아닌 綿 옷이 젖을까 막무가내로 앉아 쉬지도 못하였다.

연화천 산장으로 가는 길이었다. 봉우리 하나를 넘으면 나오는 연화천 산장까지 나무 계단으로 길을 만들었다. 평소에는 흙길보다 못한 나무 계단길이 오늘은 걷기 좋았다. 미끄러지지도 않고 길도 반듯하니 오늘이 처음으로 고마움을 느꼈다.

연화천에는 손전등을 들고 한 사람이 산장 입구에 나와 있었다. 다가

서니 산장지기는 아니고 밤중에 홀로 나와 캔 맥주를 마시며 담배를 피우는 나그네였다. 샘에서 물병에 물을 채우고 과일 하나를 나누어 먹고 시계를 보니 자정이었다. 산장 문을 열고 들어서니 내실 사이에 덧문이 있어 덧문 밖에 비를 피해 한참을 쉬었다. 그러나 앉을 수가 없었다.

연화천에서 내려가는 길은 사방이 통나무 기둥으로 막혀 있고 한쪽으로 산길이 열려 있지만 어두운지라 알지 못하는 사람은 산길에 입구를 찾는다는 것도 무리이지 싶다.

나무 잎새에 빗방울 듣는 소리
빨갛게 달군 담뱃불에
어둠은 타고 있다
마음의 눈으로
엽서에 보이지 않는 글씨를 쓴다
그 자리에
빗물이 흘러
먹물이 번진다
내 마음의 엽서에……

연하천 산장 어둠 속에서 자정에

연하천 산장 앞뜰은 대궐 앞같이 넓다. 보이지 않는 마당에 숲은 크게 울타리를 쳐 두었건만 어둠은 울타리도 덮고 마당도 덮어 오직 검정 도화지이다. 그 울타리 사이에 난 출입구를 찾아야 하는데 처음 온 사람이라면 그 출입구 찾는 일도 예사로운 일은 아니다. 우린 마치 내 집 마당

대문 나서듯이 어둠 속에서 남으로 난 출입구를 통하여 벽소령으로 발걸음을 옮겼다.

각자 하나씩 들고 가던 손전등이 이제 한 사람은 불이 없으니 하나로 두 사람이 걸어야 했다. 한두 번 다닌 길이 아니기에 어둠 속에서 짐승처럼 방향을 익혀 나는 앞장을 서서 길을 찾아 나아갔다. 바위 벼랑 사이로 길은 참으로 오묘하게 이어져 있었다. 밧줄을 잡기도 하고 돌밭을 건너고 물기에 젖은 바위들을 조심하며 발을 옮기며 걸어야 했다. 이런 밤길을 아우와 나는 헤아릴 수 없이 걸었다. 그래서 우린 서로의 능력을 잘 알며 또 협조와 의견 일치에 거의 환상적 산행 커플이다.

산 위에 오르면 건너 산머리가 희미하게 실루엣으로 보였다. 빗줄기가 가늘어지면 산 아래 골짜기의 모습도 어렴풋이 눈에 잡혔다. 형제봉 바위 곁을 지나면서 산사태로 길이 생겨 잠깐 길을 잃고 되돌아 나왔다.

바위가 삿갓 모양으로 하늘을 비스듬히 덮어 비가 들이치지 않는 고갯마루에 오랜만에 앉았다. 비 때문에 그동안 제대로 앉을 수도 없이 걸었다. 나란히 앉아 나도 담배 한 대를 아우에게 얻어 불을 붙여 빨았다. 숲도 하늘도 거저 어둠뿐인 곳에 빨간 불씨 두 개가 타고 있었다

비는 그치지 않고 내리고 마음은 허공에 도는데 나는 혼자 도는 마음을 되붙잡고 다짐을 한다. 과거는 허방다리이다. 내가 오늘 산길을 걸어온 것처럼 걸어온 과거는 그냥 버리고 말 일이다. 오직 앞으로 나갈 길만 생각하면 되는 일처럼 살아온 과거는 없는 것이고 살아갈 미래만 남은 것이다. 허나 남은 미래도 지금 내리는 비처럼 어둠처럼 결국 밝지는 못하지 싶어 마음은 또다시 무거워지지만 그래도 나는 걸어갈 것이고 살

아갈 것이다. 어떤 현실이 날 지체하게 하여도 발길을 붙잡아도 앞으로 나아갈 것이다. 내가 살아 있는 동안에는.

벽소령 산장에 발동기 소리가 산장을 알려 주었다. 산모롱이를 돌아 숲 사이를 빠져 나오니 갑자기 전방에 불빛이 빗줄기 사이로 번져 나오고 밝음이 다가왔다. 산장 마당에 건 가로등 불빛이 혼자 졸고 있는 벽소령에 우리는 새벽 2시 반에 도착하였다. 취사장으로 직행을 하여 식탁에 앉아 다리를 펴고 길게 누워 보니 참으로 편안함이 느껴졌다. 나는 취사장 불빛 아래 누워 빗소리를 듣는다. 걸어오면서 나뭇잎에 떨어지는 빗소리와는 다른 소리였다. 산장 지붕에 떨어지는 빗소리는 꽹과리 소리 같았다.

여기까지 걸어오면서 빗속에서 본 귀신 생각이 이제야 되살아 나왔다. 땅을 보고 걷다 형제봉바위를 고개를 들고 올려다보니 바위는 흰 얼굴을 하고 내려다보고 있었다. 사람은 사람인데 귀신의 형상이었다. 길가에 말뚝처럼 선 죽은 고목의 모습도 마치 원귀가 되어 살은 다 썩고 흰 뼈만 남은 인골의 모습이 생각이 났다. 내가 걸어온 길에만도 수십 구나 되는 나무귀신을 보았는데 이 골짜기 숲속에는 얼마나 많은 나무귀신들이 어둠을 먹고 비를 맞고 밤을 지새울까?

저 아래가 바로 화개동천의 마지막 골짜기인 빗점골이고 대성골이 아니던가? 1952년 2월의 이 산골짜기에 있었던 민족의 대 비극인 빨치산 토벌 작전으로 남은 2천여 명의 빨치산 중 3일 동안 천여 명의 빨치산이 흰 눈이 덮인 이 골짜기에서 총에 맞아 죽고 얼어 죽고 굶어 죽어 갔었다. 그 원귀들이 이제 저런 나무귀신이 되어 이 산에서 아직도 혼을 뿌리

투구꽃 피는 산길

며 구천을 헤매고 있을 것인데 말 없는 지리산에는 빨치산의 슬픈 기억은 다 잊고 산꾼이 잠을 자는 편한 산장이 들어와서 그 자리를 메우고 있었다.

한밤중이다. 자정도 지나고 3시가 넘어가는 시간 나는 발걸음보다 무거운 눈꺼풀을 내린다. 허나 오늘 밤은 잘 수가 없다. 오직 걸어서 가야 하는 밤이다. 아우는 짐을 내리자 버너에 불을 붙이고 라면을 끓인다. 몸을 녹여야 또 되살아나기 때문이다.

식탁 곁에 가지런히 정리된 코펠들이 놓여 있었다. 나는 그 밥상처럼 놓여 있는 코펠 속에서 밥을 떠올렸다. 그래 저 속에 먹다 남긴 밥이 있을지도 몰라. 우리가 준비한 도시락은 아침에 먹어야 될지도 모르지. 이런 속도로 걷는다면 내일 오전에 대원사까지 내려가는 것이 어려울 것이야! 그러면 밥 한 끼가 모자라지!

나는 마음에 작은 티끌 하나 없는 단순한 마음으로 남의 코펠을 열었다. 코펠의 사이즈는 제법 컸다. 첫 번째 코펠을 열자 그 속에는 하얀 쌀밥이 반이나 담겨 있었다. 다른 코펠은 열어볼 필요도 없었다. 아우에게 들고 가서 라면 속에 밥 이 인분을 떠 넣었다. 남은 밥은 다시 제자리에 두고 밥이 끓는 동안 나는 빗물이 묻어 번지는 종이를 4분의 1 조각으로 찢어서 엽서만 하게 만들어 글을 썼다. 이 밥을 남긴 사람에게 나의 마음을 적었다. 내 경험으로 이 밥은 그들이 저녁 식사 후 남긴 밥이지만 양을 봐서는 아침 식사로 충분히 먹을 수 있는 밥이었다. 그러나 나는 생각했다. 내가 만약 밥 주인이라면 아침에 일어나서 누가 내 밥을 먹고 갔다면 어쩔 것인가? 나는 참으로 기뻐할 것이다. 산에 가면 짐승 밥도 주고 싶은 사람인데 하물며 배고픈 사람이 먹었다는데 이 또한 얼마나 기쁜 일이냐?

이런 생각을 하니 내 마음에 먼지 하나 묻지 않은 마음으로 그 밥을 먹을 수가 있었다. 이렇게 비를 맞고 야간에 걸은 우리에게 더운 라면에 따뜻한 밥이라 천하의 별미가 어디에 있겠는가? 비에 젖은 찬 몸이 스르르 녹아내리고 배가 훈훈해졌다.

그래 지금은 밤이고 잠을 자는 시간인데 사람은 자야 하는데 나는 왜 이런 어려운 산길 걷는 것을 즐기는 것일까? 이런 우문을 해 보았다. 답은 간단히 나왔다. 그래 넌 왜 이렇게 어려운 세상을 알면서 살아가는가? 마찬가지다. 산길이 어렵고 힘들고 고통스러운 때가 있기에 걸어가듯이 인생살이도 그러하기에 우리는 죽지 않고 살아가는 것이 아닐까? 사는 날까지 살아야 하는 것처럼.

산이 좋아 산을 왔는데
달은 없고 비만 오더이다
적막 속에 우는 풀벌레 소리
나그네 배 속의 꼬르륵 꼬르륵 소리이구나
염체 체면 불고하고
남긴 밥 훔쳐 먹고 갑니다
인연이 닿으면
오늘 보시한 밥
백배 천배 갚을 날이 오겠지요
잘 먹고 갑니다

메모 한 장에 연락처를 적어 호주머니에 남은 초콜릿 한 조각을 코펠 위에 올려 두고 미련 없이 벽소령을 떠났다. 3시 40분이었다.

후담이지만 적어 보면, 다음 날인 월요일 출근을 하였더니 서울 사람 한 분이 전화를 걸어왔다. 바로 이 밥 주인이었다. 하시는 말씀이 참으로 나의 생각과 똑같았다. "사천에 아는 사람이 있어 내려갈 작정이니 술이나 한잔 사시오!" 하였다. 마땅히 그럴 일이지요. 주소 하나 알려 주시면 내 못난 잡글이지만 자필로 쓴 서명에 명정기酩酊記 한 권을 보내 드리리다.

남겨 주신 쪽지 시가 너무 맘에 들어 고이 보관하겠노라고 하셨다.

벽소령 산장 취사장에 사람들이 들어왔다. 그들은 젖은 몸이 아니었다. 간밤에 벽소령 산장에서 자고 새벽에 출발하는 서울서 어제 낮에 들어온 인원들이었다. 그들도 삼삼오오로 길을 떠나고 우리도 갈 길을 재촉했다. 하벽소령인 산장에서 상벽소령인 고개까지는 평지를 걷듯이 평온하게 걸어가면 되었다. 길가에는 가을꽃인 구절초와 쑥부쟁이들이 까만 밤에 손전등 불빛에 하얀 소복을 입고 길을 따라나섰다. 걸음이 술술 잘도 걸어졌다. 숲길 몇몇을 돌고 도니 어느새 우리는 섬비샘까지 걸어왔다. 샘 소리가 철철 넘쳐 산을 에운다. 비가 많이 그치고 이제는 오는지 안 오는지 분간이 없다. 저 아래로 광양만 제철소의 불빛이 비쳐 하늘이 열려 보였다.

마음에 화두 하나 쥐고 걸었다.

많은 多 자 한 자이다. 多 多 많을 多 많으면 어떤가?

많으면 좋은가 나쁜가? 사람들은 많길 좋아한다.

그래 그럼 많은 다 자는 저녁 석(夕) 자 두 개가 업혀져 있다.

우리는 많은 다 자를 쓸 때 위에 놓인 저녁 석 자는 작게 쓰고, 아래 누운 저녁 석 자는 크게 쓴다. 나는 그 반대로 위에 석자를 크게 마음으로 써 놓고는 흐뭇한 미소를 지었다.

위의 夕 자가 남자야! 아래가 여자야!

남자 아래 누운 사람이 여자 아닌가?

허니 잘못된 글씨야. 이제부터는 위의 석 자를 크게 써 주어야지. 저녁이면 남자와 여자는 나란히 눕는다. 누워서는 사랑을 한다. 남자는 위에서 여자는 아래 누워, 그리고 많이 하여 많이 생산하라는 뜻이다. 자식을 많이 낳으라는 뜻 글이다. 주: 석고봉 도사 두칠이 이론임.

산모롱이 하나를 돌아 오르니 남녘의 산하가 눈 아래로 펼쳐 시원하다. 첩첩이 겹친 산들이 그윽한 곡선을 그은 등을 내고 누웠다. 나도 배낭을 내리고 펑바위 하나에 몸을 뉘어 놓고 여명의 하늘을 바라보았다. 이정표에 적힌 이름을 보니 명선봉이란다. 새벽 5시 반, 명선봉에는 바람이 살랑살랑 불어 서늘하였다. 덜 젖은 바위를 찾아 기대었다. 잠이 스르르 왔다. 아직은 밤이다. 헌데 순간 잠이 들다 깨었다. 나는 잘 수가 없었다. 눈을 뜨니 그 잠깐 사이에 하늘이 열리고 밝음이 천지를 뚫고 올라오고 있었다. 아무리 잠이 오고 눈이 무거워도 잘 수가 없다. 이 열리는 아침을 보지 않고 잠을 잘 수가 없었다. 나는 고개를 다시 들고 밝음이 찾아오는 여명의 순간을 맞이하고 있었다. 하루가 열리고 그렇게도 어두웠던 밤이 지나고, 이렇게 아름다운 산이 열리고, 하늘이 열리는 순간을 본다는 감격에 나 스스로 감동에 목이 메이고 있었다. 불과 오 분도 아니 순간에 날은 밝아지고 새소리가 들려왔다.

숲길에는 남색 투구꽃이 간밤 비에 더욱 유난한 색을 띠고 피었다. 길 위로 비스듬히 누운 숲에도 투구꽃이 가득하고 산새 한 마리가 꽃그늘에서 뛰어나오니 뒤따라 또 한 마리가 폴짝폴짝 따라 나와 꽃가지에 앉는다. 저 산새들은 이 밤 저 투구꽃 아래 밤새워 사랑을 속삭이다 날이 밝아오는 줄도 모르고 사랑하다 내 발자국 소리에 얼른 그늘을 박차고 나온 모양이었다.

사랑하라 사랑하라 사랑하다 사랑하다 죽어도 좋도록 사랑하라. 그 정열이 있고 그 열정이 식기 전에 사랑하다 사랑하다 죽어 버려라!

투구꽃 피는 산길

내가 하고픈 말은,
밤새워 비가 오는 날
그 비를 다 맞고 지리산 일백 리 산길을 걸었다오
혹자가 있어
무엇 때문에 걸었소 하면
어떤 이는 산이 거기에 있기에 오른다고 했지만
밤새워 걷고 걷고
또 걷고 싶었노라고밖에 할 말이 없습니다

또 혹자가 있어
무엇을 보았느냐고 묻는다면,
칠흑 같은 밤이 지나고
여명이 산 능선을 넘어 피어오를 무렵

구월이면 능선에 피어나는

하늘보다 푸르고 바다 빛보다 짙은 투구꽃 꽃밭에서

밤새워 사랑을 속삭이다 동트는 소리에

수컷 따라 꽃가지에 폴짝 나온 암컷 한 마리의 혀뿌리가

투구꽃 쪽빛보다 더 멍이 들었더이다

내가 하고픈 말은,

밤을 새워 비를 맞고

산길을 걷는 내내

한없이 한없이 행복했노라는

이 말뿐입니다

비에 젖은 메모 쪽지에 적힌 세 단어 참새, 사랑, 그리고 투구 꽃에서
위의 시가 나왔다.

하하하….

잔 돌밭 세석고원에는 벌써 아침이 열리고 있었다. 바라다보이는 광
활한 평원에는 철쭉꽃은 아니 피었지만 내 눈에는 꽃들이 선하였다. 대
성골과 거림골을 가르는 백리길 남부능선 산줄기가 눈 아래로 보였다.
금낭화가 아름다운 삼신봉, 섬진강이 바라다보이는 형제봉, 아직도 아
득하기만 한 천왕봉 종주능선, 그리고 세석의 천단天壇인 촛대봉, 무엇
보다도 아름다운 가을꽃이 지천으로 핀 세석평전이 바로 천상의 화원이
었다.

투구꽃 피는 산길

강이 흐른다
푸른 산줄기 타고
산을 넘어
달팽이 기어가듯이
강이 흐른다

물은 산을 넘지 못하고
산은 강을 건너지 못한다고
산경표에는 말하는데

이 아침에 황금능선을 넘어
중산리 마야골짜기를 건너
거림 골짜기를 지나
남부능선을 은근슬쩍 넘어가니
느릿느릿 넘어도
대성골 아래 화개동천花開洞川이구나

강이 흐른다
찬란한 이 아침에
흰 버선발로 산안개는
강이 되어 흐른다

산이 깨어나는 아침의 깨끗함은 밤을 새워 걸어 본 사람만이 안다.
한겨울이 지나자마자 잎도 피기 전에 아름답게 피어나는 이 세석의 철쭉꽃 한 송이도 해마다 피는 꽃이기에 그냥 피어나는 줄 알았는데, 나는 겨우 하룻밤 비 맞았지만 간밤에 온 비 다 맞고, 아침에 산안개 피어나는 이슬 맞고, 여름철 소나기 한줄기 피하지 못하고 다 맞아야만 그렇게 아름답게 피어난다는 사실을 이 아침 밤을 새워 걸어 보고서야 나는 알았다.

우리 인생도 다 알고 사는 것처럼 해도 정녕 우리가 얼마나 인생에 대해서 아랴?

우리도 인생을 다 알려면 저 철쭉나무처럼 사계절 풍상 다 맞아야 피어나듯이 인생을 마감하는 순간까지 살아 보아야만 알 수 있지 싶구나.

우리는 세석 산장 가는 길은 버리고 지름길로 촛대봉 가는 길로 올랐다. 세석에서 장터목까지 그리고 장터목에서 제석봉 지나고 통천문 지나 지리산 상봉인 천왕봉을 오르는 길은 정말로 눈을 감아도 잡을 수 있는 길이지만 이제 어두운 밤도 다 지나고 간간이 지나가는 산꾼들의 스침으로 그냥 묵묵히 앞만 보고 걸었다. 밤과 낮의 구별이 없었다. 오직 걸어가는 일이 나의 소명인 듯, 장터목에서 라면 하나 끓여, 지고 온 밥으로 아침을 먹었다.

드디어 천왕봉에 올라 아우와 얼싸안고 한동안 감격해 하다, 안개비에 묻히고 바람이 부니 오래 앉아 있을 수도 없었다.

소주 한 잔을 천왕봉 비석 앞에 부어 놓고 둘은 나란히 서서 큰절을 올렸다. 그리고 한동안 '한국인의 기상 여기서 발원하다'라 새긴 표지석을 쓰다듬다 마음을 가다듬고 중봉으로 하산을 시작했다. 가는 빗줄기지만 잠깐 비를 피할 자리에 앉아 담배 한 대를 나란히 물고는 비에 젖어 잘 켜지지도 않는 라이터를 가슴에 품어서 아우는 불을 댕겨 주었다.

빗줄기는 점점 굵어졌다. 온몸이 다 젖어 물에 빠졌다 나온 사람처럼 되었다. 내림 길을 걸어도 걸어도 취밭목 산장은 멀기만 했다. 한기가 뼛속까지 스며들었다.

이렇게 장시간을 걸어 본 적도 없거니와 밤새도록 비를 맞고 걸어 본 적도 없었다. 빗줄기는 더욱 드세어지고 있었다. 나는 우의를 입지 않고 파카를 입은 채였다. 거의 물도 마시지 않았는데 소변은 자꾸만 마려웠다. 머리부터 발끝까지 물속에 빠졌다 나온 사람마냥 온몸이 젖어 있었다. 중봉을 지나 써레봉으로 가는 사다리 길을 걷는데 다리가 후둘후둘 떨리고 한기에 온몸이 떨렸다. 쉬고도 싶었고 따뜻한 물 한 모금이 간절하였다. 어서 취밭목 산장으로 가야 하는데…… 비에 젖은 바위에 잠깐 기대어서 쉴 뿐이었다.

이십여 년 산행을 했었는데 산행 중에 마음이나 육체의 고통을 이렇게 실감해 본 적은 없었다. 내 얼굴을 누가 본다면 사람의 얼굴이 아닌 악마 모양일 것이라는 생각이 들었다. 즐거운 마음이 아니라 괴로움이 가슴 가득 채워지고 있었다. 물에 젖은 바위와 나뭇등걸은 잘못 밟거나 하면 미끄러지기 십상이었다. 그러니 내려가는 길도 좀체 진도가 나지 않았다. 아우는 앞서서 저만치 먼저 달아나고 있었다. 아우도 이미 젖어 있을 것이다. 그러니 추위를 이기는 법이란 게 빨리 걸어서 몸을 데우는 길인데 체력이 거의 소진되었으니 그럴 수가 없었다.

우리는 이미 한계 시간을 넘기고 있었던 것이다. 비를 안 맞고 평범한 산꾼이 걸어도 아침 10시경이면 취밭목 산장에 도착했어야 하는데 우리가 산장에 도착한 시간은 오후 2시가 가까워지고 있었다. 지금쯤 하산하여 쉬어야 할 시간인데도 우린 겨우 취밭목에 도착하였다. 어제 저녁 6시부터 걸었으니 여기까지 밤을 세워 걸은 시간이 20시간이 경과되었다.

산장 취사장에는 버너로 더운 국을 끓여서 마시는 사람들이 보였다. 산장지기인 민 씨를 찾아 커피를 끓여 달라고 부탁했다. 이 산장에는 원두커피를 끓여 파는 커피 전문 산장이다.

"어디서 걸어왔어요?"

민 씨가 지나가는 말로 물었다.

"노고단에서 밤새 걸었는데 아이고, 비가 오니 어둡고 한기가 들어서 혼났습니다."

"아니 집에서 쉬면 될 일인데 뭐 한다고 이렇게 비를 맞고 멀리 걸어왔나요? 취밭목 산장으로 바로 올라오는 길은 노고단에서 오는 길보다 대원사로 오는 길이 빠르고 가깝습니다."

"여기 사는 민 형이야 길을 잘 아니 대원사에서 바로 오시겠지만 저는 아는 길이 노고단에서 취밭목으로 오는 길뿐이니 하는 수없이 밤길을 헤매고 찾아왔지요."

우리는 농담 속에 뼈가 든 이야기를 주고받으며 허허거리고 있었다.

민병태 씨는 여기 산장에 올라온 지 십 년도 더 지났고, 지리산을 누구보다 잘 알고 산을 사랑하는 산 사나이이다. 그러니 말도 아닌 말들을 하며 우린 잠깐잠깐 만나고 헤어지는 사이이다. 그러나 만나는 횟수가 여러 번이다 보니 서로 알게 되었다.

마침 속옷을 비닐에 싸서 넣어 온 것이 있어 옷을 갈아입었다. 아우에게 라면을 끓여서 밥을 말아 먹자고 하니 침상에 쓰러져 있던 아우는 겨우 겨우 일어나 버너 불을 붙였다. 나는 더운 커피를 배 속에 부었다. 한

투구꽃 피는 산길

잔을 마시다 몸이 조금씩 깨어나기 시작했다. 남은 커피를 한 잔 더 마셨다. 뜨거운 커피가 찬 몸을 녹여 주었다. 라면에 밥과 김치를 넣고 라면 국밥을 끓여서 미친 듯이 퍼먹었다. 정말로 식품이 사람을 살아가게 하는 재료임을 실감했다. 소주가 한잔 그리웠다. 허나 아무도 술 한잔 권하는 사람이 없었다.

창원 모 산악회에서 종주를 하였다는 일행들이 취사장으로 몰려들었다. 그들은 새재로 하산한다고 했다. 우린 차편이 있으면 새재로 가고 싶었다. 버스를 이용하자면 대원사까지 내려가야 하는데 개인 차편으로는 새재가 가까운 거리였다. 그들은 새재 가는 길을 물었다. 나는 길을 안내하겠다고 하면서 혹 좌석이 있는가? 하고 물었다.

한 시간도 더 기다려 그들은 식사를 하고 하오 3시에 취밭목을 출발하였다. 비는 거칠게도 퍼부었다. 허기사 여름 산중에 비가 어찌 그리 간단히 그칠 일인가마는 그래도 이제 힘이 되살아났다. 몸도 많이 회복이 되어 나와 아우는 앞장을 서서 그들을 인솔하기 시작했다. 그들 중에는 이미 부상병이 생겨서 발을 끌고 걸어가는 사람도 있었다. 거의 2시간을 걸어서 새재에 도착했다.

드디어 우리들은 목표를 달성하였다. 우연히 지난 여름휴가에서 만난 사람들이 지리산 야간 종주 산행을 하는 것을 목격하고 나선 나의 지리산 야간 종주 산행 길이 이루어지는 순간이었다. 장장 23시간을 비 맞고 무박으로 걸어 지리산의 종주를 이루어 낸 것이다.

비는 산간 마을 새재와 조개골 골짜기 하늘을 통째로 감싸 내리고 있었다. 건너 산줄기들이 빗속에 아늑하게 숨을 죽이고 잠을 자고 있는 듯

하였다. 비는 산천을 잠재우는 그리고 목마름을 적시는 감로수임을 종주를 마치고 바라다보니 보이기 시작했다. 비는 우리 산꾼들에게는 별로 도움이 되지 못하지만 이 산을 바탕으로 살아가는 저 나무들에게는 어머니 밥 같은 것이었다. 산에는 나무가 사는 곳이다. 산에는 산짐승이 사는 곳이다. 그래서 바람이 불고 비가 오고 눈이 오고 또 추위가 오고 어둠이 있고, 별과 달이 사는 곳이다.

빗물은 조개골 개울을 채워서 흘러내렸다. 나는 손발을 담그고 얼굴을 씻었다. 비에 젖은 얼굴이 어느새 말라 있었다.

오늘은 이렇게 비가 하염없이 내리지만 내일은 어느새 마알간 하늘 아래 빛나는 얼굴로 산은 나타날 것이 분명하다.

산처럼 나도 오늘은 이렇게 궁하고 추한 모습이지만 내일은 말쑥한 모습과 마알간 얼굴을 하고 일상으로 돌아가 있을 것도 분명한 일이다.

내 나이 마흔이 되던 해 나는 당일로 지리산 종주를 했다. 이제 내 나이 쉰에 나는 마흔 때보다 긴 코스로 밤을 새워 비를 맞고 걸어서 종주의 꿈을 이루었다.

여기 붙인 부제처럼 쉰 살에 쉰 몸에서 쉰 냄새 풍기면서 23시간 비를 맞고 걸었다.

꿈은 이루고자 하는 자에게만 이루어진다는 진리를 몸으로 체험한 산행이었다.

2002. 9. 14.

투구꽃 피는 산길

산행일지

2002. 9. 14. 오후 아우 정 군과 진주 출발

버스로 하동 구례 성삼재까지 감

9. 14. (토)

18:00 성삼재 출발

9. 15. (일)

17:00 대원사 새재 도착

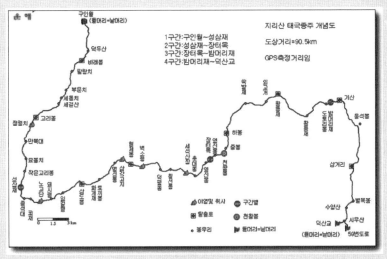

지리산 태극종주 지도

산과 하늘과 노을을 보면서 나에게 묻는다.

수많은 이가 나에게 물었듯이 왜 산을 그렇게도 열심히 다니느냐고 물었다.

나는 그 대답을 알 것 같았다.

많은 이가 물어도 명쾌한 대답을 못 한 질문에 해답을 얻었다. 내가 왜 이렇게 힘들게 또 멀리 위험한 산행을 혼자서 가는지 알 것 같다.

고통을 겪으러 산에 간다.

그렇다. 고난과 힘듦이 없다면 벌써 그만두었을 산행이 아닌가?

저 산 아래 세상의 고통이 너무나 힘들고 감내하기 어려워 그보다 더한 고통으로 극복코자 나는 산에 갔고 또 가고 있다. 그 이상도 이하도 아니다.

누가 산에 왜 가냐고 물으면

그냥 웃을까?

그래 전에는 대답이 궁하여 그냥 웃었다.

이제는 알았다.

산은 고행苦行이다. 고통을 극복하려는 고행이 있기에 간다고 나는 자신 있게 말하리다.

인간사 고통 없는 곳이 어디 있으랴!

투구꽃 피는 산길

투구꽃 피는
산길

ⓒ 이학근, 2023

초판 1쇄 발행 2023년 9월 7일

지은이	이학근
펴낸이	이기봉
편집	좋은땅 편집팀
펴낸곳	도서출판 좋은땅
주소	서울특별시 마포구 양화로12길 26 지월드빌딩 (서교동 395-7)
전화	02)374-8616~7
팩스	02)374-8614
이메일	gworldbook@naver.com
홈페이지	www.g-world.co.kr

ISBN   979-11-388-2266-4 (03980)

- 이 책은 산청군 문화예술기금에서 일부 지원받아 발간되었습니다.